Individualisieren und Aktivieren im Chemieunterricht S II

Heinz Wambach · Judith Wambach-Laicher (Hrsg.)

Individualisieren und Aktivieren im Chemieunterricht S II

Aufgaben · Materialien · Prüfungsvorbereitung

Band 2

herausgegeben von

Heinz Wambach · Judith Wambach-Laicher

Autoren

Beate von Bülow

Dr. Wolfgang Czieslik

Dr. Uwe Hilgers

Matthias Kremer

Dr. Annette Marohn

Dr. Heinz Wambach

Dr. Judith Wambach-Laicher

Petra Wlotzka

Aulis Verlag

Bibliografische Information der Deutschen Nationalbibliothek

Die Deutsche Nationalbibliothek verzeichnet diese Publikation in der Deutschen Nationalbibliografie; detaillierte bibliografische Informationen sind im Internet über *http://dnb.dnb.de* abrufbar.

Herausgeber:

Heinz Wambach, Judith Wambach-Laicher

Autoren:

Beate von Bülow, Oberstudienrätin
Kardinal-Frings-Gymnasium, Bonn

Dr. *Wolfgang Czieslik*, Oberstudiendirektor a. D.

Dr. *Uwe Hilgers*, Studiendirektor
ZfsL Bielefeld – Seminar GyGe

Matthias Kremer, Professor
Staatl. Seminar für Didaktik und Lehrerbildung (Gy), Rottweil

Dr. *Annette Marohn*, Univ.-Professorin
Westfälische Wilhelms-Universität Münster

Dr. *Heinz Wambach*, Professor
Universität zu Köln

Dr. *Judith Wambach-Laicher*, Studiendirektorin
ZfsL Leverkusen – Seminar GyGe

Petra Wlotzka, S II/I-Lehrerin
ZfsL Bochum – Seminar GyGe

Die aktuellen R- und S-Sätze, die Gefahrstoffkennzeichnung und die GHS-Verordnung finden Sie im Internet unter: www.aulis.de/files/KennzGefStoffe.pdf

Best.-Nr. A302891

Satz & technische Zeichnungen: *Satzteam 7, Bondorf*
Illustrationen: *Thomas Binder, Magdeburg*
ISBN: 978-3-7614-2891-7

Auf Seite 6/7 finden Sie den Inhalt von Band 1.

*Die in der Nummerierung fehlenden Unterrichtsbausteine finden Sie in Band 1;
vgl. dazu die Inhaltsübersicht von Band 1 auf S. 6–7.

Inhalt Band 1

Jede Schülerin und jeden Schüler aktivieren und Vollbeschäftigung im Unterricht erreichen! So lautet einer der modernen didaktischen Ratschläge, die als anzustrebende Ziele die Planungsarbeiten der Lehrkräfte begleiten. Lerntheoretische Grundlage dazu bietet der Konstruktivismus: Nicht durch passive Wissensaufnahme, sondern allein aus eigenen Erfahrungen mit dem Lerngegenstand und selbst erarbeiteten Erkenntnissen kann nachhaltiger Kompetenzzuwachs entstehen; am „leichtesten" wird aus den Erfahrungen gelernt, die als interessant, herausfordernd oder bedeutend empfunden werden.
Diese Individualisierung von Erfahrungswegen kann nicht allein über Experimental-Unterricht mit Schülerübungen erreicht werden – auch wenn dieser Weg sehr wertvoll ist. Die Lernarrangements sind vielfältiger zu gestalten, um möglichst jeden Schüler/jede Schülerin inhaltlich und methodisch zu erreichen und für die Mitarbeit zu gewinnen. Lehrkräfte können empirisch bestätigen, dass inzwischen die Halbwertszeiten des nutzbaren Schulwissens bei Lernenden recht kurz geworden sind und die Zeitfenster bei der aktiven Suche nach Lösungsansätzen kleiner werden. So muss in jeder Lerngruppe, auch in der Sekundarstufe II, von einer Vielzahl individueller Lerner insbesondere bezüglich ihres aktiven Vorwissens ausgegangen werden (Heterogenität). Inzwischen ist empirisch nachgewiesen, dass mit steigender Komplexität kognitiver Anforderungen der Aufgaben gerade die Bedeutung des spezifischen Vorwissens zunimmt und Schülervorstellungen unterrichtliche Lernprozesse entscheidend beeinflussen.
Ein weiterer wichtiger Faktor für erfolgreiches Lernen ist die Chance zur Erfahrung der eigenen Kompetenz. Dazu bedarf es geeigneter Kompetenz-Rückmeldungen und verstärkter Verantwortung für das eigene Lernen. Denn „Verstehen" heißt in Einklang bringen mit dem, womit man bereits vertraut ist und umgehen kann. Diese neue Unterrichtskultur setzt daher auf Förderung der aktiven Mitarbeit bei allen Schülerinnen und Schülern und auf gleiche Chancen bei individuellen Lernwegen mit der Möglichkeit zu selbstständiger, eigenverantwortlicher Arbeit.

Bei geeigneten Aufgaben und Materialien dafür sind nicht nur Form, Inhalt (Fachinhalt und Kontext) und geförderte Kompetenzen gefragt; zusätzlich und neu ist die Forderung nach geeigneter methodischer Lernumgebung zum Gelingen individueller Erarbeitungswege. Lern-Aufgaben und Übungs-Materialien sollen die Lernenden herausfordern und zu intensiver geistiger Arbeit anregen. Es geht um Möglichkeiten der methodischen Gestaltung von Arbeitsprozessen zur Individualisierung und Aktivierung im Chemieunterricht der Sekundarstufe II mit vielfältigen Materialien (z. B. aus den Materialien-Handbüchern Kursunterricht Chemie, Aulis Verlag).
Die verschiedenen Materialien werden hier auf einen methodischen Vorschlag ausgerichtet und direkt für den unterrichtlichen Einsatz vorbereitet. Dazu zählen:

- Diagnose-Instrumente zur Stärken- und Defizit-Wahrnehmung beim Vorwissen durch Sortieraufgaben, Strukturlegetechnik, Diagnose-Map
- Diagnose-Aufgaben zur Aufarbeitung und Veränderung von Basis-Vorstellungen der Schüler/-innen nach Coice2learn (z. B. Verdampfen)
- Aufgaben mit integrierter (statt nur zusammenfassender) Wiederholung zur Festigung von Grundlagen
- Berücksichtigung der individuellen Wissensbasis durch Einsatz von Lernimpulsen, Lösungshinweisen, Info-Ergebnis- oder Impuls-Antwort-Karten
- Differenzierung über Teil- oder Zusatz-Aufgaben, gegebenenfalls mit unterschiedlichem Anforderungsniveau

- Stärkung der Motivation durch kooperative Arbeitsformen, z. B. Gruppenpuzzle, Think-Pair-Share, Lernfirma
- Strukturierung von Kommunikationsprozessen im Chemieunterricht mit Materialien, z. B. nach Choice2learn, Lernstationen, Lernaufgaben
- Materialien und Unterrichtseinheiten zur Kompetenzförderung im Bereich Erkenntnisgewinnung
- Einbezug heterogen motivierter Schülergruppen durch handlungsbetonte Schülerübungen, Hausexperimente, Arbeit mit Modellen
- Aufgaben und Materialien unter besonderer Berücksichtigung der Reflexion/Bewertung.

Die vorgestellten Unterrichtsbeispiele legen als Lernarrangements einen besonderen Schwerpunkt auf individualisiertes und selbstgesteuertes Lernen (z. B. Diagnose-Instrumente), auf Aktivierung (z. B. Lernimpulse; Stationenlernen) und auf kooperative Lernformen (z. B. Gruppenpuzzle). Diese verschiedenen Unterrichtsvorschläge sollen Schülerinnen und Schülern Anreiz und Gewinn für nachhaltiges Erlernen der Chemie sein. Mit den ausdruckbaren Materialien für Schüler/-innen (S-Materialien) auf der beiliegenden CD ist die Unterrichtseinheit vollständig vorbereitet – außer Bereitstellen von Geräten und Chemikalien für Experimente und Modelle. Die Lehrkraft kann die Aufgaben und Arbeitsblätter ihren Schülerinnen und Schülern in der Praxis direkt von der CD ausdrucken, kopieren und im Unterricht vorlegen.

Dem 1. und diesem 2. Band werden weitere folgen, mit gleichen Zielsetzungen und passend zu den hier gewählten Kursthemen der Sekundarstufe II (gymnasiale Oberstufe). Wir bitten alle Benutzer/-innen dieses Handbuches um weitere Anregungen und Beispiele aus ihrer Unterrichtspraxis; über entsprechende Hinweise würden wir uns freuen.

Heinz Wambach
Judith Wambach-Laicher

Die Umsetzung dieser anspruchsvollen Ziele erfordert einen Pool an Aufgaben, Materialien, Medien und unterschiedlichen Methoden, sodass die Schülerinnen und Schüler in vielfältiger Weise aktiviert werden. Schülerinnen und Schüler „bohren" sich mittels unterschiedlicher Lerntätigkeiten und Lernpartner in den jeweiligen Lernstoff hinein, mal arbeitsgleich, mal aufgabendifferenziert, mal allein, mal in Gruppen, mal mit Lernhilfen, mal auf einfachen, mal auf anspruchsvollen Wegen, mal mit Experimenten, mal theorie-geleitet und -vertiefend.
Die Umsetzung dieser vielfältigen methodischen Konzepte bedarf eingehender Vorbereitung, klarer Strukturierung und ansprechender Medien und Materialien. Diese Lernwege werden in den Bausteinen folgendermaßen dargestellt:
Die einführende **Lehrer-Seite** informiert über Fachgebiet, Thema, erforderliche Fachgrundlagen, macht einen methodischen Vorschlag und erläutert die Unterrichtsdurchführung mit Einsatz der **Schüler-Materialien**: Kontext, M 1, ..., Mn. Diese Schüler-Materialien sind im Buch abgedruckt und können von der CD ausgedruckt werden, um sie in gewünschter Anzahl zu vervielfältigen. Die Lehrer-Seite informiert weiter über Literaturquellen und gibt Anregungen zur erweiterten Bearbeitung des jeweiligen Themas mit Bausteinen aus den Materialien-Handbüchern Kursunterricht Chemie im Aulis Verlag. Schließlich sind tabellarisch die angesprochenen Konzepte und die geförderten Kompetenzbereiche mit ausführlicher Formulierung der u. E. wichtigsten Kompetenzen dargestellt. Die Anforderungsbereiche der Aufgaben werden abgeschätzt als Indikatoren für Komplexität und Schwierigkeitsgrad. Es folgen die Schüler-Materialien und dann für die Lehrkraft zur Kontrolle der ausführliche **Erwartungshorizont** zu den Aufgaben und Schüleraufträgen.
Die Seiten für jeden Baustein sind leicht zu erkennen am gleichen Thema und der Nummerierung in der **Kopfleiste**:

Fachgebiet

X.Y **L** oder **S** Thema — *Seitenbeitrag (inhaltlich, methodisch)*

Angeboten werden Aufgaben, Materialien und Unterrichtssequenzen aus allen Fachgebieten der gymnasialen Oberstufe zur Kompetenzförderung in den Bereichen: Fachwissen, Erkenntnisgewinnung, Kommunikation, Reflexion/Bewertung und zur Prüfungsvorbereitung.

Ziele sind Individualisierung und Aktivierung eines jeden Schülers/einer jeden Schülerin durch Vielfalt bei der Auswahl

- der Medien und Materialien:
  Diagnose-Instrumente
  Lernimpulse, Lernhilfen
  differenzierte Aufgabenstellungen
  Experimente, Modelle
  Tipp- oder Info-Karten
  Concept Mapping
  Impuls-Antwort-Karten
- der Sozialformen:
  Einzel- oder Partnerarbeit
  Gruppenarbeit
  Kursunterricht
- der methodischen Konzepte:
  Schüler-Übungen
  Sortieraufgaben
  Strukturlegetechnik
  Gruppenpuzzle
  Think-Pair-Share
  (1-)2-4-Alle-Methode
  Kugellager
  Choice2learn
  Lernstraße, Lernstationen
  Lernfirma

Autorenverzeichnis

Beate von Bülow Oberstudienrätin	Kardinal-Frings-Gymnasium, Bonn	5.6
Dr. *Wolfgang Czieslik* Oberstudiendirektor a. D.	zuletzt: Gymnasium am Mühlenberg, Bad Schwartau	6.3
Dr. *Uwe Hilgers* Studiendirektor	Zentrum für schulpraktische Lehrer- ausbildung Bielefeld – Seminar GyGe Steinhagener Gymnasium, Steinhagen	2.5, 4.5
Matthias Kremer Professor	Staatliches Seminar für Didaktik und Lehrerbildung (Gy), Rottweil Otto-Hahn-Gymnasium, Tuttlingen	5.5
Dr. *Annette Marohn* Univ.-Professorin	Westfälische Wilhelms-Universität Münster Institut für Didaktik der Chemie	4.4
Dr. *Heinz Wambach* Professor	Universität zu Köln Department für Chemie	4.6, 7.1
Dr. *Judith Wambach-Laicher* Studiendirektorin	Zentrum für schulpraktische Lehrer- ausbildung Leverkusen – Seminar GyGe Lise-Meitner-Gymnasium, Leverkusen	2.4, 3.6, 3.7, 4.7, 7.1
Petra Wlotzka S II/I-Lehrerin	Zentrum für schulpraktische Lehrer- ausbildung Bochum – Seminar GyGe Max-Planck-Gymnasium, Dortmund	5.4

Autorenanschriften

OStR' *Beate von Bülow*	Am Frohnhof 27	53773 Hennef
OStD Dr. *Wolfgang Czieslik*	Gartenstr. 19	23617 Stockelsdorf
StD Dr. *Uwe Hilgers*	Elisabethstr. 19	33803 Steinhagen
Prof. *Matthias Kremer*	Fürstensteinweg 24	78532 Tuttlingen
Prof. Dr. *Annette Marohn*	Westfälische Wilhelms-Universität Münster Institut für Didaktik der Chemie Fliednerstr. 21	48149 Münster
Prof. Dr. *Heinz Wambach*	Herbert-Lewin-Str. 15	50931 Köln
StD' Dr. *Judith Wambach-Laicher*	Norfer Schulstr. 9	41469 Neuss
Frau *Petra Wlotzka*, S II/I-L'	Hacheneyer Str. 170 a	44265 Dortmund

2.4 L Säure-Base-Reaktionen

Thematik
Unterrichtsmethode

Grundlagen: Säure-Base-Begriff nach BRØNSTEDT und LOWRY, konjugierte Base, Neutral-, Anion-, Kation-Säure, Neutral-, Anion-, Kation-Base, Säurestärke, Basenstärke, K_S-Wert, K_B-Wert, pK_S-Wert, pK_B-Wert, Ionenprodukt des Wassers, pH-Wert, pOH-Wert, starke/schwache Säure, starke/schwache Base, Puffersysteme, konjugiertes Säure-Base-Paar, *Henderson-Hasselbalch*-Gleichung, Titration, Titrationskurven von pH-metrischen Titrationen, Titrationskurven von Leitfähigkeitstitrationen

Methodischer Vorschlag: Sortieraufgabe mit anschließender Strukturlegetechnik zur Strukturierung / Diagnose / Lückenschließen

Durchführung: Kontext mit Arbeitsaufträgen, Fachbegriffe M 1, Schulbuch
Zunächst sollen die Schüler/-innen die Kärtchen mit den Begriffen zum Thema Säure-Base-Reaktionen ausschneiden, sodass jeder einen Stapel Kärtchen besitzt.
Zum Schließen von evtl. vorhandenen Wissenslücken wird mit den Kärtchen zunächst eine Sortieraufgabe durchgeführt. In Einzelarbeit werden die Kärtchen in zwei Stapel aufgeteilt. Ein Stapel enthält die sicher bekannten Begriffe, der zweite enthält die Begriffe, die noch unklar sind oder erst teilweise verstanden sind. In Partnerarbeit werden anschließend alle Begriffe des zweiten Stapels geklärt. Entweder kennt der Partner dabei den jeweiligen Begriff sicher und kann ihn erklären oder beide Partner nutzen das Fachbuch, die Unterlagen, … um den jeweiligen Begriff zu klären.
Anschließend hat jeder Teilnehmer nur noch einen Stapel mit bekannten Begriffen vor sich liegen; sie sollen jetzt in Einzelarbeit mit der Strukturlegetechnik so verteilt werden, dass sie eine sinnvolle fachliche Struktur ergeben. Die Kärtchen werden auf ein großes Blatt Papier geklebt und die dargestellten Bezüge durch Pfeile, Striche, Überschriften oder/und Oberbegriffe verdeutlicht.
In Partnerarbeit erklären sich die Schüler/-innen anschließend die entwickelten Begriffsnetze.

Literaturangaben

Chemie 2000+ Sekundarstufe II, *Tausch, von Wachtendonk*, C. C. Buchners Verlag, Bamberg 2007
Chemie 2000+ Sekundarstufe I, *Tausch, von Wachtendonk*, C. C. Buchners Verlag, Bamberg 2010
Lernumgebungen erfolgreich gestalten. Vom trägen Wissen zum kompetenten Handeln, *D. Wahl*, Klinkhardt, Bad Heilbrunn 2006
Strukturlegetechnik, *L. Remus*, Planungstagung Chemie in den Bez.-Reg. Düsseldorf und Köln, Methodenbox für den Chemieunterricht, 2010, www.standardsicherung.schulministerium.nrw.de/…/getFile.php?id… (7. 5. 2012)
Chemierepetition, *Prof. Dr. P. Bützer*, http://www.swisseduc.ch/chemie/schwerpunkte/chemierep/docs/chemierep.pdf (8. 5. 2012)

2.4 L Säure-Base-Reaktionen

Thematik
Unterrichtsmethode

(Fortsetzung)

Konzepte	Donator – Akzeptor, Stoff – Teilchen
Kompetenzbereich	Fachwissen: Sch'/Sch – strukturieren und vernetzen erworbenes Wissen über Grundlagen der Säure-Base-Reaktionen. Kommunikation: Sch'/Sch – planen, strukturieren, kommunizieren und reflektieren auch im Team, – diskutieren und erklären Fachbegriffe und chemische Sachverhalte, – recherchieren zu chemischen Sachverhalten, – tauschen sich über chemisches Wissen und inhaltliche Zusammenhänge aus unter Verwendung fachtypischer Darstellungen, – argumentieren sachlogisch chemische Sachverhalte und Zusammenhänge, – präsentieren chemisches Wissen und eigene Überlegungen und Arbeitsergebnisse adressaten- und fachgerecht.
Anforderungsbereich	I, II

2.4 S Säure-Base-Reaktionen

Kontext

Arbeitsblatt

In unserem Leben und Alltag haben saure Lösungen (Säuren) und alkalische Lösungen (Basen) ein breit gefächertes Vorkommen und wichtige Funktionen, z. B. die Salzsäure im Magen, die sog. Magensäure, die Schwefelsäure in der Autobatterie, die Essigsäure im Essig, die Benzoesäure zur Konservierung, …
Stoffe wie Chlorwasserstoff und Eisessig bilden mit Wasser eine saure Lösung, in der sich ein Säure-Base-Indikator verfärbt. Bei dieser Reaktion, der Protolyse, entstehen mit den Wasser-Molekülen hydratisierte Wasserstoff-Ionen.
Über die Konzentration der im Wasser entstandenen hydratisierten Wasserstoff-Ionen lässt sich der pH-Wert berechnen, ein wichtiges Signal zum Abschätzen der ätzenden Wirkung. Die Konzentration der hydratisierten Wasserstoff-Ionen kann man durch eine Titration mit einer alkalischen Lösung bestimmen. Durch geeignete Kombinationen von verschiedenen Salzen kann man Puffersysteme herstellen, die trotz Zugabe von sauren oder alkalischen Lösungen den pH-Wert einer Lösung konstant halten können.

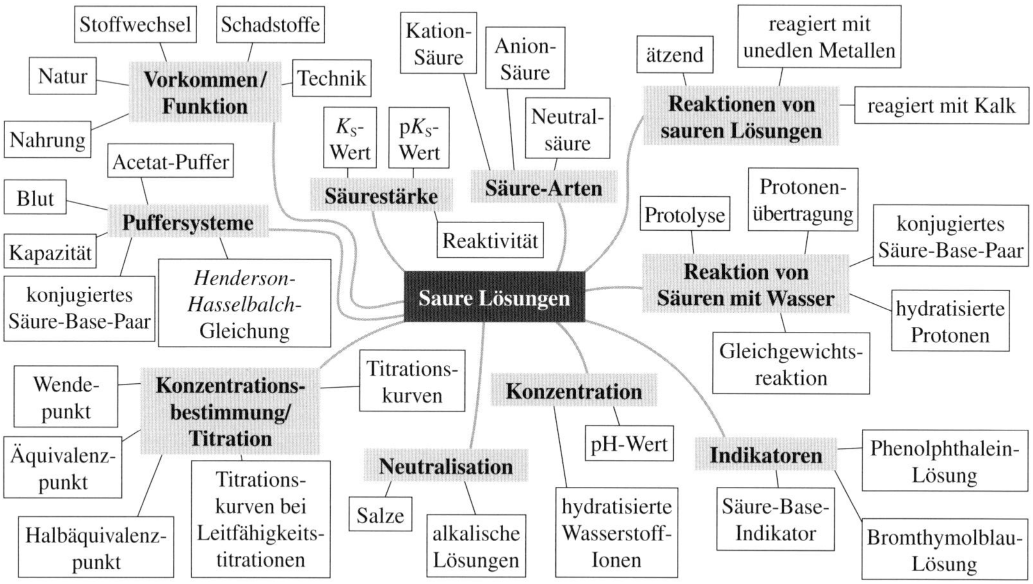

Arbeitsaufträge

Sortierung

1. Schneiden Sie die 68 Kärtchen mit den Begriffen (M 1) aus. Sortieren Sie sie in Einzelarbeit auf zwei Stapel. Ein Stapel enthält die sicher bekannten Begriffe; der zweite Stapel enthält die Begriffe, die noch unklar oder erst teilweise verstanden sind.
2. Klären Sie in Partnerarbeit alle Begriffe des zweiten Stapels. Hierbei können Sie verschiedene Quellen (z. B. eigene Unterlagen, Fachbuch, …) nutzen. Zum Schluss sollen bei jedem alle Kärtchen auf dem ersten Stapel liegen.

Strukturlegetechnik

3. Legen Sie die Kärtchen so, dass sie eine sinnvolle fachliche Struktur ergeben.
4. Kleben Sie sie auf ein (großes) Blatt Papier. Verdeutlichen Sie die dargestellten Bezüge durch (beschriftete) Pfeile, (beschriftete) Striche, Überschriften oder/und Oberbegriffe.
5. Erklären Sie sich gegenseitig in Partnerarbeit das entwickelte Begriffsnetz.

2.4 S Säure-Base-Reaktionen *M1*

Kärtchen mit Fachbegriffen

Säure	saure Lösung	hydratisierte Protonen / Wasserstoff-Ionen	Säurestärke
pH-Wert	Säure-Base-Indikator	alkalische Lösungen	$H^+(aq)$
$pK_W = 14$	Chlorwasserstoff	Neutralisation	Base
ätzend	Salzsäure	Magensäure	Protolyse
unedle Metalle	Essig	Schwefelsäure	Protonen-übertragungen
Kalk	Essigsäure	Autobatterien	Gleichgewichts-reaktion
Neutralsäure, HX	Neutralbase, HX	Säurerest-Anion	Kation-Säure, HX^+
Anion-Säure, HX^-	Kation-Base, HX^+	Protonen-Donatoren	Anion-Base, X^-
Natriumhydroxid	Natronlauge	pOH-Wert	$HA + H_2O \rightleftarrows H_3O^+ + A^-$
Wasser-Moleküle	Salze	Ionenprodukt des Wassers K_W	Autoprotolyse des Wassers
Protonen-Akzeptoren	Aceto balsamico	starke Säure	pK_S-Wert
Ammoniak-Lösung	Natriumacetat-Lösung	schwache Säure	K_S-Wert
Ammoniumchlorid-Lösung	Puffersysteme	Blut	Titration
Kaliumcarbonat-Lösung	konjugiertes Säure-Base-Paar HA/A^-	Acetat-Puffer	Äquivalenzpunkt
Natriumhydrogen-sulfat-Lösung	Bromthymolblau-Lösung	Phenolphthalein-Lösung	Halbäquivalenzpunkt
$c(x) = n(x)/V(x)$ $n(x) = m(x)/M(x)$	Ammoniak (gasf.)	Titrationskurven von Leitfähigkeitstitrationen	Wendepunkt
Strukturmerkmal: polar gebundenes Wasserstoff-Atom	Strukturmerkmal: freies Elektronenpaar	*Henderson-Hasselbalch-*Gleichung	Titrationskurven von pH-metrischen Titrationen

2.4 L Säure-Base-Reaktionen *Erwartungshorizont*

Beispiel einer möglichen Struktur

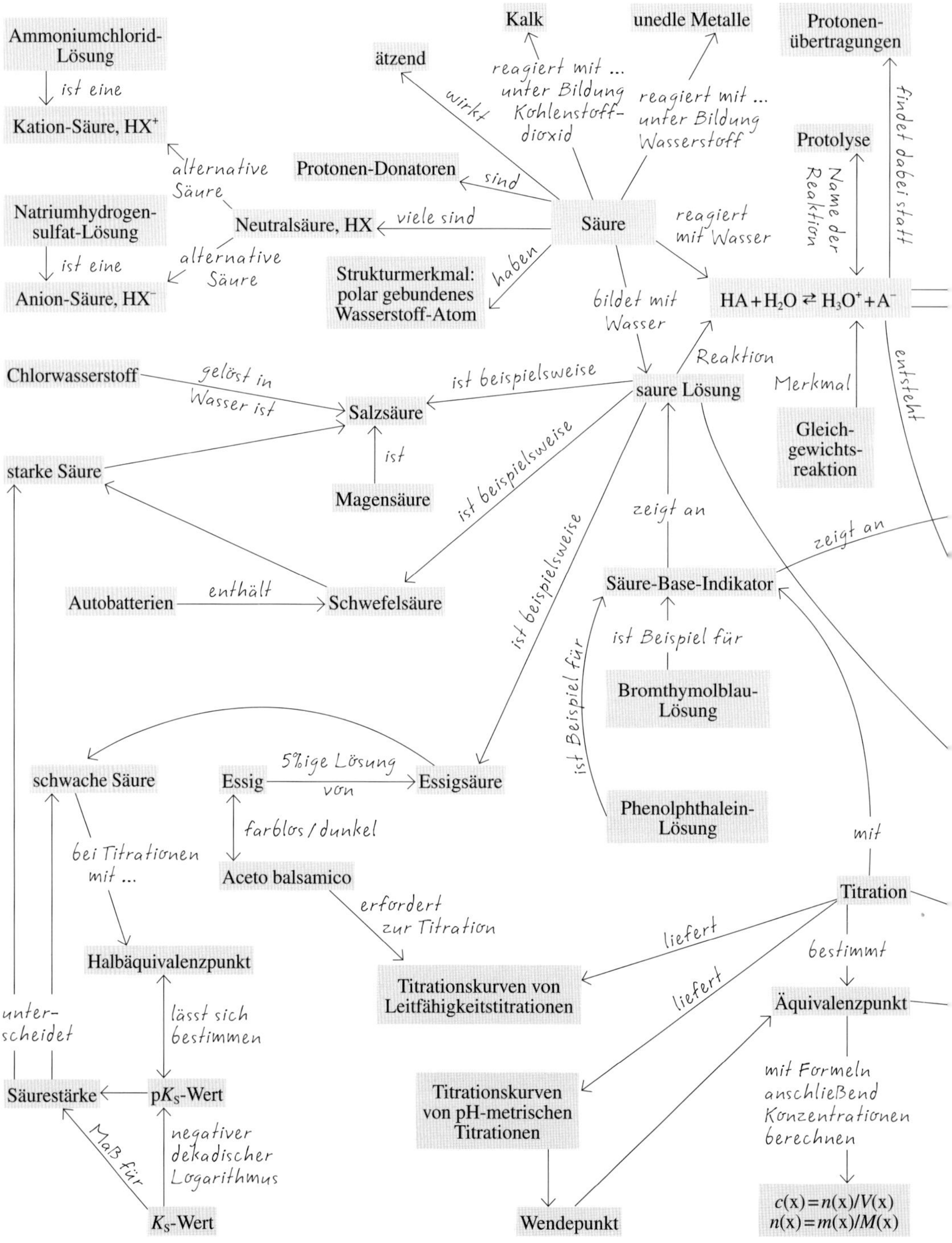

2.4 L Säure-Base-Reaktionen *Erwartungshorizont*

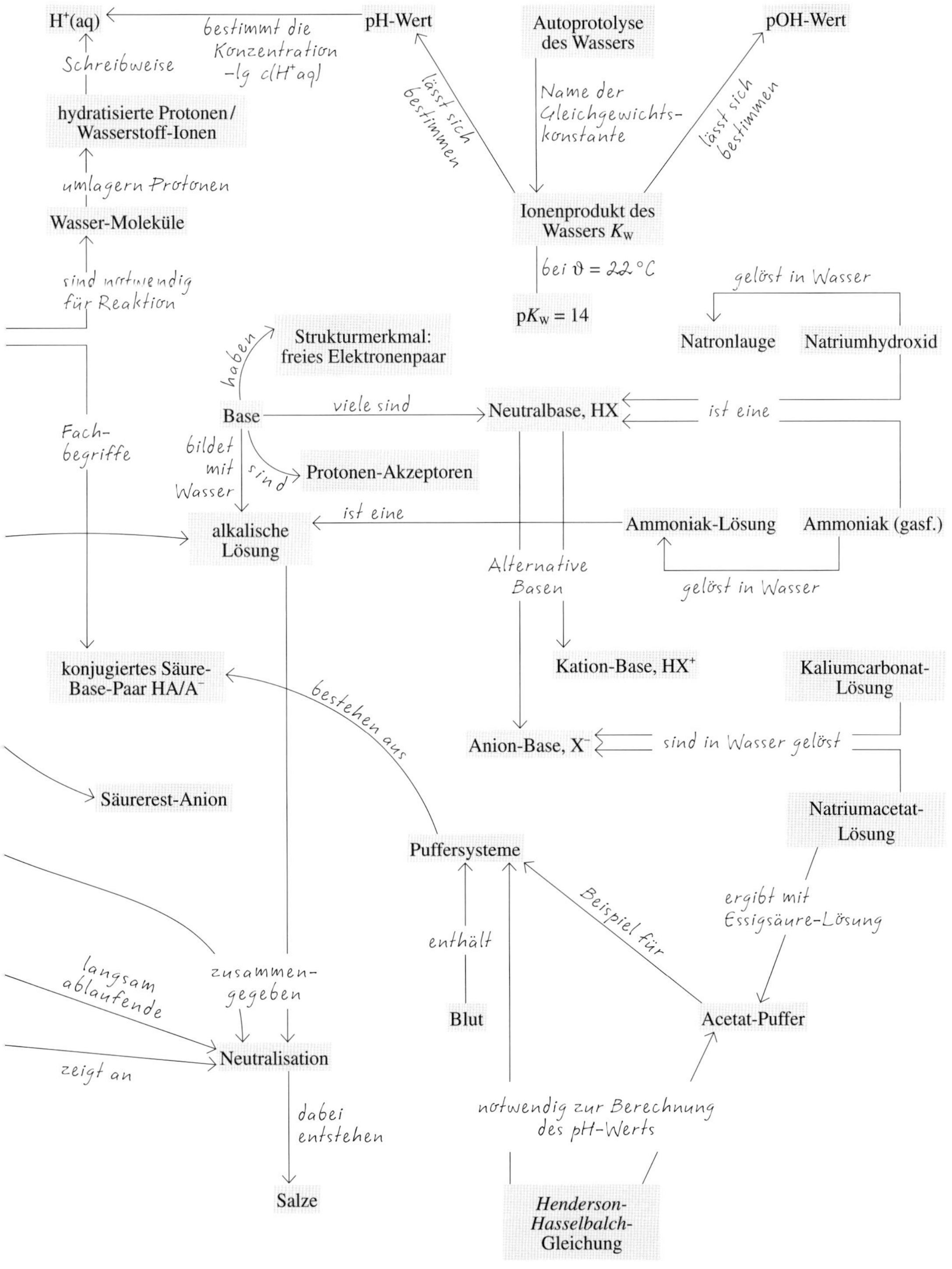

2.5 L Fotometrie – Analytik von Lebensmittelfarbstoffen

Thematik
Unterrichtsmethode

Grundlagen: Farbigkeit und Absorption, Absorptionsspektren, Konzentrationsberechnungen, Rechnen mit Logarithmen, *Lambert-Beer*'sches Gesetz

Methodischer Vorschlag: Lernstraße

Durchführung: Kontext, Station 1 bis 5 der Lernstraße (M 1 – M 5)
Nach individueller Einführung über den Kontext durchlaufen die Schüler/-innen in 2er-Gruppen die Lernstraße in numerischer Reihenfolge, beginnend bei Station 1. Sie führen die Experimente durch und bearbeiten die Aufgaben. Im anschließenden Plenum werden die Ergebnisse präsentiert und diskutiert.

Hinweis zur praktischen Durchführung der Versuche

Für den Modellversuch zur Fotometrie werden transparente Farbfolien benötigt. Hierbei ist darauf zu achten, dass diese ganz klar und nicht milchig-trüb sind.
Die Durchführung der Bestimmung des Ethanolgehaltes eines alkoholischen Getränks erfolgt am besten mit einem klaren Schnaps, z. B. einem Weizenkorn. Werden andere alkoholische Getränke verwendet, dürfen sie nicht trüb sein und schäumen oder perlen. Bei Verwendung von gefärbten alkoholischen Getränken (z. B. Likören) muss gewährleistet sein, dass sie nicht im gleichen Wellenlängenbereich absorbieren wie das Farbreagenz.

Literaturangaben

Modellversuch zur Fotometrie, Nr. 4.11, Bestimmung von Patentblau V in Getränken, Nr. 4.17 in Materialien-Handbuch Kursunterricht Chemie Bd. 7, Aulis Verlag, Köln 2000
Alkohol – Fotometrische Bestimmung, Nr. 5.9 in Materialien-Handbuch Kursunterricht Chemie Bd. 10/I, Aulis Verlag, Köln 2005

Zur Erweiterung
Materialien-Handbuch Kursunterricht Chemie (Aulis) Bd. 6: 3.18 (Quantitative Bestimmung von Lebensmittelfarbstoffen), Bd. 7: 4.14 (Fotometrische Analyse von Zigarettenrauch), 4.16 (Chinolingelb in Götterspeise), Bd. 10/I: 5.8 (Fotometrie-Spiel)

Stationen	**Station 1**	**Station 2 – 5**
Konzepte	Analytische Methoden	Analytische Methoden, Farbigkeit organischer Verbindungen
Kompetenz-bereiche	Fachwissen **Kommunikation**: Sch'/Sch – beschreiben, veranschaulichen, erklären chemische Sachverhalte, – beschreiben und erklären in strukturierter sprachlicher Darstellung.	Fachwissen **Erkenntnisgewinnung**: Sch'/Sch – treffen Vorhersagen, – prüfen experimentell, – üben Transfer. Kommunikation Bewerten
Anforderungs-bereiche	I, II	I, II, III

2.5 S Fotometrie – Analytik von Lebensmittelfarbstoffen

Kontext

Viele Lebensmittel werden heute mit Farbstoffen versetzt, um sie optisch attraktiv erscheinen zu lassen und den Kunden im Supermarkt zum Kauf zu veranlassen.
Lebensmittelfarbstoffe gelten zwar als ungefährlich, aber auch hier gilt der alte Satz des *Paracelsus*:

„All Ding' sind Gift und nichts ohn' Gift;
allein die Dosis macht, dass ein Ding kein Gift ist."

Auch bei Lebensmittelfarbstoffen ist daher darauf zu achten, dass die tägliche Dosis, die man dem Körper zuführt, nicht zu groß wird. Ein Maß hierfür ist der ADI-Wert (ADI bedeutet *A*cceptable *D*aily *I*ntake). Er gibt an, wie viel Milligramm eines Stoffes man pro Tag und Kilogramm Körpergewicht ohne Gefahr zu sich nehmen kann.

Wichtig ist es daher, die Konzentration der Farbstoffe in einem Lebensmittel genau zu kennen.

Die Fotometrie ist ein analytisches Verfahren, das die Bestimmung von Farbstoffen in Lösungen ermöglicht. Aber auch Farbstoffe in Feststoffen lassen sich unter bestimmten Bedingungen bestimmen und sogar die Konzentration farbloser Substanzen kann erfasst werden, wenn es gelingt sie durch ein geeignetes Reagenz in einen farbigen Stoff umzuwandeln. Auf diese Art und Weise lässt sich z. B. der Alkoholgehalt eines Getränkes ermitteln.

Die folgende Lernstraße erläutert das Verfahren der Fotometrie an mehreren praktischen Beispielen Schritt für Schritt. Daher ist die Reihenfolge der Stationen nicht beliebig. Beginnen Sie mit der Bearbeitung bei Station 1 und folgen Sie den Stationen der Lernstraße dann in numerischer Reihenfolge.

Übersicht über die Stationen der Lernstraße

Station 1: Grundlagen der Fotometrie
Station 2: Modellversuch zur Fotometrie
Station 3: Patentblau V in Blue Curaçao
Station 4: Patentblau V und Chinolingelb in grünem Fruchtgummi
Station 5: Bestimmung des Alkoholgehalts eines Weizenkorns

2.5 S Fotometrie – Analytik von Lebensmittelfarbstoffen

M 1

Station 1: Grundlagen der Fotometrie

Fotometrische Untersuchungen werden mit einem Fotometer durchgeführt.

Quelle: Nanjing Perlove Medical Equipment Co., Ltd.

Das Prinzip der Fotometrie zeigt die folgende Abbildung:

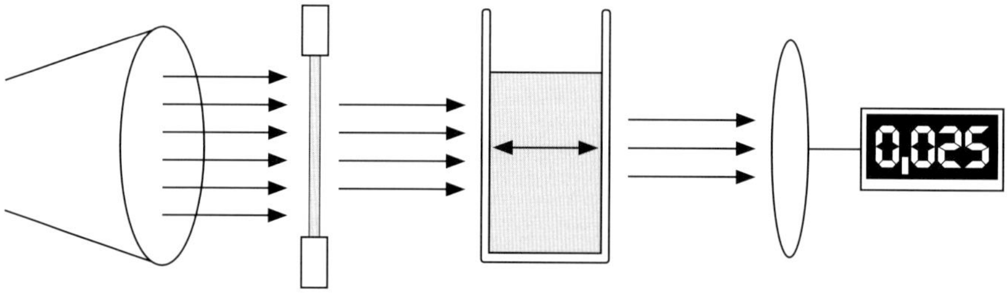

Die einzelnen Bauelemente heißen:
- Anzeige
- Küvette
- Lichtquelle
- Monochromator
- Sensor

Von Bedeutung für das Verständnis des Verfahrens der Fotometrie sind ferner folgende Fachbegriffe:
- Transmissionsgrad (τ)
- Extinktion (E)
- Extinktionskoeffizient (ε)
- Schichtdicke (d)
- Konzentration (c)

Aufgaben

a) Ordnen Sie den Bauelementen des Fotometers die passenden Namen zu.
b) Erläutern Sie Ihrem Partner die angegebenen Begriffe zur Fotometrie und geben Sie an, in welcher mathematischen Beziehung sie zueinander stehen.
c) Erklären Sie Ihrem Partner das Prinzip der Fotometrie anhand der Grafik.
d) Informieren Sie sich mithilfe des Internets über Anwendungsmöglichkeiten der Fotometrie und die Grenzen dieses Analyseverfahrens.

2.5 S Fotometrie – Analytik von Lebensmittelfarbstoffen

M2

Station 2: Modellversuch zur Fotometrie

Versuchsmaterialien
Fotometer, transparente Farbfolie, Schere

Versuchsdurchführung
Schneiden Sie aus einer transparenten Farbfolie fünf Folienstücke so heraus, dass sie genau in die Küvette eines Fotometers hineinpassen. Wählen Sie zunächst eine geeignete Wellenlänge für die jeweilige Farbfolie aus. Der Transmissionsgrad sollte bei Verwendung einer Farbfolie nicht unter 70 % liegen. Als Vergleich verwendet man eine Küvette ohne Farbfolie und stellt hierfür den Transmissionsgrad auf 100 % ein. Nachdem eine geeignete Wellenlänge eingestellt worden ist, wird die Zahl der Farbfolien in der Küvette schrittweise auf fünf, unter Auslassung der Zahl von drei Farbfolien, erhöht und jeweils der Transmissionsgrad τ gemessen.

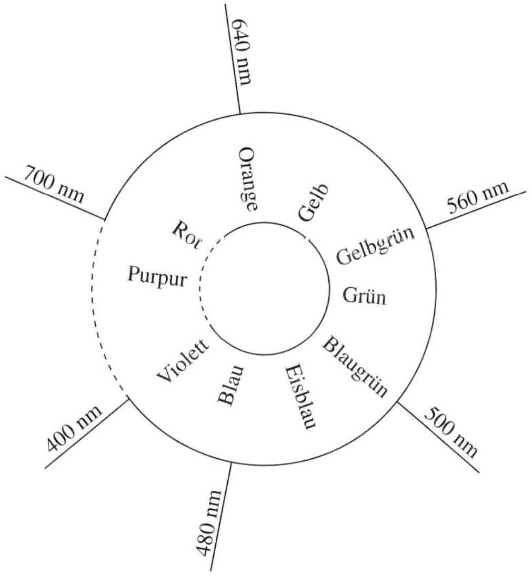

Farbenkreis

Aufgaben
a) Erläutern Sie Ihre Überlegungen zur Auswahl der geeigneten Messwellenlänge.
b) Notieren Sie jeweils den Transmissionsgrad und berechnen Sie die Extinktion.

Anzahl der Farbfolien	0	1	2	3	4	5
Transmissionsgrad τ in %						
Extinktion E						

c) Stellen Sie den Transmissionsgrad und die Extinktion in Abhängigkeit von der Anzahl der Farbfolien grafisch dar.
d) Erläutern Sie, welches Ergebnis Sie bei der Verwendung von drei Farbfolien erwarten und überprüfen Sie Ihre Vorhersage experimentell.
e) Geben Sie Parallelen zwischen dem Modellversuch und der fotometrischen Analyse von Farblösungen an.

2.5 S Fotometrie – Analytik von Lebensmittelfarbstoffen

M3

Station 3: Patentblau V in Blue Curaçao

Patentblau V (E 131) ist ein Lebensmittelfarbstoff. Er wird z. B. verwendet, um die blaue Farbe des Likörs Blue Curaçao zu erhalten. Der Farbstoff gilt als weitgehend unbedenklich, dennoch besteht bei zu hohen Konzentrationen ein gewisses toxikologisches Risiko. Die Dosis sollte daher nicht zu groß sein. Der ADI-Wert von Patentblau V wird mit maximal 15 mg pro Kilogramm Körpergewicht und Tag angegeben. Durch den Genuss des Likörs darf der ADI-Wert nicht überschritten werden. Um dies festzustellen, wurde eine Probe Blue Curaçao einer fotometrischen Analyse unterzogen.
Hierzu wurden für die Erstellung der Eichgerade zunächst von Patentblau-V-Lösungen bekannter Konzentration bei $\lambda = 630$ nm der Transmissionsgrad τ ermittelt.

β (Patentblau V) in $mg \cdot L^{-1}$	**Transmissionsgrad τ in %**	**Extinktion E**
1	85,70	
2	73,45	
5	46,24	

Eine Probe des Likörs wird im Verhältnis 1 : 10 (10 mL Likör + 90 mL Wasser) mit dest. Wasser verdünnt. Sodann wird der Transmissionsgrad bei $\lambda = 630$ nm bestimmt. Als Ergebnis wird $\tau = 53{,}95\,\%$ gemessen.

Aufgaben:

a) Berechnen Sie die jeweiligen Extinktionen.

b) Zeichnen Sie die Eichgerade.

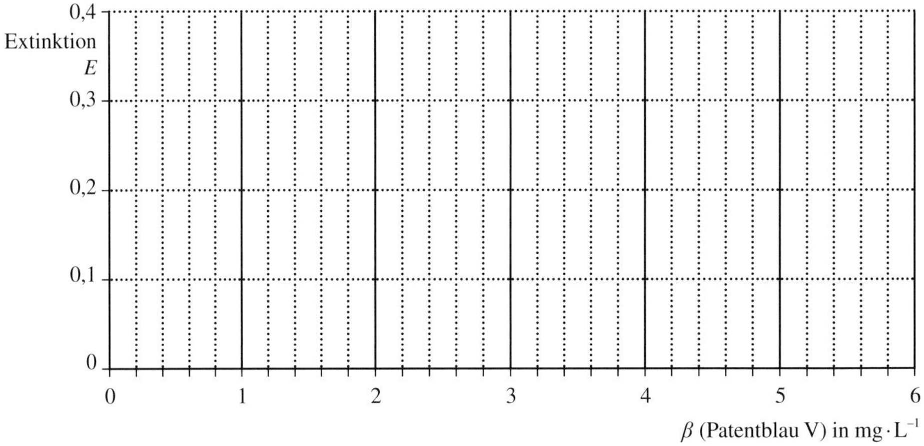

c) Bestimmen Sie die Steigung der Eichgerade und berechnen Sie β (Patentblau V) in Blue Curaçao.

d) Bewerten Sie das toxikologische Risiko des Likörs.

2.5 S Fotometrie – Analytik von Lebensmittelfarbstoffen

M4

Station 4: Patentblau V und Chinolingelb in grünem Fruchtgummi

Viele Fruchtgummis erhalten durch ein Gemisch verschiedener Lebensmittelfarbstoffe ihre charakteristische Farbe. Die grüne Färbung kann z. B. durch eine Mischung von Patentblau V (E 131) und Chinolingelb (E 104) erzeugt werden, wie etwa bei den Haribo®-Fröschen.
Die Schwierigkeit bei der Analyse ist, dass es sich bei Fruchtgummis um eine feste Substanz handelt, nämlich um Gelatine. Aus chemischer Sicht handelt es sich also um Proteine, in denen die Farbstoffe eingelagert sind.

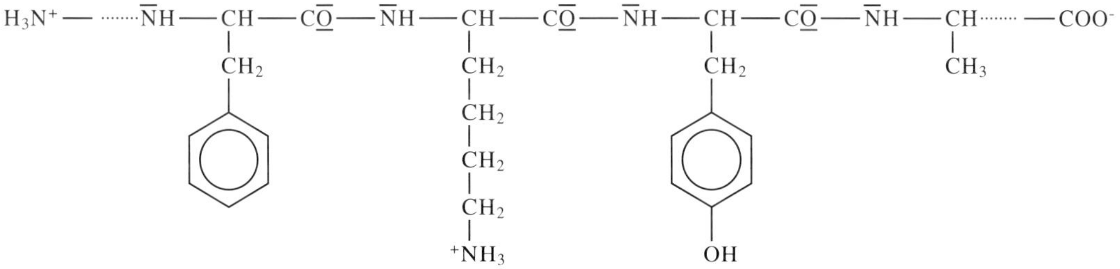

Ausschnitt aus einem Eiweiß-Molekül

Eine weitere Schwierigkeit ergibt sich durch das Vorliegen eines Gemisches von zwei Farbstoffen. Die beiden Lebensmittelfarbstoffe unterscheiden sich jedoch in ihren Absorptionsspektren.

Chinolingelb (E 104)
β = 6 mg/L

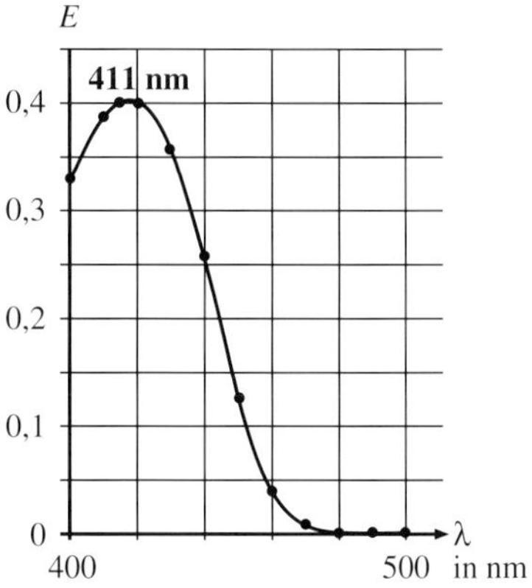

Patentblau V (E 131)
β = 5 mg/L

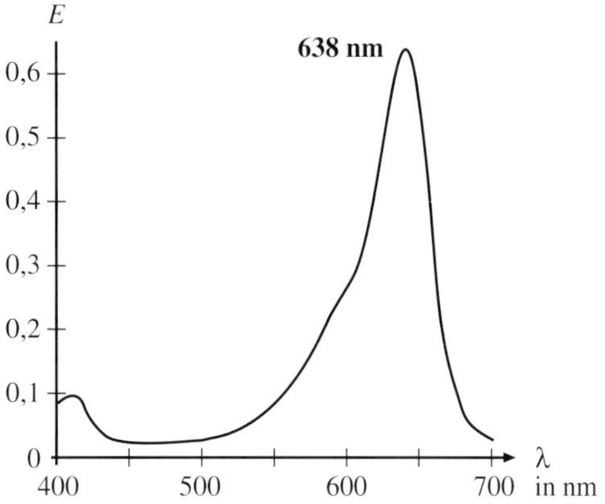

Aufgabe
Entwickeln Sie auf der Basis Ihrer bisherigen Kenntnisse über die Fotometrie ein Verfahren, das die Bestimmung des Gehaltes an Patentblau V und Chinolingelb in grünen Fruchtgummis ermöglicht. Begründen Sie Ihr Vorgehen.

2.5 S Fotometrie – Analytik von Lebensmittelfarbstoffen

M5

Station 5: Bestimmung des Alkoholgehalts eines Weizenkorns

Auch zur Bestimmung der farblosen Flüssigkeit Alkohol eignet sich das Verfahren der Fotometrie. Der Alkoholgehalt eines Weizenkorns lässt sich so leicht ermitteln.

Geräte
Spektral- oder Filterfotometer (Messwellenlänge: $\lambda = 500$ nm), Küvetten, 2 Bechergläser (100 mL), Messzylinder (50 mL), Reagenzgläser und Reagenzglasständer, 1 Pipette (10 mL), 3 Pipetten (5 mL), Waage, Gasbrenner, Spatel

Chemikalien
Cer(IV)-ammoniumnitrat, Salpetersäure ($c(HNO_3) = 2$ mol/L),
Ethanol-Lösung ($\sigma(C_2H_5OH) = 0{,}5\,\%$), Weizenkorn, dest. Wasser

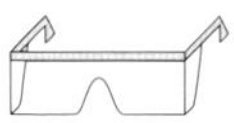

Gefahrenstoffhinweis
Cer(IV)-ammoniumnitrat: (O, Xi, brandfördernd, reizend, R: 8-22-42; S: 17-26-39, nach GHS: H272, H302, H318; P210, P305+P351+P338)

Salpetersäure ($5\,\% \leq c < 20\,\%$): (C, ätzend, R: 8-35,; S: 1/2-23-26-36-45, nach GHS: Hautätz. 1B, H314, H290; P260, P280, P301+P330+P331, P305+P351+P338, P309+P310)

Ethanol: (F, leicht entzündlich, R: 11; S: 2-7-16, nach GHS: H225, P210)

Entsorgung
Der Inhalt der Küvetten wird dem Sammelbehälter für Schwermetallsalz-Lösungen zugeführt.

Versuchsdurchführung

1. Herstellung von Cerammoniumnitrat-Reagenz
   Man gibt 4 g Cer(IV)-ammoniumnitrat in ein Becherglas und löst es in 10 mL Salpetersäure. Leichtes Erwärmen beschleunigt das Lösen. Hierzu gibt man 50 mL Wasser. Nach dem Abkühlen kann das Reagenz verwendet werden. Es ist stabil und lässt sich mehrere Wochen aufbewahren.

2. Erstellung der Eichgerade
   Man mischt gemäß der folgenden Tabelle 2 mL Cerammoniumnitrat-Reagenz mit unterschiedlichen Volumina der Ethanol-Lösung. Die Extinktion der Lösungen wird bei 500 nm bestimmt. Lösung 1 (ohne Ethanol) dient dabei als Blindlösung für den Nullabgleich am Fotometer.

2.5 S Fotometrie – Analytik von Lebensmittelfarbstoffen

M5

Station 5 (Fortsetzung)

Lösung Nr.	*V*(Cerammonium-nitrat-Reagenz) in mL	*V*(Ethanol-Lösung) in mL	*V*(H_2O) in mL	$\sigma(C_2H_5OH)$ in %	Extinktion *E* bei $\lambda = 500$ nm
1	2	0	5	0	
2	2	1	4		
3	2	2	3		
4	2	3	2		
5	2	4	1		
6	2	5	0	0,5	

3. Jetzt wird der Alkoholgehalt des Weizenkorns auf geeignete Weise fotometrisch bestimmt.

Aufgaben

a) Berechnen Sie den Alkoholgehalt der Ethanol-Lösungen, die für die Bestimmung der Eichgerade verwendet werden. Tragen Sie diese Werte in die Tabelle ein.
b) Ermitteln Sie die Extinktionen zur Erstellung der Eichgeraden. Tragen Sie diese Werte in die Tabelle ein.
c) Zeichnen Sie die Eichgerade.
d) Entwickeln Sie eine geeignete Vorgehensweise zur fotometrischen Bestimmung des Alkoholgehaltes des Weizenkorns. Führen Sie das Verfahren dann auch praktisch durch.

2.5 L Fotometrie – Analytik von Lebensmittelfarbstoffen

Erwartungshorizont

Station 1

zu a)

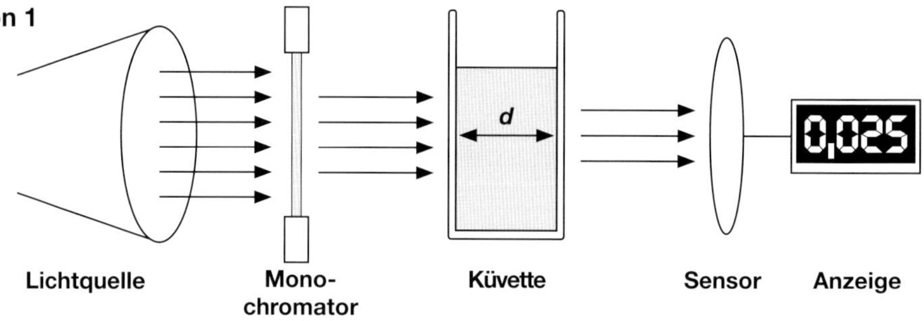

zu b) Durchstrahlt Licht die farbige Probelösung in der Küvette, nimmt die Lichtintensität ab. Der Quotient aus der Intensität des durchgelassenen Lichts (I) und des eingestrahlten Lichts (I_O) heißt Transmissionsgrad τ.

$$\tau = \frac{I}{I_O} \qquad E = -\lg \tau$$

Der negative dekadische Logarithmus des Transmissionsgrads wird als Extinktion E bezeichnet.

Die Extinktion ist in einem relativ breiten Konzentrationsbereich direkt proportional zur Konzentration c des Farbstoffs und der Schichtdicke d der durchstrahlten Probe.

Der Extinktionskoeffizient ε ist der Proportionalitätsfaktor. Er ist für jeden Farbstoff eine spezifische Größe.

Das Gesetz von *Lambert-Beer* gibt die mathematischen Beziehungen zwischen den einzelnen Größen an:

$$E = -\lg \tau = -lg \frac{I}{I_O} = \varepsilon \cdot c \cdot d$$

zu c) Prinzip der Fotometrie

Eine Lichtquelle strahlt weißes Licht aus. Weißes Licht ist eine Mischung aus allen Wellenlängen des sichtbaren Bereichs. Dieser polychromatische Lichtstrahl wird durch einen Monochromator geleitet, um nun annähernd monochromatisches Licht zu erzeugen. Der Lichtstrahl kann nun durch eine Küvette, die die zu untersuchende Probe enthält, geschickt werden. Je nachdem, welche Substanz in welcher Konzentration in der Lösung vorliegt, wird das monochromatische Licht unterschiedlich stark absorbiert. Anschließend trifft der Lichtstrahl auf einen Sensor/Detektor – meist eine Fotozelle, die die Intensität des auftreffenden Lichts misst und an das Anzeigeinstrument weitergibt.

zu d) Anwendungen der Fotometrie

Die Fotometrie ist eine Methode, bei der die Konzentration von fein verteilten oder gelösten Stoffen durch Lichtmessung ermittelt wird. Mittels der Fotometrie können die Konzentrationen von Farbstoffen in Lösungen bestimmt werden. Praktische Bedeutung hat dies z. B. bei der Bestimmung von Farbstoffen in Getränken oder anderen Lebensmitteln, aus denen diese Farbstoffe herausgelöst werden müssen. Ist die zu untersuchende Substanz selbst farblos, kann eine fotometrische Bestimmung in vielen Fällen durch eine spezielle Farbreaktion erfolgen: Die zu untersuchende Substanz muss bei Zusatz eines Reagenz einen Farbstoff bilden.

2.5 L Fotometrie – Analytik von Lebensmittelfarbstoffen

Erwartungshorizont

Station 1 (Fortsetzung)

Hierdurch ergeben sich vielfältige Anwendungen, z. B. Glucose-Bestimmung in Lebensmitteln, Bestimmung des Wirkstoffgehalts in Arzneimitteln, Belastung von Gewässern mit Giftstoffen etc. Die Fotometrie kann im Bereich des sichtbaren Lichts und im UV-Bereich erfolgen.
Wichtige Varianten der Fotometrie sind die fotometrische Titration, die Flammenfotometrie und die Atomabsorptionsfotometrie.
Die Fotometrie ist ein recht genaues Verfahren. Aber nicht alle Substanzen sind einer fotometrischen Analyse zugänglich. Für die Durchführung der Fotometrie muss zudem darauf geachtet werden, dass die Konzentration des zu untersuchenden Stoffes in einem bestimmten Konzentrationsbereich liegt. Bei zu hohen Konzentrationen gilt das *Lambert-Beer*'sche-Gesetz nicht mehr und bei zu geringen Konzentrationen ist eine exakte Messung nicht mehr möglich, da die Extinktionen dann zu gering sind. Bei sehr geringen Konzentrationen müssen daher andere Messverfahren zum Einsatz kommen.

Station 2

zu a) Die Absorption sollte im Bereich der Komplementärfarbe am größten sein. Bei Verwendung einer gelben Farbfolie wäre dies der blaue Bereich des sichtbaren Spektrums. Allerdings ist es möglich, dass die Absorption in diesem Bereich bereits zu groß ist und der Transmissionsgrad über 70 % liegt. In diesem Fall muss eine Wellenlänge ausgewählt werden, die nicht der Komplementärfarbe entspricht.

zu b) Beispiel für ein Messergebnis (gelbe Farbfolie bei 640 nm)

Anzahl der Farbfolien	0	1	2	3	4	5
Transmissionsgrad τ in %	100	70	47		23	17
Extinktion E	0	0,15	0,33		0,64	0,8

zu c)

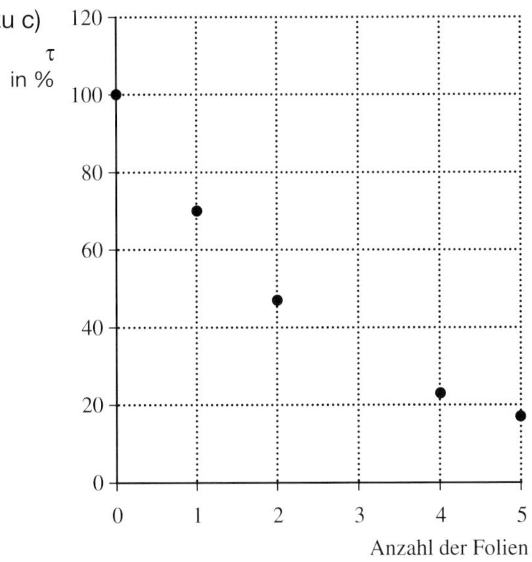

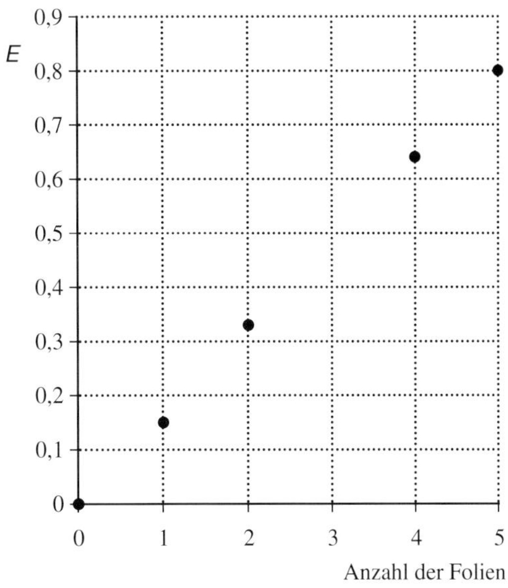

2.5 L Fotometrie – Analytik von Lebensmittelfarbstoffen

Erwartungshorizont

Station 2 (Fortsetzung)

zu d) Aufgrund der Proportionalität von Extinktion und Anzahl der Farbfolien ist in diesem Beispiel eine Extinktion von ca. 0,49 für drei gelbe Farbfolien zu erwarten. Dies entspricht einem Transmissionsgrad von 32,5 %.

zu e) Durch die Änderung der Anzahl der Farbfolien wird modellhaft gezeigt, wie sich die Änderung der Farbstoffkonzentration einer Lösung auf den Transmissionsgrad bzw. die Extinktion auswirkt. Die Anzahl der Farbfolien stellt aber auch ein Modell für die Änderung der Schichtdicke (Küvettendurchmesser bzw. Küvettenbreite) dar, weil sich mit der Anzahl der Folien die Dicke der durchstrahlten Schicht ändert. Die Anzahl der Folien steht also modellhaft für die Farbstoffkonzentration und die Schichtdicke.

Station 3

zu a)

β (Patentblau V) in mg·L^{-1}	**Transmissionsgrad τ in %**	**Extinktion *E***
1	85,70	0,067
2	73,45	0,134
5	46,24	0,335

zu b)

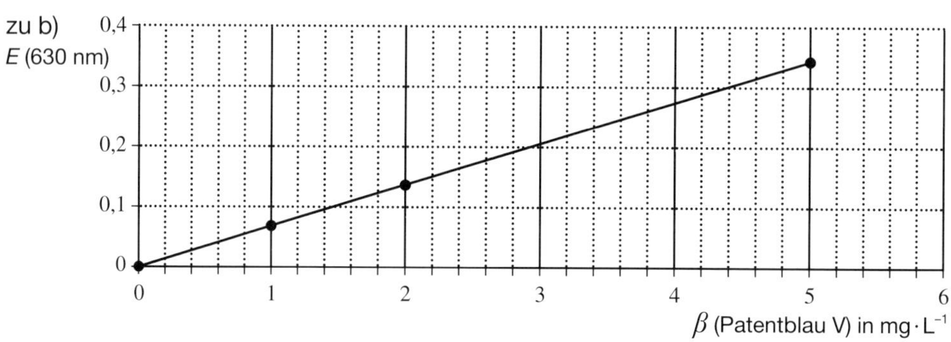

zu c) **1. Bestimmung der Steigung *m***

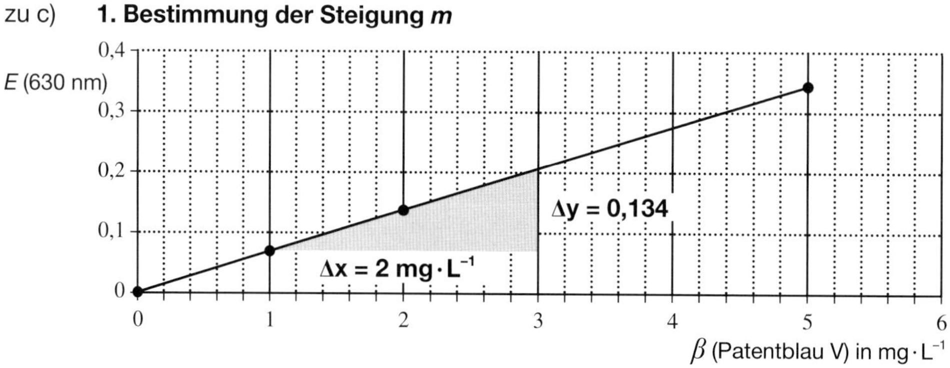

2.5 L Fotometrie – Analytik von Lebensmittelfarbstoffen

Erwartungshorizont

Station 3 (Fortsetzung)

zu c) $m = \Delta y : \Delta x$

$=> m = 0{,}134 : 2\ \text{mg} \cdot \text{L}^{-1} = 0{,}067\ \text{L} \cdot \text{mg}^{-1}$

2. Berechnung des Extinktionskoeffizienten

Der Extinktionskoeffizient ε entspricht der Steigung unter Berücksichtigung der Schichtdicke (d = 1 cm):

$\varepsilon = m : d$

$=> \varepsilon = 0{,}067\ \text{L} \cdot \text{mg}^{-1} : 1\ \text{cm} = 0{,}067\ \text{L} \cdot \text{mg}^{-1} \cdot \text{cm}^{-1}$

3. Berechnung der Farbstoffkonzentration der verdünnten Likörprobe

Die Konzentration des Farbstoffs Patentblau V in der verdünnten Probe ergibt sich durch Einsetzen der Werte in das Gesetz von *Lambert-Beer* und Auflösen der Gleichung nach β.

$\beta = E : (\varepsilon \cdot d)$

$=> \beta$ (Patentblau V im verd. Likör) $= 0{,}268 : (0{,}067\ \text{L} \cdot \text{mg}^{-1} \cdot \text{cm}^{-1} \cdot 1\ \text{cm}) = 4\ \text{mg} \cdot \text{L}^{-1}$

4. Berechnung der Farbstoffkonzentration des unverdünnten Likörs

Da der Likör im Verhältnis 1:10 verdünnt wurde, muss die Massenkonzentration der verdünnten Probe noch mit dem Faktor 10 multipliziert werden.

$=> \beta$ (Patentblau V im unverd. Likör) $= 4\ \text{mg} \cdot \text{L}^{-1} \cdot 10 = 40\ \text{mg} \cdot \text{L}^{-1}$

5. Ergebnis

Die Massenkonzentration von Patentblau V im Likör beträgt $40\ \text{mg} \cdot \text{L}^{-1}$.

zu d) Bei 70 kg Körpergewicht können entsprechend dem ADI-Wert 2,5 mg/kg · 70 kg = 175 mg Farbstoff täglich ohne toxikologische Bedenken aufgenommen werden. Dieser Wert wird nach Genuss von 175 mg / 40 mg/L = 4,4 L Likör erreicht. Soweit keine besonderen Allergien vorliegen, ist der Genuss des Likörs in üblichen Portionen toxikologisch unbedenklich.

Station 4

Gelatine ist eine in Wasser lösliche Substanz. Wie der Ausschnitt aus dem Eiweiß-Molekül zeigt, sind in diesem natürlichen Makromolekül zahlreiche Ladungen vorhanden. Wasser wird sich daher aufgrund seiner Dipoleigenschaft leicht an die Eiweiß-Moleküle anlagern.

Die Auflösung der Gelatine ist erforderlich, um auch die Lebensmittelfarbstoffe in Lösung zu bringen. Zur Beschleunigung des Lösungsvorgangs kann das Fruchtgummi-Wasser-Gemisch etwas erhitzt werden.

2.5 L Fotometrie – Analytik von Lebensmittelfarbstoffen

Erwartungshorizont

Station 4 (Fortsetzung)

Wichtig ist, dass die Masse der Fruchtgummis vor dem Auflösen bestimmt wird, damit angegeben werden kann, wie viel Milligramm der beiden Farbstoffe sich in einem Gramm des Fruchtgummis befinden.
Bevor mit der Fotometrie begonnen wird, müssen die Wellenlängen für die Messung festgelegt werden.
Chinolingelb absorbiert bei Wellenlängen, die größer als 500 nm sind, praktisch nicht mehr. Daher kann die Bestimmung von Patentblau V wieder bei 630 nm erfolgen.
Für die Bestimmung von Chinolingelb kann dessen Absorptionsmaximum von ca. 410 nm gewählt werden. Es muss dabei jedoch bedacht werden, dass auch Patentblau V bei dieser Wellenlänge absorbiert. Man muss für beide Farbstoffe bei 410 nm eine Eichgerade erstellen. Bei der Analyse der Fruchtgummiprobe ist anschließend der Teil der Absorption, der auf Patentblau V entfällt, abzuziehen. Er ist bekannt, da ja bereits bei 630 nm die Konzentration des Patentblau V in der Probelösung ermittelt wurde. Daher lässt sich bei 410 nm der Teil der Absorption berechnen, der auf das Patentblau V zurückzuführen ist. Man subtrahiert diesen Anteil von der Gesamtabsorption und erhält den Anteil der Absorption, für den Chinolingelb verantwortlich ist.
Noch einfacher ist es freilich, wenn man die Messung für Chinolingelb bei ca. 450 nm durchführt. In diesem Bereich absorbiert Patentblau V praktisch nicht, sodass der gelbe Farbstoff allein bestimmt werden kann. Allerdings ist die Absorption von Chinolingelb bei dieser Wellenlänge nur gering, sodass die Messergebnisse evtl. nicht ganz genau sind.

Station 5

zu a) und b)

Lösung Nr.	*V*(Cerammonium-nitrat-Reagenz) in mL	*V*(Ethanol-Lösung) in mL	$V(H_2O)$ in mL	$\sigma(C_2H_5OH)$ in %	Extinktion *E* λ = 500 nm
1	2	0	5	0	0
2	2	1	4	0,1	0,06
3	2	2	3	0,2	0,11
4	2	3	2	0,3	0,18
5	2	4	1	0,4	0,23
6	2	5	0	0,5	0,28

2.5 L Fotometrie – Analytik von Lebensmittelfarbstoffen

Erwartungshorizont

Station 5 (Fortsetzung)

zu c)

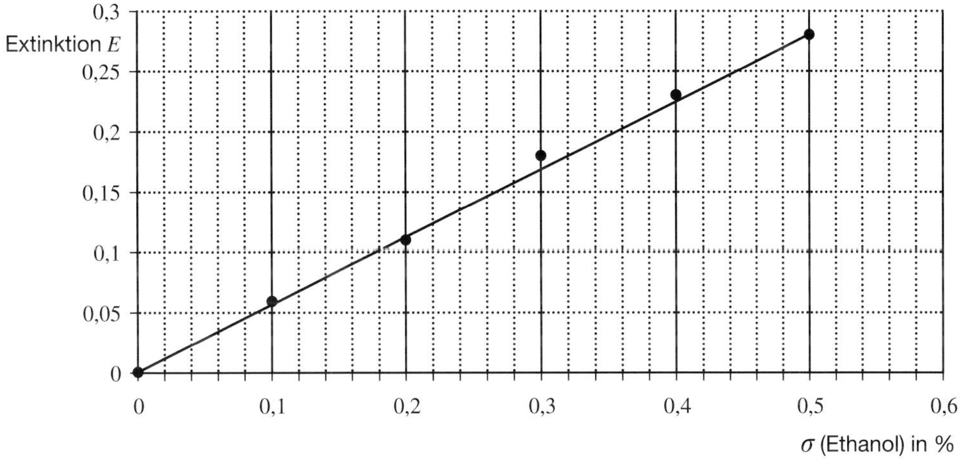

zu d) Wesentlich für die erfolgreiche fotometrische Bestimmung des Alkoholgehaltes eines Weizenkorns ist die Herstellung einer geeigneten Verdünnung. Das *Lambert-Beer'*sche Gesetz gilt nämlich nicht unbegrenzt, sondern nur für stark verdünnte Lösungen. Der Alkoholgehalt eines Weizenkorns dürfte aber über 30 % liegen. Daher ist eine Verdünnung von 1 : 100 sinnvoll. Damit liegt man im Konzentrationsbereich der für die Erstellung der Eichgeraden verwendeten Ethanol-Lösungen. Ansonsten ändert sich die Vorgehensweise nicht. Bei der Berechnung des Alkoholgehaltes aus dem Messwert liest man entweder die zugehörige Ethanol-Konzentration an der Eichgeraden ab (grafisches Verfahren) oder man ermittelt aus der Steigung der Eichgeraden den Extinktionskoeffizienten (ε) des *Lambert-Beer'*schen Gesetzes (mathematisches Verfahren) und berechnet dann die Alkoholkonzentration. In jedem Fall ist aber bei der Bestimmung des Alkoholgehaltes die gewählte Verdünnung zu berücksichtigen!

3.6 L Redoxreaktion und Oxidationszahl

Thematik
Unterrichtsmethode

Grundlagen: Redoxreaktionen, Oxidation, Reduktion, Elektronenabgabe und -aufnahme, Reduktions-, Oxidationsmittel, Elektronen-Donator, Elektronen-Akzeptor, konjugierte Redoxpaare, Elektronenübergabe, Oxidationszahl, Regeln zum Feststellen der Oxidationszahl, Aufstellen von Redoxgleichungen

Methodischer Vorschlag: Sortieraufgabe mit anschließender Strukturlegetechnik zur Strukturierung / Diagnose / Lückenschließen

Durchführung: Kontext mit Arbeitsaufträgen, Fachbegriffe M 1, Schulbuch

Zunächst sollen die Schüler/-innen ihr Vorwissen aktivieren und sich mit den Beobachtungen zur Magnesiumverbrennung und zum Silberspiegel auseinandersetzen. Jede/r erhält ein Exemplar von Kontext und M 1. Dann werden die Kärtchen mit den zentralen Begriffen – basierend auf diesen Versuchen – ausgeschnitten, sodass jede/r einen Stapel davon besitzt.
Zum Lückenschließen wird mit den Kärtchen zunächst eine Sortieraufgabe durchgeführt. In Einzelarbeit werden zwei Stapel gebildet; einer enthält die sicher bekannten Begriffe, der zweite die, die noch unklar sind. In Partnerarbeit werden anschließend alle Begriffe des zweiten Stapels geklärt. Entweder kennt der Partner dabei den jeweiligen Begriff sicher und kann ihn erklären oder beide Partner nutzen das Fachbuch, die Unterlagen, …, um den jeweiligen Begriff zu klären. Hierbei können Notizen auf der Rückseite der Karte gemacht werden.
Da jeder Teilnehmer nur noch einen Stapel mit bekannten Begriffen vor sich liegen hat, sollen diese jetzt in Einzelarbeit mit der Strukturlegetechnik so verteilt werden, dass sie eine sinnvolle, fachliche Struktur ergeben. Die Kärtchen werden auf ein großes Blatt Papier geklebt und möglichst viele Bezüge durch Pfeile, Striche, Beschriftungen, Nummerierungen verdeutlicht.
In Partnerarbeit erklären sich die Schüler/-innen anschließend die entwickelten Begriffsnetze.

Literaturangaben

Chemie 2000+ Sekundarstufe II, *Tausch, von Wachtendonk*, C. C. Buchners Verlag, Bamberg 2007
Lernumgebungen erfolgreich gestalten. Vom trägen Wissen zum kompetenten Handeln, *D. Wahl*, Klinkhardt, Bad Heilbrunn 2006
Strukturlegetechnik, *L. Remus*, Planungstagung Chemie in den Bez.-Reg. Düsseldorf und Köln, Methodenbox für den Chemieunterricht, 2010 *www.standardsicherung.schulministerium.nrw.de/…/getFile.php?id… (7. 5. 2012)*

Konzepte	Donator – Akzeptor, Stoff – Teilchen
Kompetenzbereich	Fachwissen: Sch'/Sch – strukturieren und vernetzen erworbenes Wissen über Grundlagen der Redoxreaktionen und Oxidationszahlen. Kommunikation: Sch'/Sch – planen, strukturieren, kommunizieren und reflektieren auch im Team, – diskutieren und erklären Fachbegriffe und chemische Sachverhalte, – recherchieren zu chemischen Sachverhalten, – argumentieren sachlogisch chemische Sachverhalte und Zusammenhänge, – präsentieren chemisches Wissen und eigene Überlegungen und Arbeitsergebnisse adressaten- und fachgerecht.
Anforderungsbereich	I, II

3.6 S Redoxreaktion und Oxidationszahl *Kontext*

Arbeitsblatt

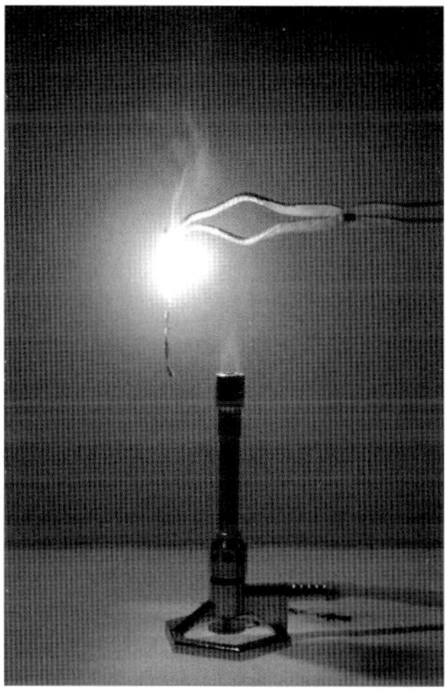

Bild 1

Versuch 1: Verbrennung von Magnesium

Ein Stück Magnesium-Band wird mit einer Bunsenbrennerflamme entzündet und verbrennt. Es tritt eine sehr helle Flamme auf (Bild 1) und ein weißer, pulverartiger Feststoff entsteht.

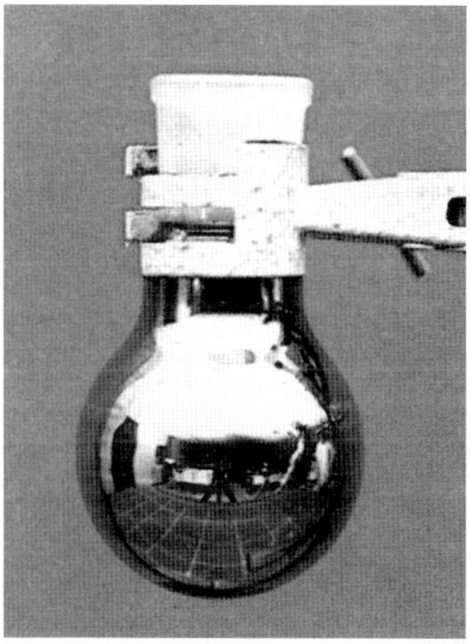

Bild 2

Versuch 2: Silberspiegel

Ethanal wird in einer alkalischen (ammoniakalischen) Lösung mit Silber-Ionen (einer Silbernitrat-Lösung) versetzt und erhitzt. Ein silberner Beschlag (Bild 2) tritt auf.

Arbeitsaufträge

1. Beschreiben Sie die stattfindenden Reaktionen und erläutern Sie die Vorgänge.

Sortierung

2. Schneiden Sie die 42 Kärtchen mit den Begriffen (M 1) aus. Sortieren Sie sie in Einzelarbeit auf zwei Stapel. Ein Stapel enthält die sicher bekannten Begriffe, der zweite Stapel enthält die Begriffe, die noch unklar sind oder erst teilweise verstanden sind.
3. Klären Sie in Partnerarbeit alle Begriffe des zweiten Stapels. Hierbei können Sie verschiedene Quellen (z. B. eigene Unterlagen, Fachbuch, …) nutzen. Auf der Rückseite der Kärtchen können jeweils Notizen gemacht werden. Zum Schluss sollen bei jedem alle Kärtchen auf dem ersten Stapel liegen.

Strukturlegetechnik

4. Legen Sie die Kärtchen so, dass sie eine sinnvolle Struktur über Fachinhalte ergeben.
5. Kleben Sie sie auf ein (großes) Blatt Papier. Verdeutlichen Sie dargestellte Bezüge durch Pfeile, Striche, Beschriftungen, Nummerierungen. Es ist sinnvoll, wenn die Kärtchen so geklebt werden, dass Notizen auf der Rückseite noch lesbar sind.
6. Erklären Sie sich gegenseitig in Partnerarbeit die entwickelten Begriffsnetze.

3.6 S Redoxreaktion und Oxidationszahl *M1*

Kärtchen mit Fachbegriffen

Silber	konjugiertes Redoxpaar	reduzierte Form Red
Magnesium	oxidierte Form Ox	Reduktion
Ethanal	Reduktionsmittel	Oxidation
Ethansäure	Oxidationsmittel	Elektronen-Akzeptor
Magnesiumoxid	Elektronenübergabe	Elektronenaufnahme
Silber-Ionen-Lösung	Elektronenabgabe	Elektronen-Donator
Oxidationszahl wird erniedrigt.	Oxidationszahl wird erhöht.	$Red \rightleftharpoons Ox + z\,e^-$
$O_2 + 4\,e^- \rightarrow 2\,O^{2-}$	$2\,Mg + O_2 \rightarrow 2\,Mg^{2+} + 2\,O^{2-}$	$Mg \rightarrow Mg^{2+} + 2\,e^-$
$\overset{0}{Mg}$ $\langle\overset{0}{O}=\overset{0}{O}\rangle$ $\overset{0}{H}-\overset{0}{H}$	$\overset{I}{H}(-\overset{-I}{\overline{\underline{Cl}}}\vert$ $\overset{I}{H}(-\overset{-II}{\overline{\underline{O}}}-)\overset{I}{H}$	$\overset{I}{Ag^+}$ $\vert\overset{-II}{\overline{\underline{O}}}\vert^{2-}$

3.6 S Redoxreaktion und Oxidationszahl *M1*

Kärtchen mit Fachbegriffen (Fortsetzung)

$CH_3\overset{I}{C}HO + 3\,OH^- \rightarrow$ $CH_3\overset{III}{C}OO^- + 2\,e^-$	$CH_3\overset{I}{C}HO + 2\overset{I}{Ag^+} + 3\,OH^- \rightarrow$ $CH_3\overset{III}{C}OO^- + 2\,\overset{0}{Ag} + 2\,H_2O$	__. Aufstellen der Teilgleichungen für die Oxidation und Reduktion
$CH_3\overset{I}{C}HO + 3\,OH^- \rightarrow$ $CH_3\overset{III}{C}OO^- + 2\,H_2O + 2\,e^-$	__. Atome von Elementen haben die Oxidationszahl 0.	__. Ausgleich der Atombilanz für jede Teilgleichung durch Hinzufügen von Wasser-Molekülen
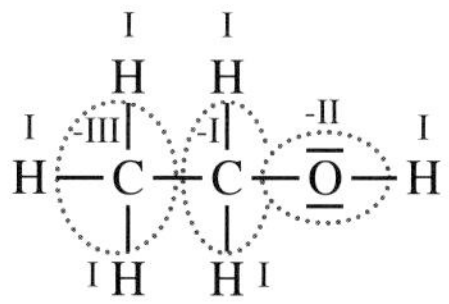	__. Die Oxidationszahl einatomiger Ionen ist gleich ihrer Ladungszahl.	__. Ausgleich der Ladungsbilanz (Hinzufügen von OH^--Ionen oder H^+-Ionen je nach Lösung)
$\overset{I}{Ag^+} + e^- \rightarrow \overset{0}{Ag}$ $CH_3\overset{I}{C}HO \rightarrow CH_3\overset{III}{C}OO^- + 2\,e^-$	__. Bestimmung der Oxidationszahlen der Atome in Edukt- und Produktteilchen	__. Bei Atomen in Molekülen ordnet man die Bindungselektronen dem jeweils elektronegativeren Element zu.
$\overset{I}{Ag^+}$ $\overset{0}{Ag}$ 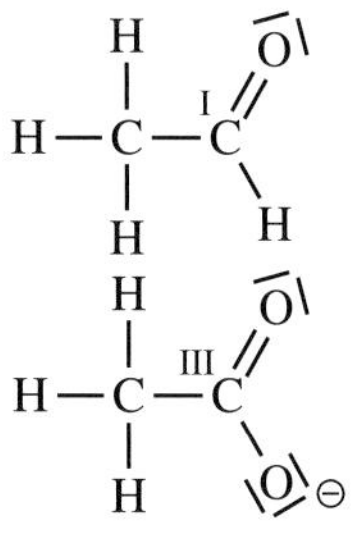	__. Multiplikation der Teilgleichungen zum Ausgleich der aufgenommenen und abgegebenen Elektronen und Addition der Teilgleichungen	__. Die Summe der Oxidationszahlen aller Atome in einem Molekül ist 0; bei Molekül-Ionen ist sie gleich der Ladungszahl.

3.6 L Redoxreaktion und Oxidationszahl

Erwartungshorizont

Beispiel einer möglichen Struktur: Verbrennung von Magnesium

Magnesium + Sauerstoff → Magnesiumoxid

Redoxreaktion: $2\,Mg + O_2 \rightarrow 2\,Mg^{2+} + 2\,O^{2-}$ findet statt Elektronenübergabe

$O_2 + 4\,e^- \rightarrow 2\,O^{2-}$

$Mg \rightarrow Mg^{2+} + 2\,e^-$

Reduktion ist Elektronenaufnahme

Oxidation

Sauerstoff-Molekül ist Elektronen-Akzeptor — Oxidationszahl wird erniedrigt.

Magnesium-Atom ist Elektronen-Donator

Sauerstoff ist Oxidationsmittel

Magnesium ist Reduktionsmittel

3.6 L Redoxreaktion und Oxidationszahl

Erwartungshorizont

Redoxreaktionen und Oxidationszahlen

konjugiertes Redoxpaar

allgemeine Schreibweise

$\text{Red} \rightleftharpoons \text{Ox} + z\,e^-$

oxidierte Form Ox

reduzierte Form Red

Regeln zum Feststellen der Oxidationszahl

1. Atome von Elementen haben die Oxidationszahl 0.

$\overset{0}{\text{Mg}}$ $\quad \langle\overset{0}{\text{O}}=\overset{0}{\text{O}}\rangle$ $\quad \overset{0}{\text{H}}-\overset{0}{\text{H}}$

2. Die Oxidationszahl einatomiger Ionen ist gleich ihrer Ladungszahl.

$\overset{\text{I}}{\text{Ag}^+}$ $\quad |\overset{\text{-II}}{\overline{\underline{\text{O}}}}|^{2-}$

3. Bei Atomen in Molekülen ordnet man die Bindungselektronen dem jeweils elektronegativeren Element zu.

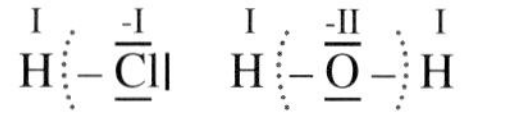

4. Die Summe der Oxidationszahlen aller Atome in einem Molekül ist 0; bei Molekül-Ionen ist sie gleich der Ladungszahl.

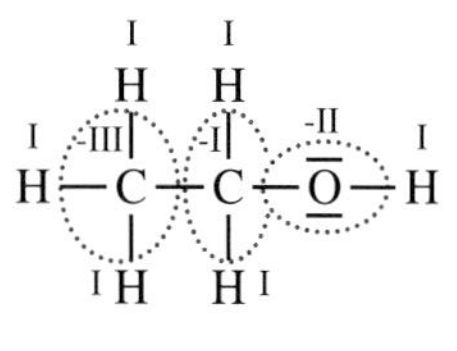

ist

Elektronenabgabe

Oxidationszahl wird erhöht.

3.6 L Redoxreaktion und Oxidationszahl *Erwartungshorizont*

Beispiel einer möglichen Struktur: Silberspiegel

Ethanal → Ethansäure

\+ Silber-Ionen-Lösung (Edukte) \+ Silber (Produkte)

Aufstellen von Reaktionsgleichungen

1. Bestimmung der Oxidationszahlen der Atome in Edukt- und Produktteilchen	$\overset{I}{Ag^+}$ 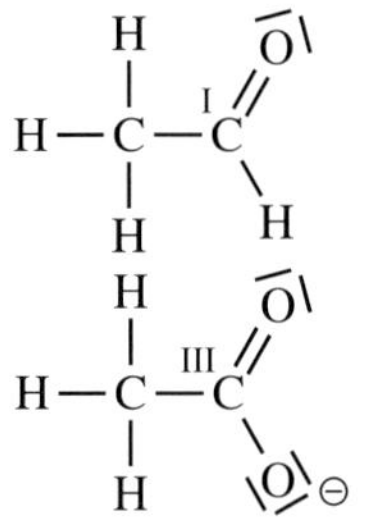 $\overset{0}{Ag}$	Redoxgleichungen
2. Aufstellen der Teilgleichungen für die Oxidation und Reduktion	$\overset{I}{Ag^+} + e^- \rightarrow \overset{0}{Ag}$	Reduktion
	$CH_3\overset{I}{C}HO \rightarrow CH_3\overset{III}{C}OO^- + 2\,e^-$	Oxidation
3. Ausgleich der Ladungsbilanz (Hinzufügen von OH^--Ionen oder H^+-Ionen je nach Lösung)	$CH_3\overset{I}{C}HO + 3\,OH^- \rightarrow CH_3\overset{III}{C}OO^- + 2\,e^-$	Oxidation
4. Ausgleich der Atombilanz für jede Teilgleichung durch Hinzufügen von Wasser-Molekülen	$CH_3\overset{I}{C}HO + 3\,OH^- \rightarrow CH_3\overset{III}{C}OO^- + 2\,H_2O + 2\,e^-$	Oxidation
5. Multiplikation der Teilgleichungen zum Ausgleich der aufgenommenen und abgegebenen Elektronen und Addition der Teilgleichungen	$CH_3\overset{I}{C}HO + 2\overset{I}{Ag^+} + 3\,OH^- \rightarrow CH_3\overset{III}{C}OO^- + 2\,\overset{0}{Ag} + 2\,H_2O$	Redoxreaktion

3.7 L Metall-Luft-Batterien

Thematik
Unterrichtsmethode

Grundlagen: galvanische Zelle, Batterien, Brennstoffzellen

Methodischer Vorschlag: Gruppenpuzzle mit Impuls-Antwort-Karten

Durchführung: Kontext, M 1, M 2, M 3, M 4, M 5
Die Schülerinnen und Schüler bilden Vierer-Stammgruppen, lesen den Kontext mit den Arbeitsaufträgen und verteilen die beiden Themen „Das Salzwasser-Auto“ (M 1) und „Die Zink-/Luft-Knopfzelle“ (M 4).
Anschließend werden in neu gebildeten Vierer-Expertengruppen die Themen bearbeitet.
„Das Salzwasser-Auto“ M 1: Wenn es möglich ist, wird das Salzwasser-Auto zunächst ausprobiert. Dann wird anhand der Informationen und Leitfragen die Funktionsweise des Salzwasser-Autos erarbeitet und beschrieben. Die Impuls-Antwort-Karten (M 3) können dabei helfen. Anschließend gibt es drei verschiedene Werbetexte verschiedener Firmen für das Salzwasser-Auto (M 2); sie werden kritisch gelesen, die Aussagen reflektiert und fachlich geprüft. Auch hier können Impuls-Antwort-Karten (M 3) erste Anhaltspunkte liefern. Im Anschluss soll ein eigener, fachlich richtiger Werbetext erstellt werden.
„Die Zink-/Luft-Knopfzelle“ M 4: Anhand der Beschreibung in M 4 bauen die Schüler/-innen der Expertengruppe im Versuch die Zink-Luft-Batterie nach und erarbeiten ihre Funktionsweise mithilfe der Aufgaben. Bei Bedarf stehen auch hier Impuls-Antwort-Karten (M 5) zur Verfügung. Anschließend erstellen sie ein übersichtliches Hand-out zur Modellbatterie und zur Zink-Luft-Batterie.
Nach der Erarbeitung treffen sich alle Schüler/-innen wieder in ihrer Stammgruppe. Jedes Paar stellt sein Thema und seine Ergebnisse ausführlich vor. Abschließend werden in der Stammgruppe die Gemeinsamkeiten beider Themen festgehalten und notiert.
Aufgrund der Impuls-Antwort-Karten ist kein Erwartungshorizont notwendig.

Literaturangaben
Bausatzanleitung Art. Nr. 2175, INPROSOLAR, Eurasburg
http://www.getdigital.de/products/SalzwasserAutoBausatz (23.06.2012)
http://www.wissenschaft-shop.de/Genuss-Lebensart/Salzwasser-Auto-Bausatz-Neu.html (18.06.2012)
http://www.avocadostore.de/products/8644-marlin-salzwasser-angetriebenes-spielzeug-auto-powerplus (23.06.2012)
Zink-/Luft-Zellen, Nr. 7.7 in Materialien-Handbuch Kursunterricht Chemie Bd. 4, Aulis-Verlag, Köln 1999

Zur Erweiterung
Materialien-Handbuch Kursunterricht Chemie (Aulis) Bd. 4: 7.7 (Zink-/Luft-Zellen), 7.9 (Energiedichte von Batterien), Bd. 10/I: 2.8 (Knopfzelle und Coin Cell), 2.12 (Wasser als Treibstoff?), 2.13 (Batterie mit Strom aus Blut)

	Das Salzwasser-Auto	**Zink-/Luft-Knopfzelle**
Konzepte	Stoff – Teilchen, Donator – Akzeptor	Stoff – Teilchen, Donator – Akzeptor
Kompetenzbereiche	Erkenntnisgewinnung: Sch'/ Sch – wenden ihr Fachwissen an, um die Funktionsweise eines Spielzeugs zu erklären. Reflexion / Bewertung: Sch'/Sch – betrachten Aussagen (Werbung) und bewerten sie sachgerecht mit chemischen Kenntnissen. Kommunikation	Erkenntnisgewinnung: Sch'/Sch – führen selbsttätig chemische Experimente durch und notieren ihre Beobachtungen, – werten im Dialog chemische Experimente aus und interpretieren sie auf der Teilchen-Ebene. Kommunikation
Anforderungsbereiche	II, III	II, III

3.7 S Metall-Luft-Batterien

Kontext

© INPROSOLAR

Für Kinder ab 10 Jahren kann man ein kleines Rennauto als Bausatz erwerben, das mit einigen Tropfen Salzwasser ca. 15 Minuten lang selbstständig ohne weiteren Antrieb fährt. Die Firma wirbt in ihrer Bauanleitung (Firma INPROSOLAR, Eurasburg): Das Salzwasser-Auto „ist ein Konzept eines umweltfreundlichen Brennstoffzellenfahrzeugs. Es ist eine große Chance für die Kinder, etwas über diese neue Energie zu lernen und zu sehen, wie erstaunlich es ist, nur mit Salzwasser das Auto zum Laufen zu bringen." Mithilfe weiterer Informationen der Bauanleitung kann man Vermutungen zur Funktionsweise des Salzwasser-Autos entwickeln. Anregend sind auch unterschiedliche Werbetexte verschiedener Firmen für dieses Auto.

In Hörgeräten werden Zink-/Luft-Knopfzellen eingesetzt; sie können in Labor und Schule nachgebaut und ihre Funktionsweise kann veranschaulicht werden.

© VARTA Consumer Batteries GmbH & Co. KGaA

Arbeitsaufträge

1. Bilden Sie Vierer-Stammgruppen mit jeweils zwei Paaren. Lesen Sie den Kontext und verteilen Sie die zwei Themen „Das Salzwasser-Auto" und „Die Zink-/Luft-Knopfzelle".
2. Die Paare finden sich jeweils in neuen Expertengruppen zum gleichen Thema zusammen und bearbeiten mithilfe der jeweiligen Aufgaben ihr Thema.

„Das Salzwasser-Auto"
Testen Sie ggfs. das Salzwasser-Auto.
Entwickeln und beschreiben Sie anhand der Informationen und Leitfragen die Funktionsweise des Salzwasser-Autos M 1.
Lesen Sie dann kritisch die drei Werbetexte verschiedener Firmen für das Salzwasser-Auto M 2.
Reflektieren und prüfen Sie fachlich die jeweiligen Aussagen.
Entwerfen Sie einen fachlich richtigen, zum Einkauf motivierenden Werbetext.
Bei den Arbeitsschritten können Ihnen Impuls-Antwort-Karten M 3 erste Anhaltspunkte geben.

„Die Zink-/Luft-Knopfzelle"
Bauen Sie anhand der Beschreibung in M 4 die Zink-/Luft-Batterie im Versuch nach und erarbeiten Sie die Funktionsweise der Knopfzelle mithilfe der Aufgaben. Entwickeln Sie ein übersichtliches Hand-out zum Modellversuch und zur Zink-/Luft-Batterie. Bei Bedarf stehen Ihnen Impuls-Antwort-Karten (M 5) zur Verfügung.

3. Treffen Sie sich wieder in Ihrer Stammgruppe. Jedes Paar stellt sein Thema und seine Ergebnisse ausführlich vor. Beschreiben und notieren Sie die Gemeinsamkeiten beider Themen.
   Vergleichen Sie beide Batterien auf der Grundlage der Spannungsreihe der Metalle ($E^0(Zn/Zn^{2+}) = -0{,}76$ V, $E^0(Mg/Mg^{2+}) = -2{,}36$ V).

3.7 S Metall-Luft-Batterien *M1*

Das Salzwasser-Auto

Für Kinder ab 10 Jahren kann man ein kleines Rennauto als Bausatz erwerben, das mit einigen Tropfen Salzwasser ca. 15 Minuten lang selbstständig ohne weiteren Antrieb fährt.

Der Hersteller informiert mit seiner Anleitung (Firma INPROSOLAR, Eurasburg): „Die Brennstoffzelle besteht aus drei Teilen (Magnesiumblättchen, Membran und schwarze Kathode): Mit jedem Magnesiumblättchen kann das Auto bis zu vier Stunden ununterbrochen fahren. Der Bausatz enthält drei Magnesiumblättchen."

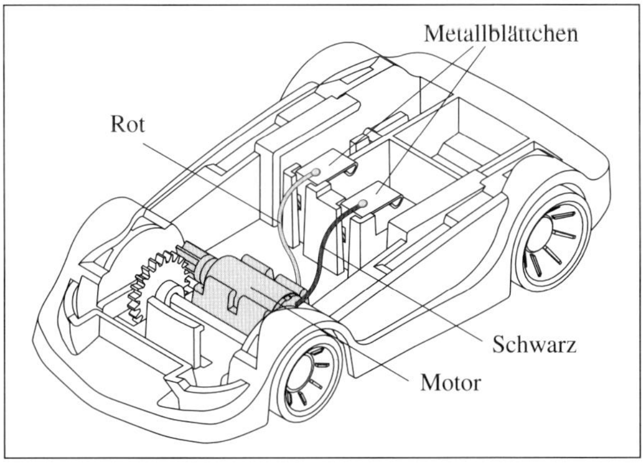

Abb. 1: Motor mit Kontaktstellen © INPROSOLAR

In den Abbildungen sieht man zum einen den Motor mit Verbindungen zu zwei Metallblättchen (Abb. 1). Der Motor kann das Auto vorwärts bewegen, wenn er mit Strom versorgt wird. Zum anderen zeigt Abb. 2 die Anordnung der Teile aus dem Antriebs-Modul mit der schwarzen Luftkathode, dem Vliesstoff und dem Magnesiumblättchen. Hier wird der elektrische Strom erzeugt. Das Antriebs-Modul wird dann über zwei Kontaktstellen mit dem Motor verbunden.

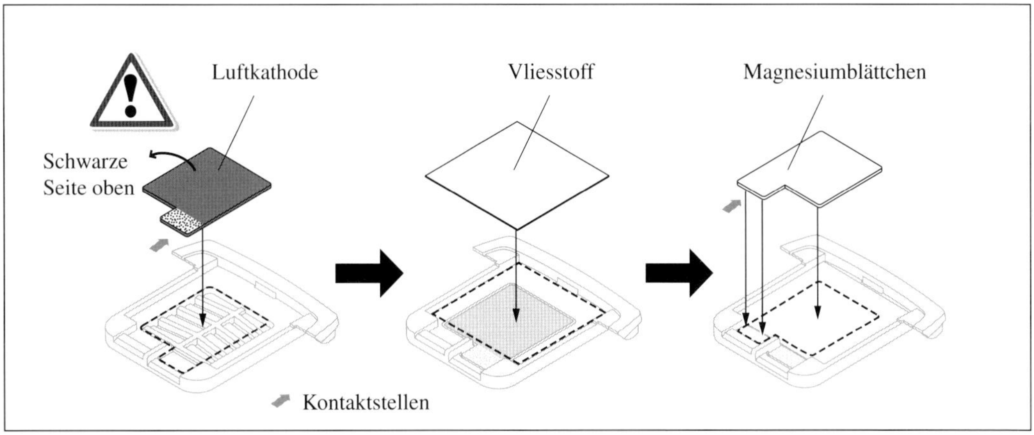

Abb. 2: Antriebs-Modul mit Kontaktstellen der Elektroden zur Verbindung mit dem Motor © INPROSOLAR

Zur Herstellung des Salzwassers löst man „Salz in Wasser [...] im Verhältnis 1 (Salz) : 5 (Wasser)" auf. Anschließend wird das Antriebs-Modul entfernt, „der Deckel und das Magnesiumblatt entfernt" und „Salzwasser auf den Vliesstoff" getropft (Abb. 3).
Setzt man alles wieder ein, ist das Antriebs-Modul über Kontaktstellen mit dem Motor verbunden, das Auto fährt los. Um das Auto zu stoppen, muss man das Antriebs-Modul entfernen.

3.7 S Metall-Luft-Batterien

M 1

Das Salzwasser-Auto (Fortsetzung)

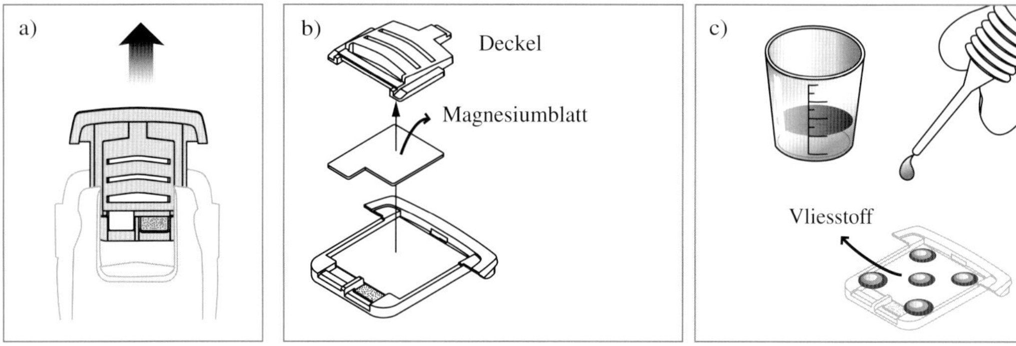

Abb. 3: Der Vliesstoff wird befeuchtet. © INPROSOLAR

„Wie funktioniert es?“ – Der Hersteller erläutert weiter:

- „Das Salzwasser wird nach einer Nutzung (ca. 15 Minuten) aufgebraucht sein. Das Auto wird langsamer und kommt zum Erliegen. Fügen Sie ein paar Salzwassertropfen hinzu und es wird wieder starten.
- Jedes Magnesiumblättchen kann das Auto für vier Stunden ununterbrochen in Bewegung setzen. Danach muss es ausgetauscht werden.
- …
- Wenn der Stoff vollkommen trocken ist, zerlegen Sie das […] Modul und füllen Sie es erneut mit Salzwasser.“

Bei Problemen informiert er:

- „Ersetzen Sie erodierte Magnesiumblättchen.
- Stellen Sie sicher, dass das […] Modul in der richtigen Reihenfolge aufgebaut ist: Luftkathode → Vliesstoff → Magnesiumblättchen.
- Stellen Sie sicher, dass die schwarze Seite der Luftkathode nach oben zeigt.
- Stellen Sie sicher, dass Luftkathode und Magnesiumblättchen durch das Vlies voneinander isoliert sind, um keinen Kurzschluss zu verursachen. …“

Aufgaben für die Expertengruppen (Für die Bearbeitung stehen Impuls-Antwort-Karten M 3 zur Verfügung)

a) Beschreiben Sie das Antriebs-Modul des Salzwasser-Autos.
b) Skizzieren Sie ein Modell der Antriebs-Zelle zum Nachbau im Fachraum und beschriften Sie es.
c) Entwickeln Sie eine begründete Vermutung zur Funktionsweise der Antriebs-Zelle.
d) In verschiedenen Online-Shops wird das Salzwasser-Auto unterschiedlich beworben.
Prüfen Sie die Aussagen der Texte M 2 hinsichtlich ihrer fachlichen Aussagen und Richtigkeit.
e) Entwerfen Sie einen fachlich richtigen, zum Einkauf motivierenden Werbetext.

3.7 S Metall-Luft-Batterien *M2*

Werbetexte zum Salzwasser-Auto

I. Ein Online-Shop (getDigital.de) wirbt mit folgender Anzeige für das Salzwasser-Auto (http://www.getdigital.de/products/SalzwasserAutoBausatz (23. 06. 2012)):

Salzwasser Auto Bausatz Kurzinfo

- Dieses Auto fährt (nachdem man den Bausatz zusammengesteckt hat) ganz umweltfreundlich mit Salzwasser.
- Das Funktionsprinzip basiert hierbei auf einer Magnesium-Luft-Batterie, die den Strom erzeugt, den das Auto zum Fahren benötigt.

Fossile Brennstoffe sind knapp und nicht gerade besonders umweltfreundlich. Daher ist es höchste Zeit, dass wir uns nach Alternativen umsehen, wenn wir weiterhin jeden Tag mit dem Auto zur Arbeit fahren wollen, auch wenn sich diese nur 5 km von zu Hause entfernt befindet.

Eine Möglichkeit sind die klassischen **Wasserstoff-Sauerstoff-Brennstoffzellen**, die sowohl in unserem **Brennstoffzellenauto** als auch in dem **H-Racer** realisiert sind.

Aber es geht noch innovativer: Mit dem **Salzwasser Auto Bausatz** kannst Du Dir nämlich ein kleines Auto bauen, das mit simplem Salzwasser betrieben wird!

Wie funktioniert das?

Das Funktionsprinzip des Salzwasserautos basiert auf einer *Magnesium-Luft-Batterie*:

Es genügt, einen Tropfen Salzwasser auf dem dünnen Magnesium-Plättchen aufzubringen (von dem der Bausatz 4 Stck. enthält) und schon wird eine Reaktion in Gang gesetzt, bei der das Magnesium mit Luftsauerstoff und Salzwasser oxidiert wird. Um diese Reaktion zu ermöglichen, fungiert eine zusätzliche Aktivkohle-Elektrode als Katalysator. Es wird elektrische Energie freigesetzt, die schließlich genutzt wird, um das Auto etwa 15 Min. lang zum Fahren zu bringen.

Wenn die Energie verbraucht ist und das Auto anhält, kann man die Reaktion abermals mit einem Tropfen Salzwasser in Gang setzen.

Jedes der 4 beiliegenden Magnesium-Plättchen kann das Salzwasser Auto 4 h mit Strom zum Fahren versorgen.

Dem Salzwasser Auto Bausatz liegt eine umfangreiche, bebilderte Anleitung bei, die man auch ohne Englisch-Kenntnisse ganz einfach verstehen kann.

Das Salzwasser Auto ist ein faszinierendes Experiment nicht nur für Kinder und Jugendliche, das auf sehr anschauliche Weise zeigt, wie leicht man auch auf umweltfreundliche Art und ohne schädliche Rückstände zu hinterlassen Energie erzeugen kann.

3.7 S Metall-Luft-Batterien

M2

Werbetexte zum Salzwasser-Auto (Fortsetzung)

II. Ein zweiter Online-Shop (Bild der Wissenschaft Shop) wirbt für das Salzwasser-Auto (http://www.wissenschaft-shop.de/Genuss-Lebensart/Salzwasser-Auto-Bausatz-Neu.html (18.06.2012)) mit folgendem Text:

Salzwasser Auto Bausatz. Neu! 3 Tropfen Salzwasser: 15 Minuten Fahrspaß!

Salzwasser-Auto Bausatz.
Maße: 7,5 cm lang, 4,5 cm breit. Klare Bild-Anleitung. Salz nicht enthalten.
Empfohlen ab 10 Jahren.

Dieser mehrfach ausgezeichnete kleine Flitzer macht Lust auf alternative Energien!
So einfach geht es los: Auto zusammenbauen, ein paar Tropfen Salzwasser auf das Magnesiumplättchen des Antriebsmoduls, Modul einstecken und Sie können das Auto ca. 15 Minuten am Stück fahren lassen! Analog zur Brennstoffzelle **funktioniert der „Motor" absolut emissionsfrei**. Kinder ab 10 Jahren können mit diesem Modell etwas über alternative Energie lernen.

Die Antriebs-Zelle besteht nur aus drei Teilen: einem Magnesiumplättchen, einer Membran und einer schwarzen Kathode. Sobald das Magnesiumplättchen mit dem Salzwasser in Kontakt kommt, reagiert es und beginnt Strom für den Antrieb zu generieren. Jedes Plättchen können Sie mehrmals „betanken" – es reicht insgesamt für vier Stunden. Es werden drei Magnesiumplättchen mitgeliefert. Nach dem Betrieb sollte das Antriebsmodul kurz mit klarem Wasser gespült werden, um sicherzustellen, dass die Reaktion gestoppt wird und das Magnesiumplättchen sich nicht weiter „entlädt". Alle Materialien dieses Bausatzes sind umweltfreundlich und enthalten garantiert keine giftigen Substanzen.

Das Antriebsmodul mit 5 weiteren Magnesiumplättchen (20 Stunden Betriebsdauer) kann jederzeit nachbestellt werden (Art.Nr. 802372)!

III. Ein dritter Online-Shop (avocadostore) wirbt mit folgenden Aussagen für das Salzwasser-Auto (http://www.avocadostore.de/products/8644-marlin-salzwasser-angetriebenes-spielzeug-auto-powerplus (23.06.2012)):

Marlin Salzwasser angetriebenes Spielzeug Auto […]

Produktbeschreibung

Marlin, so nennen wir unser erstes Salzwasser angetriebenes Auto.
Im Inneren des Fahrzeugs befindet sich eine Metallplatte,
die versehen mit Wasser und Salz (Gemisch 5 : 1) Energie freisetzt.
Diese Energie treibt den kleinen Flitzer bis zu 15 Minuten an.

Ressourcen schonend
Das ist schon genial, wo früher Batterien eingesetzt werden mussten,
kann man heute ein Wasser-Salzgemisch verwenden.

3.7 S Metall-Luft-Batterien *M3*

Impuls-Antwort-Karten* zum Salzwasser-Auto

Aufgabe a)

Impuls

Welche Informationen können Sie dem Text über das Antriebs-Modul bzw. die Antriebs-Zelle entnehmen?

Antwort

1. schwarze Kathode, Luftkathode,
2. Membran bzw. Vliesstoff (zwischen Kathode und Magnesium-Blättchen zur Vermeidung eines Kurzschlusses),
3. Magnesium-Blättchen, müssen nach einiger Zeit des Gebrauchs erneuert werden,
4. Salzwasser für den Vliesstoff, der feucht sein muss. Das Salzwasser wird während der Fahrt verbraucht.
5. Verbindung über zwei Kontaktstellen mit dem Motor.

Aufgabe b)

Impuls

Ergänzen Sie!

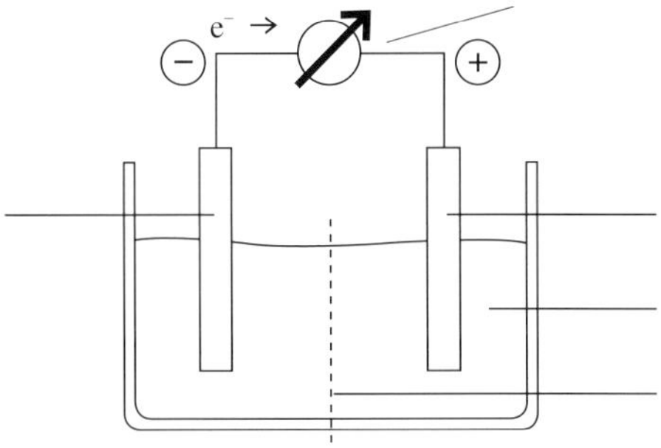

Antwort

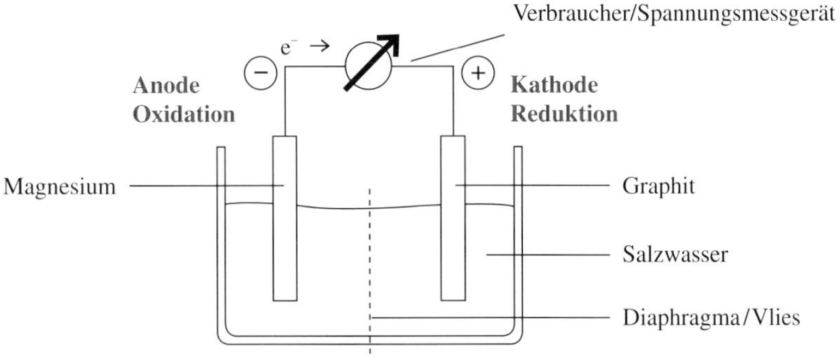

*Von der CD können die Impuls-Karten zu a) – d) jeweils gleich groß wie die Antwort-Karten ausgedruckt werden.

3.7 S Metall-Luft-Batterien

M3

Impuls-Antwort-Karten zum Salzwasser-Auto (Fortsetzung)

Aufgabe c)

Impuls

Zum Fahren des Autos wird chemische Energie in elektrische Energie umgewandelt.
Es finden daher chemische Prozesse im Antriebs-Modul statt, die die Energie liefern.
Um welche Reaktionen kann es sich dabei handeln? Welches sind mögliche Edukte?
Welche Stoffe werden bei diesem Vorgang verbraucht, reagieren also?
Welcher Stoff könnte als „schwarze Luftkathode" dienen?
Welche Funktion hat dieser Stoff?
Welches Teil übernimmt die Funktion der Anode?

Antwort

Das Magnesium-Blättchen wird verbraucht, es reagiert. Durch die Kontaktstellen zum Motor kann man sehen, dass das Magnesium-Blättchen neben der Luftkathode den zweiten Kontakt zum Motor bildet. Es wird daher die Anode sein, an der die Oxidation stattfindet. Magnesium-Atome reagieren zu Magnesium-Ionen und geben jeweils zwei Elektronen ab, die über die Kontaktstelle durch den Motor zur zweiten Kontaktstelle und von dort zur Kathode fließen.

$$Mg(s) \rightarrow Mg^{2+}(aq) + 2e^-$$

An der „schwarzen Luftkathode" werden die Elektronen aufgenommen, es findet also eine Reduktion statt. Der „schwarze" Stoff könnte Graphit/Aktivkohle sein, die sich nicht an der Reduktion beteiligt. Da Salzwasser notwendig zum Antrieb des Motors ist, kann es sich dabei um den Elektrolyten und/oder einen Reaktionspartner handeln. Aus der Bezeichnung „Luftkathode" kann man vermuten, dass hier Luftsauerstoff reagiert und zu Hydroxid-Ionen reduziert wird:

$$O_2(aq) + 2\ H_2O + 4\ e^- \rightarrow 4\ OH^-(aq).$$

Die Gesamtreaktion

$$2\ Mg(s) + O_2(aq) + 2\ H_2O \rightarrow 2\ Mg(OH)_2\ (aq)$$

ist exotherm. Die frei werdende Energie wird zum Antrieb des Motors genutzt.

Eine weitere Möglichkeit könnte die Reduktion von Wasserstoff-Ionen aus dem Salzwasser zu Wasserstoff sein:

$$2\ H^+(aq) + 2e^- \rightarrow H_2(g) \text{ bzw. } 2\ H_2O + 2e^- \rightarrow H_2(g) + 2\ OH^-(aq).$$

3.7 S Metall-Luft-Batterien M3

Impuls-Antwort-Karte zum Salzwasser-Auto (Fortsetzung)

Aufgabe d)

Impuls

Prüfen Sie z. B. folgende Aussagen des Textes I:
„fährt [...] ganz umweltfreundlich mit Salzwasser", „mit simplen Salzwasser betrieben", „Magnesium-Luft-Batterie", „Reaktion in Gang gesetzt, bei der das Magnesium mit Luftsauerstoff und Salzwasser oxidiert wird", „Aktivkohle Elektrode als Katalysator", „elektrische Energie freigesetzt", „um das Auto [...] zum Fahren zu bringen", „auf umweltfreundliche Art und ohne schädliche Rückstände zu hinterlassen Energie erzeugen"

Prüfen Sie z. B. folgende Aussagen des Textes II:
„Salzwasser Auto", „3 Tropfen Salzwasser: 15 Minuten Fahrspaß!", „... macht Lust auf alternative Energien!", „Analog zur Brennstoffzelle funktioniert der „Motor" absolut emissionsfrei.", „Kinder ab 10 Jahren können mit diesem Modell etwas über alternative Energie lernen.", „Alle Materialien dieses Bausatzes sind umweltfreundlich und enthalten garantiert keine giftigen Substanzen."

Prüfen Sie z. B. folgende Aussagen des Textes III:
„Metallplatte, die versehen mit Wasser und Salz [...] Energie freisetzt", „Ressourcen schonend", „wo früher Batterien eingesetzt werden mussten, kann man heute ein Wasser-Salzgemisch verwenden"

Antwort

Text I:
Hier sind viele Antworten, die mit den formulierten Vermutungen aus Aufgabe c) übereinstimmen und diese bestätigen, z. B. „Magnesium-Luft-Batterie", „Reaktion in Gang gesetzt, bei der das Magnesium mit Luftsauerstoff und Salzwasser oxidiert wird", „Aktivkohle Elektrode als Katalysator", „elektrische Energie freigesetzt", „um das Auto [...] zum Fahren zu bringen".

Manche Aussagen sind jedoch kritisch zu sehen:
„fährt [...] ganz umweltfreundlich mit Salzwasser", „auf umweltfreundliche Art und ohne schädliche Rückstände zu hinterlassen Energie erzeugen" – hier ist zu fragen, was umweltfreundlich ist, da ja zunächst die Magnesium-Blättchen hergestellt werden müssen, was mit Energieverbrauch verbunden ist. Andererseits entstehen keine Abgase wie Kohlenstoffdioxid. Allerdings entsteht Magnesiumhydroxid, das auch entsorgt bzw. mit Energieaufwand aufbereitet werden muss.
„mit simplen Salzwasser betrieben" – diese Aussage ist so nicht korrekt, da ja auch Magnesium zum Betrieb des Autos notwendig ist und verbraucht wird. Da der Vliesstoff die Funktion einer Membran hat, wird Salzwasser vor allem als Elektrolyt benötigt.

Text II:
Auch hier ist bei einigen Aussagen zu bedenken, dass zum Antrieb Salzwasser und Magnesium benötigt werden, insbesondere muss die Magnesium-Anode erneuert werden. Die Angabe von lediglich Salzwasser ist irreführend.
„Kinder ab 10 Jahren können mit diesem Modell etwas über alternative Energie lernen." – Kinder lernen etwas über Batterien. Hier ist die Frage, ob Batterien allgemein zur Gruppe „alternative Energien" gehören.
„Alle Materialien dieses Bausatzes sind umweltfreundlich und enthalten garantiert keine giftigen Substanzen." – Magnesiumspäne sind leichtentzündlich und reagieren mit Wasser unter Bildung leicht entzündlicher Gase; sie dürfen bis einschließlich Jahrgangsstufe 4 in der Schule nicht verwendet werden.

Text III:
„Metallplatte, die versehen mit Wasser und Salz [...] Energie freisetzt" – bei dieser Aussage wird nicht klar, woher die Energie stammt. Es wird der Anschein erweckt, als bleibe die Metallplatte unversehrt.
„Ressourcen schonend" – hier ist wiederum zu beachten, dass Magnesium erst einmal erzeugt werden muss (mit Energieaufwand) und Magnesiumhydroxid entsorgt bzw. aufbereitet werden muss.
„wo früher Batterien eingesetzt werden mussten, kann man heute ein Wasser-Salzgemisch verwenden" – diese Aussage ist völlig falsch – es wird doch eine Batterie eingesetzt, nur ein Wasser-Salzgemisch allein erzeugt keine Energie, es hat die Funktion eines Elektrolyten.

3.7 S Metall-Luft-Batterien *M4*

Die Zink-/Luft-Knopfzelle

Geräte und Chemikalien
100-mL-Becherglas hohe Form, Extraktionshülse, Kohle-Elektrode, Zinkblech, Klemme und Verbindungskabel, Spannungsmessgerät, Kleinmotor, Natronlauge $w = 10\,\%$ (C), Wasserstoffperoxid-Lösung $w = 10\,\%$ (C)

Versuchsdurchführung
Stellen Sie die Extraktionshülse in das Becherglas und füllen Sie ca. 40 mL Natronlauge ein. Tauchen Sie die Kohle-Elektrode in die Extraktionshülse und stellen Sie ein gebogenes Zinkblech um die Hülse. Geben Sie ca. 1 mL Wasserstoffperoxid-Lösung an die Kohle-Elektrode, und messen Sie wiederum die Spannung. Verbinden Sie dann die beiden Elektroden über einen Kleinmotor.

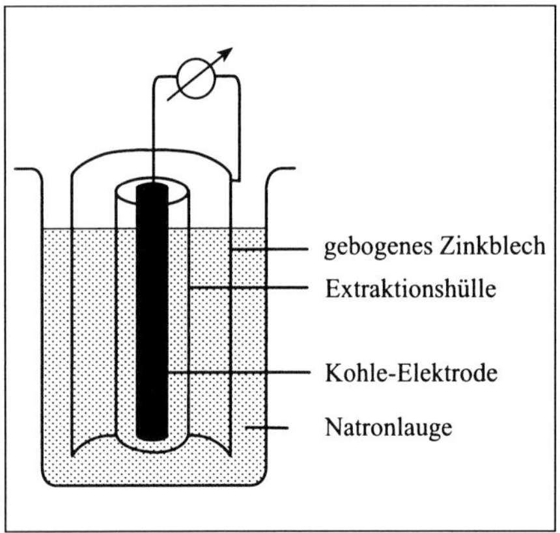

Abb. 1: Versuchsaufbau

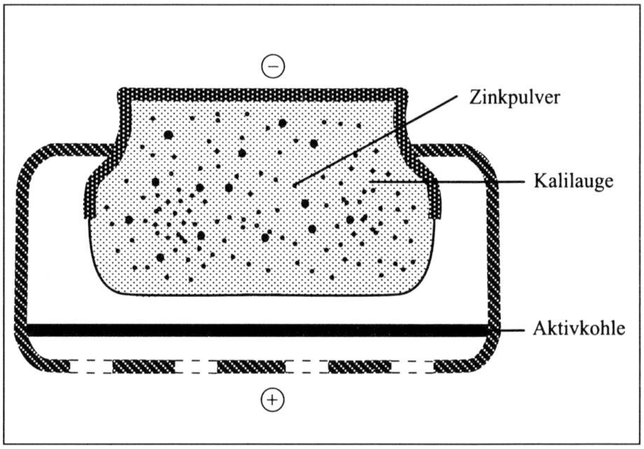

Abb. 2: Aufbau einer Zink-/Luft-Knopfzelle. Durch die Löcher im Boden ist der Luftzutritt gewährleistet.

Aufgaben für die Expertengruppen

(Für die Bearbeitung stehen Impuls-Antwort-Karten M 5 zur Verfügung)

a) Führen Sie das Experiment durch und beschreiben Sie Ihre Beobachtungen.
b) Durch Zugabe von Wasserstoffperoxid an die Kohle-Elektrode wird eine Sauerstoff-Halbzelle hergestellt. Erläutern Sie die Zerfallsreaktion von Wasserstoffperoxid und erklären Sie, weshalb man bereits vor der Zugabe von Wasserstoffperoxid eine Spannung messen kann.
c) Erläutern Sie die Strom liefernden Reaktionen an den Elektroden. Berücksichtigen Sie dabei, dass in alkalischer Lösung Zinkat-Ionen gebildet werden: $[Zn(OH)_4]^{2-}$.
d) Berechnen Sie die Elektroden-Potenziale und die Zellspannung für die Zink-/Sauerstoff-Zelle unter der vereinfachenden Annahme: $c(OH^-) = 1$ mol/L und $c([Zn(OH)_4]^{2-}) = 1$ mol/L (Komplexbildungskonstante: $K([Zn(OH)_4]^{2-}) = 10^{15{,}8}\ (\text{mol/L})^{-4}$).
e) Erklären Sie, weshalb die in der Praxis verwendeten Zink-/Luft-Knopfzellen als umweltfreundlich gelten.
f) Notieren Sie Ihre Ergebnisse in ein übersichtliches Hand-out zum Modell-Experiment und der Zink-/Sauerstoff-Knopfzelle.

3.7 S Metall-Luft-Batterien *M5*

Impuls-Antwort-Karten* zur Zink-/Luft-Knopfzelle

Aufgabe b)

Impuls

Wasserstoffperoxid-Molekül $H - \overline{\underline{O}} - \overline{\underline{O}} - H$
Die Zersetzung von Wasserstoffperoxid ist eine Redoxreaktion. Je Molekül wird jeweils ein Sauerstoff-Atom oxidiert, das andere Sauerstoff-Atom wird reduziert.

- - -

Antwort

Zersetzung von Wasserstoffperoxid: $2\,H_2O_2 \rightarrow O_2 + 2\,H_2O$

Auch vor der Zugabe von Wasserstoffperoxid-Lösung ist eine Sauerstoff-Elektrode vorhanden, da an der Kohle-Elektrode geringe Anteile Luftsauerstoff adsorbiert sind.

Aufgabe c)

Impuls

Zinkblech bildet den Minus-Pol, an dem die Oxidation stattfindet, die Sauerstoff-Elektrode bildet den Plus-Pol mit der Reduktion.
In Zinkat-Ionen ist jedes Zink-Ion zweifach positiv geladen. $[\overset{II}{Zn}(OH)_4]^{2-}$.

- - -

Antwort

Minus-Pol: $Zn(s) + 4\,OH^-(aq) \rightarrow [\overset{II}{Zn}(OH)_4]^{2-}(aq) + 2\,e^-$
Plus-Pol: $O_2(g) + 2\,H_2O\,(l) + 4\,e^- \rightarrow 4\,OH^-(aq)$
Gesamtreaktion: $2\,Zn(s) + 4\,OH^-(aq) + O_2(g) + 2\,H_2O\,(l) \rightarrow 2\,[\overset{II}{Zn}(OH)_4]^{2-}(aq)$

Aufgabe e)

Impuls

Hier ist insbesondere der Vergleich mit anderen, üblichen Batterien zu sehen.

- - -

Antwort

Zink-/Luft-Zellen gelten als relativ umweltverträglich, da sie keine giftigen Schwermetalle wie Quecksilber oder Cadmium enthalten.

*Von der CD können die Impuls-Karten a) – d) jeweils gleich groß wie die Antwort-Karten ausgedruckt werden.

3.7 S Metall-Luft-Batterien *M5*

Impuls-Antwort-Karten zur Zink-/Luft-Knopfzelle (Fortsetzung)

Aufgabe d)

Impuls

Zur Berechnung der Elektroden-Potenziale benötigt man die *Nernst*'sche Gleichung sowie die Konzentrationen der Zink-Ionen und der Hydroxid-Ionen.
Die Konzentration der Zink-Ionen ergibt sich mithilfe der Komplexbildungskonstante K

$$K([\mathrm{Zn(OH)_4}]^{2-}) = \frac{c([\mathrm{Zn(OH)_4}]^{2-})}{c(\mathrm{Zn^{2+}}) \cdot c^4(\mathrm{OH^-})}\text{; daraus folgt}$$

$$c(\mathrm{Zn^{2+}}) = \frac{c([\mathrm{Zn(OH)_4}]^{2-})}{K([\mathrm{Zn(OH)_4}]^{2-}) \cdot c^4(\mathrm{OH^-})} \quad \frac{\mathrm{mol/L}}{(\mathrm{mol/L})^{-4} \cdot (\mathrm{mol/L})^4} = \mathrm{mol/L}$$

Antwort

Berechnung des Potenzials der Zink-Elektrode:

$$E(\mathrm{Zn/Zn^{2+}}) = E^0(\mathrm{Zn/Zn^{2+}}) + \frac{0{,}059}{2}\,\mathrm{V} \cdot \lg\{c(\mathrm{Zn^{2+}})\}$$

$$\text{mit } c(\mathrm{Zn^{2+}}) = \frac{c([\mathrm{Zn(OH)_4}]^{2-})}{K([\mathrm{Zn(OH)_4}]^{2-}) \cdot c^4(\mathrm{OH^-})} = 10^{-15{,}8}\ \mathrm{mol/L}$$

Einsetzen der Zahlenwerte:
$c(\mathrm{Zn^{2+}}) = 10^{-15{,}8}\ \mathrm{mol/L}$
$E(\mathrm{Zn/Zn^{2+}}) = -0{,}76\ \mathrm{V} + 0{,}0295\ \mathrm{V} \cdot \lg 10^{-15{,}8} = -0{,}76\ \mathrm{V} - 0{,}47\ \mathrm{V}$
$E(\mathrm{Zn/Zn^{2+}}) = -1{,}23\ \mathrm{V}$
Berechnung des Potenzials der Sauerstoff-Elektrode:
$E(\mathrm{OH^-/O_2}) = E^0(\mathrm{OH^-/O_2}) + 0{,}059/4\ \mathrm{V} \cdot \lg\{1/c^4(\mathrm{OH^-})\}$
$E(\mathrm{OH^-/O_2}) = 0{,}4\ \mathrm{V} + 0{,}059/4\ \mathrm{V} \cdot 0 = 0{,}4\ \mathrm{V}$
$E(\mathrm{OH^-/O_2}) = 0{,}4\ \mathrm{V}$
Zellspannung $U = E(\mathrm{OH^-/O_2}) - E(\mathrm{Zn/Zn^{2+}}) = 0{,}40\ \mathrm{V} - (-1{,}23\ \mathrm{V})$
$U = 1{,}63\ \mathrm{V}$

4.4 L Schülervorstellungen „Verdampfen von Eugenol“

Thematik
Unterrichtsmethode

Grundlagen: Teilchen-Vorstellung, Aggregatzustände

Hintergrund: „Wenn Wasser verdampft, entstehen Wasserstoff und Sauerstoff“. So lautet die häufigste Antwort auf die Frage, was beim Verdampfen von Wasser passiert – dies zeigen Studien, an denen mehrere Tausend Schülerinnen und Schüler aus Chemie-Oberstufenkursen teilnahmen. Obwohl die Aggregatzustände bereits im Anfangsunterricht Chemie thematisiert werden, haben viele Schüler „falsche“ Vorstellungen davon, was beim Übergang vom flüssigen zum gasförmigen Zustand passiert. Dabei dominieren drei Vorstellungen: 1) Die Annahme, dass beim Verdampfen nicht die *Moleküle* größere Abstände zueinander gewinnen, sondern die *Atome* innerhalb eines Moleküls. 2) Die Vermutung, dass die Moleküle in kleinere Bausteine wie etwa CO_2, O_2 oder H_2 gespalten werden. 3) Die Vorstellung, dass die Moleküle mit Luftsauerstoff reagieren.
Aufgabe 1 greift diese Vorstellungen auf. Die vorliegenden Materialien sollen Schülerinnen und Schülern helfen, Widersprüche zu ihren „falschen“ Vorstellungen zu erkennen und das wissenschaftliche Konzept des Verdampfungsvorgangs eigenständig zu entwickeln bzw. zu festigen.

Methodischer Vorschlag:
Unterrichtskonzeption „choice2learn“; Zeitrahmen: Doppelstunde
I) Unterrichtsgespräch *(Kontextualisierung)*
II) Einzelarbeit *(Positionierung)*
III) Kleingruppenarbeit *(Polarisierung / Diskurs / Lernimpulsphase)*
IV) Unterrichtsgespräch *(Reflexion)*
V) Partnerarbeit *(Anwendung)*

Durchführung: Kontext, Aufgabe 1, M 1, M 2, M 3, M 4
Der Kontext kann den Lernenden schriftlich an die Hand gegeben oder im Rahmen eines Unterrichtsgesprächs thematisiert werden. Dazu kann z. B. eine Duftlampe auf den Tisch gestellt werden, sodass der Vorgang des Verdampfens bzw. Verdunstens durch die Ausbreitung des Duftes im Klassenzimmer wahrgenommen werden kann. Anschließend bearbeitet jeder Schüler Aufgabe 1 in Einzelarbeit. Für die Lehrkraft bleibt anonym, welcher Schüler sich für welche (falsche) Antwort entscheidet.
Der Sinn der folgenden Kleingruppenarbeit liegt darin, „falsche“ Vorstellungen im Hinblick auf das wissenschaftlich gültige Konzept zu verändern. Dazu sollen Schüler/-innen, die sich für unterschiedliche Auswahlantworten entschieden haben, zusammenarbeiten. Die Gruppenbildung wird in M 1 beschrieben. M 1 enthält zudem die Arbeitsaufträge und kann als Folie aufgelegt oder als Kopie an die Gruppen verteilt werden.
Ziel der Gruppenarbeit ist es herauszufinden, bei welcher Auswahlantwort von Aufgabe 1 es sich um die wissenschaftlich „richtige“ Lösung handelt. Dazu müssen unterschiedliche Standpunkte ausgetauscht und eigene Positionen begründet werden. Unterstützt wird die Gruppenarbeit durch einen Argumentationsbogen (M 2), in den die Schüler/-innen Argumente, die für oder gegen eine Auswahlantwort sprechen, eintragen können.
Im Rahmen der Gruppenarbeit können die Schüler/-innen schrittweise fünf Lernimpulse hinzuziehen, aus denen sich stützende oder widersprechende Aussagen zu einzelnen Auswahlantworten von Aufgabe 1 ableiten lassen (M 3). Die fünf Lernimpulskarten werden dazu einzeln kopiert und mit verdeckter Schrift auf jedem Gruppentisch bereitgelegt.

4.4 L Schülervorstellungen „Verdampfen von Eugenol"

Thematik
Unterrichtsmethode

Durchführung (Fortsetzung)

Die Überlegungen der Gruppen werden im Plenum präsentiert. Das wissenschaftliche Konzept wird in einer abschließenden Partnerarbeit (M 4) noch einmal in einem anderen Zusammenhang angewendet bzw. um einen neuen Aspekt erweitert.

Literaturangaben

„Choice2learn" – Schülervorstellungen individuell erkennen und verändern, *A. Marohn*, PdN-Chemie in der Schule 58 (8), 2009, S. 25–29
„Choice2learn" – eine Konzeption zur Exploration und Veränderung von Lernervorstellungen im naturwissenschaftlichen Unterricht, *A. Marohn*, ZfDN 14, 2008, S. 57–83
„Schülervorstellungen zum Lösen und Sieden – auf der Suche nach „elementaren" Vorstellungen", *A. Marohn*, MNU 61 (8), 451–457
„Vorstellungen verändern – Lernmaterialien zum Thema Verdampfen im Rahmen der Unterrichtskonzeption choice2learn", *A. Marohn* und *M. Egbers*, PdN-Chemie in der Schule 60 (3), 2011, 5–9

<table>
<tr><th>Teilaufträge</th><th>Aufgabe 1</th><th>Lernimpulse, Aufgabe 2</th></tr>
<tr><td>Konzepte</td><td>Stoff – Teilchen
Struktur – Eigenschaft</td><td>Stoff – Teilchen
Struktur – Eigenschaft</td></tr>
<tr><td rowspan="7">Kompetenzbereiche</td><td colspan="2">Fachwissen</td></tr>
<tr><td colspan="2">Erkenntnisgewinnung: Sch'/Sch
– interpretieren chemische Sachverhalte auf der Teilchenebene,</td></tr>
<tr><td></td><td>– wenden Modelle zur Beschreibung und Erklärung chemischer Sachverhalte an.</td></tr>
<tr><td colspan="2">Kommunikation: Sch'/Sch
– beschreiben und veranschaulichen konkrete chemische Sachverhalte unter Nutzung der Fachsprache,</td></tr>
<tr><td></td><td>– argumentieren sachlogisch und begründen schlüssig chemische Sachverhalte und Fragestellungen,
– präsentieren chemisches Wissen, eigene Standpunkte und Überlegungen.</td></tr>
<tr><td colspan="2">Reflexion / Bewertung: Sch'/Sch
– betrachten Aussagen aus unterschiedlichen Perspektiven und bewerten sie sachgerecht auf der Grundlage chemischer Kenntnisse.</td></tr>
<tr><td colspan="2"></td></tr>
<tr><td>Anforderungsbereiche</td><td>I, II</td><td>II, III</td></tr>
</table>

4.4 S Schülervorstellungen „Verdampfen von Eugenol“

Kontext

Es ist Weihnachtszeit und Lisa freut sich, dass sie ihre Duftlampe wieder mit winterlichen Düften verwenden kann. Sie gibt etwas Nelkenöl in die kleine Schale und setzt ein brennendes Teelicht darunter. Bereits nach kurzer Zeit kann Lisa den Nelkenduft riechen.

Ein Bestandteil des Nelkenöls ist Eugenol. Dieser Stoff ist für den Nelkenduft verantwortlich.

Wie kann man erklären, dass man den Nelkenduft im ganzen Raum riechen kann, wenn das Duftöl erwärmt wird?

Foto: Winfried Rusch

4.4 S Schülervorstellungen „Verdampfen von Eugenol“

Aufgabe 1

Diagnoseaufgabe 1

Codierung:

Buch-stabe	Buch-stabe	Zahl

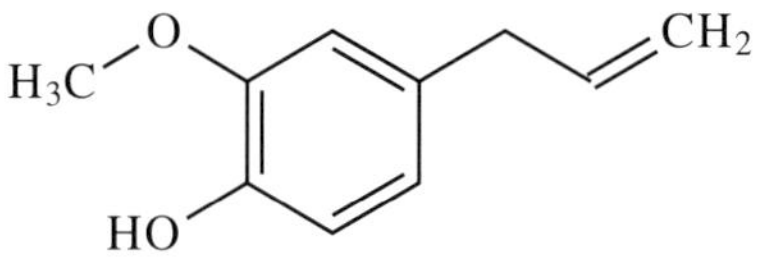

Eugenol-Molekül

Eugenol wird erwärmt, sodass es verdunstet. Welcher Aussage stimmst du zu?

☐ A ☐ B ☐ C ☐ D

4.4 S Schülervorstellungen „Verdampfen von Eugenol“

M 1

Arbeitsaufträge

Einzelarbeit
Bearbeiten Sie Aufgabe 1 und begründen Sie Ihre Entscheidung kurz in schriftlicher Form. Kennzeichnen Sie das Aufgabenblatt durch eine Codierung.

Gruppenbildung (durch Lehrkraft)
Sammeln Sie alle Antwortzettel ein und ordnen Sie sie anhand der angekreuzten Auswahlantworten (A, B, C oder D) auf vier Stapeln. Sortieren Sie die Zettel anschließend zu kleinen Gruppen, sodass Befürworter verschiedener Auswahlantworten in einer Gruppe zusammenkommen. Die Mitglieder einer Gruppe werden anhand der Codierung aufgerufen und setzen sich zusammen.

Gruppenarbeit
Ziel Ihrer Gruppenarbeit ist herauszufinden, bei welcher Auswahlantwort es sich um die wissenschaftlich „richtige“ Aussage handelt.

a) Polarisierung
- Stellen Sie zu Beginn den anderen Gruppenmitgliedern vor, für welche Auswahlantwort Sie sich entschieden haben, und begründen Sie Ihre Entscheidung.
- Tragen Sie Argumente, die für oder gegen eine Auswahlantwort sprechen, in den **Argumentationsbogen** (M 2) ein.

b) Diskurs
- Gehen Sie im Gespräch auf jede Überlegung eines Gruppenmitglieds ein, indem Sie sie weiterdenken oder widerlegen.

c) Lernimpulsphase
- Können Sie die Frage nicht endgültig klären, so ziehen Sie anschließend die bereitliegenden **Lernimpulse** hinzu. Die Reihenfolge der Impulse ist vorgegeben. Aus jedem Impuls lassen sich Widersprüche oder stützende Aussagen zu einzelnen Auswahlantworten ableiten.
- Tragen Sie Ihre Überlegungen wiederum in den Argumentationsbogen ein.
- **Einigen** Sie sich abschließend auf eine Auswahlantwort.

Unterrichtsgespräch
Stellen Sie die Überlegungen Ihrer Gruppe und Ihr Ergebnis dem Plenum vor. Offene Fragen können gemeinsam geklärt werden.

Partnerarbeit
Bearbeiten Sie Aufgabe 2 erst in Einzelarbeit und besprechen Sie die Aufgabe dann mit Ihrem Partner.

4.4 S Schülervorstellungen „Verdampfen von Eugenol“

M2

Argumentationsbogen

Argument	spricht für die Auswahl-antwort(en)	spricht gegen die Auswahl-antwort(en)	Bewertung des Arguments stark + mittel o schwach –

4.4 S Schülervorstellungen „Verdampfen von Eugenol“

M3

Lernimpuls 1

Stellen Sie jeweils zeichnerisch dar, wie Sie sich die Vorgänge auf der Teilchenebene vorstellen!

Erklären *Sie Ihre Zeichnung den anderen Gruppenmitgliedern und* **begründen** *Sie die von Ihnen gewählte Antwort!*

Lernimpuls 2

Gedankenexperiment
In einen Luftballon werden einige Tropfen Eugenol gegeben, die Luft herausgedrückt und der Luftballon verschlossen. Stellen Sie begründete Hypothesen auf zu folgender Frage:

Wie würde sich das Volumen – ausgehend von den einzelnen Auswahlantworten – verändern, wenn das Eugenol unter Luftausschluss erwärmt wird?

Annahme	Hypothesen	
	Volumen nimmt zu	Volumen bleibt gleich
A	☐	☐
B	☐	☐
C	☐	☐
D	☐	☐

Überprüfung
Führen Sie zur Überprüfung der Hypothese den Versuch durch. Statt Eugenol wird für dieses Überprüfungsexperiment Aceton als Modellsubstanz genommen.
Aceton F (leicht entzündlich, reizt die Augen)

Halten Sie den Luftballon ca. 30 Sekunden mit der Tiegelzange in heißes Wasser. Nehmen Sie ihn anschließend heraus und schütteln Sie ihn, um zu prüfen, ob noch Flüssigkeit darin ist.
Sicherheit: keine offene Flamme!

Beobachtung: Das Volumen …

Notieren Sie das Ergebnis im Argumentationsbogen!

4.4 S Schülervorstellungen „Verdampfen von Eugenol“

M3

Lernimpuls (Fortsetzung)

Lernimpuls 3

Wie lässt sich erklären, dass Lisa auch am Ende des Zimmers den Duft riechen kann?

Wird Auswahlantwort [B] durch Ihre Überlegungen gestärkt oder geschwächt?

4.4 S Schülervorstellungen „Verdampfen von Eugenol“

M3

Lernimpuls (Fortsetzung)

Lernimpuls 4

Eugenol gehört zu den Kohlenwasserstoffen. Wenn Kohlenwasserstoffe vollständig mit Sauerstoff reagieren, erhält man als Reaktionsprodukte ausschließlich **Wasser** und **Kohlenstoffdioxid**.

Welche für uns wahrnehmbaren Eigenschaften (Aussehen, Geruch, …) haben Wasser, Kohlenstoffdioxid und Eugenol?

Welche Auswahlantworten werden durch diese Information gestärkt und welche geschwächt?

Lernimpuls 5

Welche Stoffe würden beim Verdampfen von Wasser entstehen, wenn sich die Wasser-Moleküle – wie in Antwort [C] beschrieben – spalten?

Welche Konsequenzen würden daraus beim Kochen von Wasser auf offenen Flammen – beispielsweise auf einem Gasherd – folgen?

Welche Auswahlantworten werden durch diese Information gestärkt und welche geschwächt?

4.4 S Schülervorstellungen „Verdampfen von Eugenol“

M4

Anwendungs- / Erweiterungsaufgabe (Aufgabe 2)

Butter ist beim Kochen und Backen oder als Brotaufstrich aus dem heutigen Leben kaum mehr wegzudenken. Butter besteht zu einem Teil aus Palmitinsäure.

Was passiert, wenn feste Palmitinsäure schmilzt?
Zeichnen und beschreiben Sie die auf Teilchenebene ablaufenden Vorgänge!

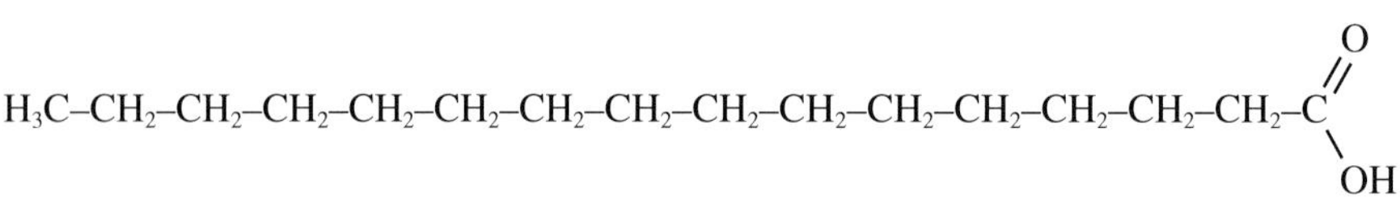

Begründung meiner Auswahlantwort:

Auswertung mit meinem Partner:

4.4 L Schülervorstellungen „Verdampfen von Eugenol“

Erwartungshorizont

Die Erprobung der Lernmaterialien in verschiedenen Lerngruppen der Jahrgänge 9 bis 13 zeigen, dass auch in der Oberstufe mit zahlreichen „falschen“ Vorstellungen zum Verdampfen gerechnet werden muss. Die Unterrichtskonzeption funktioniert ebenso, wenn unter den Lernenden zu Beginn nicht alle vier Auswahlantworten vertreten sind. Selbst Lerngruppen, die sich ausschließlich für die falsche Antwort D entschieden hatten, gelangten mithilfe der Lernimpulse am Ende zum richtigen Ergebnis.

Lernimpuls 1 soll Schülerinnen und Schülern helfen, ihren eigenen Standpunkt gegenüber den übrigen Gruppenteilnehmern zu veranschaulichen und zu begründen. Die Zeichnungen helfen vor allem denjenigen, die sich mit der Unterscheidung der Begriffe „Atom“ und „Molekül“ schwer tun. Sie bilden zudem eine gute Diskussionsgrundlage für den weiteren Gesprächsverlauf.

Lernimpuls 2 dient dazu, Auswahlantwort [D] auszuschließen. Unter den Lernenden, die sich für Antwort [D] entscheiden, dominieren zwei Vorstellungen: die Annahme, dass Eugenol beim Verdunsten mit Luftsauerstoff zu CO_2 und Wasser reagiert, und die Vorstellung, dass sich die Eugenol-Moleküle an die Sauerstoff-Moleküle der Luft anlagern und erst durch sie „in die Gasphase getragen“ werden. Lernimpuls 2 verdeutlicht jedoch durch ein Modellexperiment, dass auch ohne Beteiligung von Sauerstoff ein Verdunstungsprozess sowie eine Volumenzunahme stattfinden. Dass der Stoff tatsächlich in die Gasphase übergegangen ist, wird dabei durch den „Schütteltest“ gestützt, der zeigt, dass sich nach dem Erhitzen keine Flüssigkeit mehr im Luftballon befindet.

Lernimpuls 3 steht im Widerspruch zu Antwort [B], die von der Vorstellung ausgeht, das die Atome innerhalb der Eugenol-Moleküle beim Verdampfen größere Abstände zueinander gewinnen. Folgt man dieser Annahme, so müssten sich die Moleküle über viele Meter hinweg ausdehnen; andernfalls wäre es nicht zu erklären, dass der Nelkenduft noch am Ende des Zimmers zu riechen ist. Dies erscheint sehr unwahrscheinlich, zumal diese „Riesenmoleküle“ an den Rezeptoren der menschlichen Nase andocken müssten, um geruchlich wahrgenommen zu werden.

Lernimpuls 4 dient – neben Lernimpuls 2 – dazu, Auswahlantwort [D] zu schwächen. Würde Eugenol beim Erwärmen tatsächlich mit Luftsauerstoff zu CO_2 und Wasser reagieren, so entstünden damit zwei geruchlose Stoffe. Dies wäre mit der starken Aromatizität des Eugenols nicht vereinbar. Die Überlegungen können Schüler/-innen zudem dazu veranlassen, Antwort [C] auszuschließen, denn auch eine Spaltung der Eugenol-Moleküle würde zu neuen Stoffen mit anderen Eigenschaften führen.

Antwort [C] kann aufgrund einer weiteren Überlegung ebenfalls ausgeschlossen werden (**Lernimpuls 5**): Geht man von einer Molekülspaltung während des Verdampfungsprozesses aus, so müssten beim simplen Wasserkochen in der Küche Wasserstoff und Sauerstoff und damit ein gefährliches Gasgemisch entstehen.

4.4 L Schülervorstellungen „Verdampfen von Eugenol“

Erwartungshorizont

Argumentationsbogen

Die folgende Tabelle zeigt am Beispiel einer Kleingruppe der Jahrgangsstufe 11 einen Ausschnitt des ausgefüllten Argumentationsbogens. Man erkennt, dass zu Beginn der Kleingruppenarbeit *(Polarisierungsphase)* einige Schüler von falschen Auswahlantworten überzeugt waren. In der *Lernimpulsphase* treten dagegen verstärkt Argumente auf, die gegen die falschen Auswahlantworten bzw. für die richtige Antwort [A] sprechen.

Lern-impuls	Argument	spricht für die Auswahlantwort(en):	spricht gegen die Auswahlantwort(en):	Bewertung des Arguments stark + mittel o schwach –
	Die folgenden Argumente wurden vor dem Hinzuziehen der Lernimpulse eingetragen			
	Es bleibt der gleiche Stoff; er ist nur gasförmig geworden.	A	B, C, D	+
	Durch die Hitze schwingen die Atome stärker und brauchen deshalb mehr Platz.	B	A, C, D	o
	Eugenol wird bei Hitze gespalten und so der Duft im ganzen Raum verteilt.	C	A, B, D	o
	Eugenol reagiert mit Sauerstoff und kann so in die Luft getragen werden.	D	A, B, C	+
	Die folgenden Argumente wurden während der Lernimpulsphase eingetragen			
1	Stärkere Schwingungen führen nur zu geringer Ausdehnung.		B	+
2	Im Ballon ist kein Sauerstoff; Eugenol kann nicht mit Sauerstoff reagieren.		D	+
3	Der Abstand der Atome zueinander wäre so groß, dass es keine Bindung mehr gäbe, sondern einzelne Atome.		B	+
4	Kohlenstoffdioxid und Wasser kann man nicht riechen; das Eugenol muss erhalten bleiben.	A, B	C, D	+
5	Es würden Sauerstoff und Wasserstoff entstehen und mit Flamme würde eine Knallgasreaktion stattfinden.		C	+

Die im Rahmen der Partnerarbeit eingesetzte **Aufgabe 2** dient dazu, das wissenschaftliche Konzept der Aggregatzustandsänderung zu sichern und zu vertiefen. Die Schüler/-innen sollen das zuvor gewonnene Wissen über den Verdunstungsvorgang nutzen, um am Beispiel von Palmitinsäure einen Schmelzvorgang auf Teilchenebene zu erklären.

4.5 L Waschmittel – Herstellung, Analyse und Vermarktung

Thematik
Unterrichtsmethode

Grundlagen: Alkane, funktionelle Gruppen, Beispiele für Tenside und Textilien, Reaktionstypen organischer Verbindungen (nucleophile Substitution, elektrophile Addition, Eliminierung), Redoxreaktionen und Redoxtitrationen.

Methodischer Vorschlag: Lernfirma

Durchführung: Kontext (Lernfirma), 5 Abteilungen: M 1, M 2, M 3, M 4, M 5
Nach einer grundlegenden Einführung in die Struktur und die Aufgaben der Lernfirma (Kontext) teilen sich die Schülerinnen und Schüler auf die einzelnen Abteilungen M 1 bis M 5 der Lernfirma auf. Sie bearbeiten unterschiedliche Aufträge, die im Zusammenhang mit der Produktion eines Waschmittels stehen. Hierbei werden teilweise Versuche in den Abteilungen durchgeführt.
Auf einer abschließenden Betriebsversammlung werden die Ergebnisse präsentiert und anschließend dokumentiert, z. B. als Concept Map.
Zur Vertiefung des Themas, insbesondere über den Einsatz nachwachsender Rohstoffe, können Materialien aus dem Materialienhandbuch Kursunterricht Chemie eingesetzt werden (s. u.).

Hinweise zur praktischen Gestaltung der Lernfirma

Die Leitung der Firma wird in der Regel die Lehrkraft übernehmen, die die einzelnen Abteilungen berät und Materialien zur Verfügung stellt.
In einer Firma arbeiten in den einzelnen Abteilungen nicht immer gleich viele Mitarbeiter, denn Umfang und Anzahl der Aufgaben sind unterschiedlich personalintensiv. Daher ist bei der Aufteilung der Schülerinnen und Schüler auf die einzelnen Abteilungen zu bedenken, dass die beiden ersten Abteilungen („Waschaktive Substanzen" und „Weichspüler") einen höheren Personalbedarf haben als die übrigen Abteilungen. Die höhere Zahl der Mitarbeiter ermöglicht in diesen beiden Abteilungen ebenfalls arbeitsteiliges Arbeiten.
Der Personalbedarf der Abteilung für Informationsbeschaffung richtet sich insbesondere nach Anzahl und Umfang der Anfragen aus den einzelnen Abteilungen. Die Abteilung für Informationsbeschaffung sollte mindestens vier Mitarbeiter haben.

Literaturangaben

Tensiometer, Nr. 5.8, Oberflächenspannung von Tensid-Lösungen, Nr. 5.9, Quantitative Bestimmung von Natriumperborat in einem Vollwaschmittel, Nr. 6.8 in Materialienhandbuch Kursunterricht Chemie Bd. 6, Aulis Verlag, Köln 1999
Modellreaktionen zur Technologie nachwachsender Rohstoffe, *H. Sommerfeld*, Verlag Shaker, Aachen 1993

Zur Erweiterung
Materialienhandbuch Kursunterricht Chemie (Aulis) Bd. 6: 5.13 (Synthese anionischer Tenside), 5.14 bis 5.16 (Tensidsynthese aus Kokosfett), 5.17 (Synthese eines kationischen Tensids), 5.19 (Nichtionische Tenside), 5.20 (Tenside aus nachwachsenden Rohstoffen), 6.7 (Qualitativer Nachweis von Perborat in Vollwaschmitteln)

4.5 L Waschmittel – Herstellung, Analyse und Vermarktung

Thematik
Unterrichtsmethode

(Fortsetzung)

Abteilung	**Waschaktive Substanzen, Weichspüler**	**Waschhilfsmittel**
Konzepte	organische Reaktionstypen, Struktur – Eigenschaft	Donator – Akzeptor (Redox), Maßanalytik: Redoxtitration
Kompetenzbereiche	Fachwissen – organische Synthesen, Syntheseplanung – nucleophile Substitution, elektrophile Addition, Eliminierung Kommunikation Bewerten	Fachwissen Kommunikation: Sch'/Sch – planen, strukturieren, kommunizieren und reflektieren im Team, – beschreiben und erklären chemische Sachverhalte, – beschreiben und erklären in strukturierter sprachlicher Darstellung. Bewerten
Anforderungsbereiche	I, II, III	I, II, III

Abteilung	**Marketing**	**Informationsbeschaffung**
Konzepte	Struktur – Eigenschaft	organische Reaktionstypen, Donator – Akzeptor (Redox), Struktur – Eigenschaft
Kompetenzbereiche	Fachwissen Kommunikation Bewerten: Sch'/Sch – nutzen fachtypische und vernetzte Kenntnisse und Fertigkeiten, um lebenspraktisch bedeutsame Zusammenhänge zu erschließen, – stellen Anwendungsbereiche dar, in denen chemische Kenntnisse bedeutsam sind.	Fachwissen Kommunikation: Sch'/Sch – recherchieren zu chemischen Sachverhalten, – prüfen Darstellungen in Medien hinsichtlich ihrer fachlichen Richtigkeit, – beschreiben und erklären in strukturierter sprachlicher Darstellung, – protokollieren Untersuchungen und Diskussionen in angemessener Form.
Anforderungsbereiche	I, II, III	I, II

4.5 S Waschmittel – Herstellung, Analyse und Vermarktung

Kontext

Aufbau Lernfirma

Sie sind bei einer Firma beschäftigt, die Waschmittel herstellt. Da Waschmittel aus einer Vielzahl Komponenten bestehen, gibt es in Ihrer Firma viele Abteilungen, die sich mit den einzelnen Aspekten rund um das Thema Waschmittel beschäftigen.

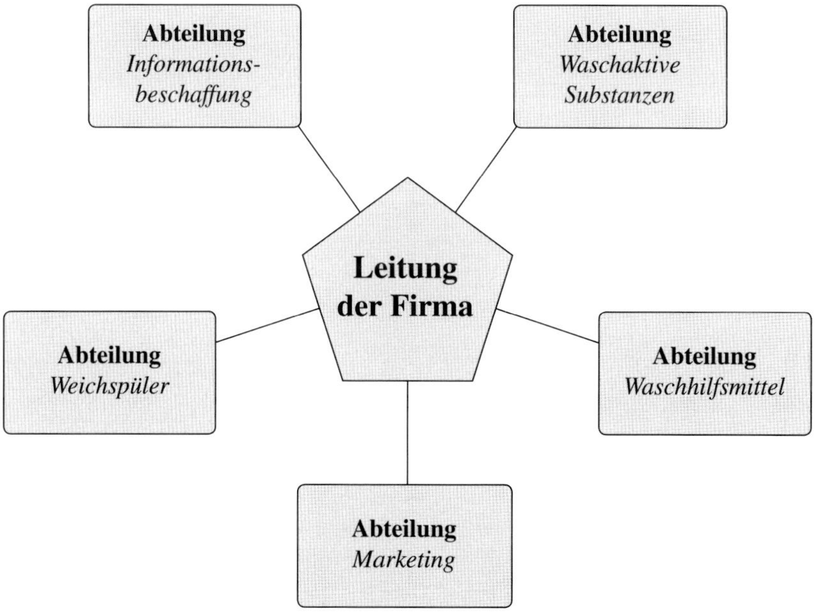

Abteilung *Waschaktive Substanzen*

Für die Reinigungswirkung von Waschmitteln sind waschaktive Substanzen verantwortlich. In dieser Abteilung werden gezielt solche Substanzen synthetisiert.

Abteilung *Weichspüler*

Niemand mag es, wenn die Wäsche kratzt. Die Zugabe von Weichspülern soll die Wäsche weich und flauschig machen, damit sie angenehm auf der Haut ist. Die hierfür verantwortlichen Tenside werden in dieser Abteilung produziert.

4.5 S Waschmittel – Herstellung, Analyse und Vermarktung

Kontext

Aufbau Lernfirma (Fortsetzung)

Abteilung *Waschhilfsmittel*

Waschaktive Substanzen allein reichen nicht aus, damit die Wäsche sauber wird und gut aussieht. Hierzu ist der Zusatz von weiteren Stoffen zum Waschpulver erforderlich. Diese Abteilung ist dafür verantwortlich, dass all diese Stoffe in das Waschpulver kommen.

Abteilung *Marketing*

Damit sich ein Waschmittel gut verkauft, muss es entsprechend vermarktet werden. In dieser Abteilung werden Konzepte hierzu entwickelt.

Abteilung *Informationsbeschaffung*

Diese Abteilung stellt Informationen für die anderen Abteilungen bereit. Hierzu recherchiert sie in der Literatur und im Internet.

Firmenleitung

Keine Firma kommt ohne einen Chef oder eine Chefin aus. Er/Sie ist für das Funktionieren des Betriebs verantwortlich. Er/Sie koordiniert und berät die einzelnen Abteilungen. Aber auch das Betriebsklima hängt wesentlich vom Auftreten des Firmenleiters ab.

Leitung der Firma

Sie sind der Leiter einer Firma, die Waschmittel herstellt. Als Chef ist es nicht Ihre Aufgabe, selbst in den einzelnen Abteilungen tätig zu werden. Sie müssen aber stets wissen, was in den verschiedenen Abteilungen vor sich geht. Hierzu besuchen Sie die Abteilungen regelmäßig und lassen sich Bericht über den jeweiligen Stand erstatten.
Sie sind aber auch Ansprechpartner, wenn es in den einzelnen Abteilungen Probleme bzw. Fragen gibt. Als Berater stehen Sie Ihren Mitarbeitern stets zur Verfügung.
Die Beschaffung von notwendigen Materialien liegt in Ihrer Verantwortung. Für die Sicherheit in Ihrem Hause und die Einhaltung der Vorschriften für den Umgang mit Gefahrstoffen sind Sie ebenfalls verantwortlich.
Die Zuweisung der Mitarbeiter zu den einzelnen Abteilungen erfolgt durch Sie. Falls Sie es für erforderlich halten, können Sie einzelne Mitarbeiter während der Arbeit am jeweiligen Projekt in andere Abteilungen versetzen.
Die Einberufung der Versammlung aller Mitarbeiter zur Präsentation der erreichten Ergebnisse erfolgt durch Sie.

4.5 S Waschmittel – Herstellung, Analyse und Vermarktung

M 1

Abteilung *Waschaktive Substanzen*

Sie sind Mitarbeiter der Abteilung für die Herstellung waschaktiver Substanzen. Dem neuen Waschmittel, das in der Firma entwickelt wird, soll eine geeignete waschaktive Substanz zugegeben werden.
Sie haben zwei verschiedene geeignete Tenside bereits im Vorfeld in die nähere Wahl gezogen, müssen nun jeweils eine Synthese erproben und schließlich entscheiden, welches der beiden Tenside Sie dem Waschmittel zugeben wollen.

Die Synthese des ersten Tensids geht aus von dem Alkohol Dodecan-1-ol:

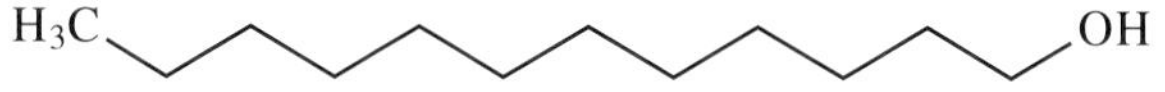

Geräte
Rundkolben (50 mL), Erlenmeyerkolben (250 mL), Tropfpipetten, Messpipetten (2 mL, 5 mL), Messzylinder (50 mL), Reagenzgläser, Reagenzglasgestell, 1 Wägegläschen, Spatel, Waage

Sicherheitshinweise
Zuerst Aufgabe a bearbeiten!

Chemikalien
Dodecan-1-ol, Diethylether, Schwefelsäure ($w = 98\,\%$), Natronlauge ($c = 2$ mol/L), Essigsäure ($c = 1$ mol/L), Phenolphthalein-Lösung ($w < 1\,\%$), dest. Wasser

Durchführung: Herstellung eines Tensids aus Dodecan-1-ol
In einem Rundkolben (50 mL) löst man 2,5 g Dodecanol in einer Mischung aus 5 mL Diethylether und 1,5 mL Schwefelsäure. Der Kolben wird verschlossen und über Nacht gerührt oder stehen gelassen.
Dann wird der Reaktionsansatz in einen Erlenmeyerkolben gegossen, der bereits 5 mL Wasser und 1 Tropfen Phenolphthalein-Lösung enthält. Die überschüssige Schwefelsäure wird mit etwa 25 mL Natronlauge neutralisiert, wobei die Viskosität der Mischung stark ansteigt. Der Äquivalenzpunkt wird durch die Rotfärbung des Indikators angezeigt, den man durch einen Tropfen Essigsäure wieder entfärbt.
Eine Probe des Produkts wird im Reagenzglas geschüttelt und auf Schaumbildung geprüft.

Die Synthese des zweiten Tensids geht aus von Dodecansäurechlorid und Natriumglutamat, dem Salz der Aminosäure Glutaminsäure, das auch als Geschmacksverstärker in vielen Speisen vorhanden ist.

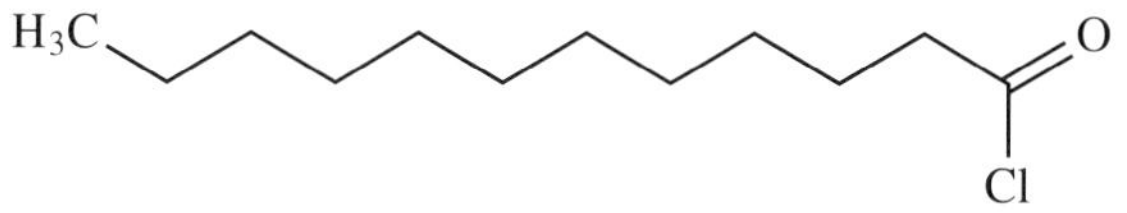

Dodecansäurechlorid

4.5 S Waschmittel – Herstellung, Analyse und Vermarktung

M1

Abteilung *Waschaktive Substanzen* (Fortsetzung)

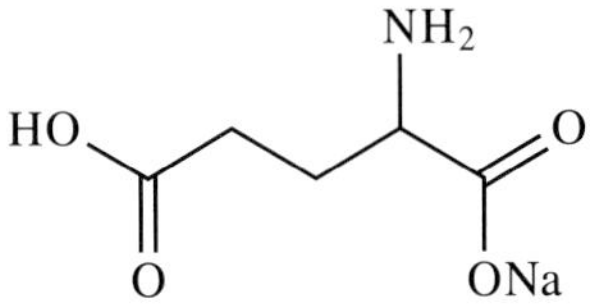

Natriumglutamat

Geräte
Zweihals-Rundkolben (50 mL), 1 Reagenzglas, 3 Messpipetten (25 mL, 10 mL, 5 mL), 1 Tropfpipette, Magnetrührer, Rührkern, Thermometer, Wasserbad, 1 Wägegläschen, Spatel, Waage

Chemikalien
Natriumglutamat, Dodecansäurechlorid, Natronlauge ($c = 2$ mol/L), Essigsäure ($c = 2$ mol/L), dest. Wasser

Sicherheitshinweise
Zuerst Aufgabe a bearbeiten!

Durchführung: Herstellung eines Tensids aus Dodecansäurechlorid
In einem Rundkolben werden 2 g Natriumglutamat in 11 mL Natronlauge gelöst. Unter Rühren und Kühlung mithilfe eines Wasserbades werden tropfenweise 2,1 mL Dodecansäurechlorid zur Lösung pipettiert. Dabei soll die Temperatur 25 °C nicht überschreiten. Man rührt noch 20 min unter Kühlung weiter. Zur Steigerung der Ausbeute sollte man den Ansatz über Nacht bei Raumtemperatur stehen lassen.
Zur Prüfung der Tensideigenschaften schüttelt man in einem Reagenzglas eine kleine Portion des Produkts mit Wasser, das zuvor mit 3 Tropfen Essigsäure angesäuert wurde.

Aufgaben

a) Informieren Sie sich genau über das Gefährdungspotenzial der verwendeten Chemikalien und entscheiden über die Sicherheitsmaßnahmen, die Sie anschließend dem Leiter der Firma vortragen.
b) Führen Sie die Tensidsynthesen durch und notieren Sie die Versuchsbeobachtungen.
c) Erstellen Sie die Reaktionsgleichungen für beide Tensidsynthesen und ordnen Sie die Synthesen einem Reaktionstyp zu.
d) Entscheiden Sie, welches der beiden Tenside Bestandteil des Waschmittels werden soll. Begründen Sie Ihre Entscheidung.
e) Bereiten Sie eine Präsentation Ihrer Ergebnisse für die Betriebsversammlung vor, z. B. auf Plakat, Folie oder mit Beamer.

Hinweis: Die Abteilung Informationsbeschaffung wird Sie über den grundlegenden Verlauf einer nucleophilen Substitution informieren. Wenn Sie noch über weitere Themen, z. B. Preise und Eigenschaften der Edukte, informiert werden möchten, nimmt diese Abteilung gern Ihre Anfragen entgegen.

4.5 S Waschmittel – Herstellung, Analyse und Vermarktung

M2

Abteilung *Weichspüler*

Wäsche muss nicht nur sauber, sie soll sich auch weich sein und sich auf der Haut angenehm anfühlen. Daher wird dem letzten Spülwasser beim Waschen ein Weichspüler zugesetzt.
Ihre Firma möchte in Ergänzung zu einem neuen Waschmittel einen Weichspüler herausbringen und dem Kunden als Kombipaket offerieren.
Die zentrale Komponente eines Weichspülers ist ein kationisches Tensid.
Als Mitarbeiter der Abteilung Weichspüler sind Sie für die Entwicklung eines derartigen Tensids verantwortlich.
Die Firmenleitung stellt Ihnen als Edukt für die Synthese des kationischen Tensids ebenfalls – wie der Abteilung *Waschaktive Substanzen* – den Alkohol Dodecan-1-ol zur Verfügung.

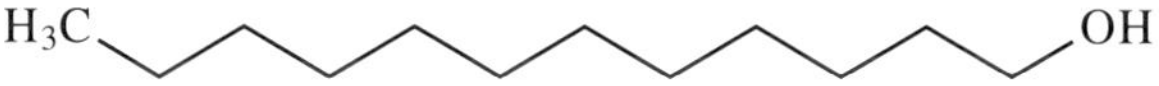

Dodecan-1-ol

Diesen Alkohol sollen Sie zunächst zu Dodecen-1 dehydrieren, um anschließend aus diesem Alken mithilfe von Bromwasserstoffsäure und Trimethylamin ein kationisches Tensid zu gewinnen.

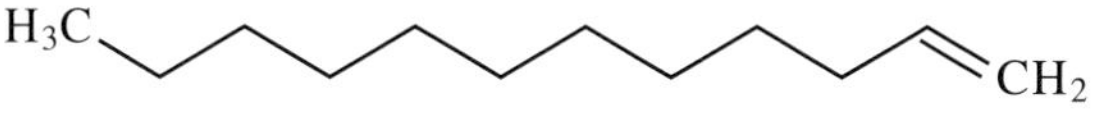

Dodecen-1

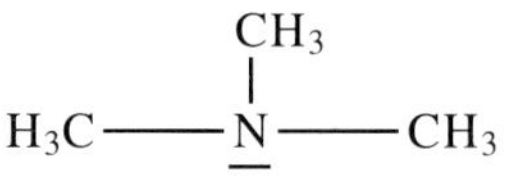

Trimethylamin

HBr(aq)
Bromwasserstoffsäure

Mit diesem kationischen Tensid als Hauptkomponente des Weichspülers sollen die gängigen Textilien (Wolle, Baumwolle) flauschig weich werden. Allerdings muss der Weichspüler den Aufdruck enthalten: „Ungeeignet für Funktionswäsche“, denn wenn man Funktionswäsche – z. B. Gore-Tex® – mit einem Weichspüler wäscht, geht deren besondere Atmungsaktivität verloren.
Die Abteilung für Informationsbeschaffung wird Sie diesbezüglich grundlegend über den Aufbau von Funktionswäsche am Beispiel von Gore-Tex® informieren.

Aufgaben

a) Erläutern Sie, wie sich Dodecan-1-ol zu Dodecen-1 dehydratisieren lässt. Geben Sie die Reaktionsgleichung hierzu an.
b) Entwickeln Sie einen Syntheseweg für ein kationisches Tensid, ausgehend von Dodecen-1 und den gegebenen weiteren Chemikalien. Erläutern Sie Ihren Syntheseplan, indem Sie auf die einzelnen Reaktionstypen eingehen.
c) Erklären Sie, weshalb mithilfe des kationischen Tensids die Wäsche (Wolle und Baumwolle) weicher und flauschiger wird. Verwenden Sie hierzu auch die in den Zusatzinformationen angegebenen Modelle und Skizzen.

4.5 S Waschmittel – Herstellung, Analyse und Vermarktung

M2

Abteilung *Weichspüler* (Fortsetzung)

Aufgaben

d) Erklären Sie am Beispiel von Gore-Tex®, weshalb auf der Verpackung des Weichspülers der Aufdruck „Ungeeignet für Funktionswäsche“ vorhanden sein muss.

e) Bereiten Sie eine Präsentation Ihrer Ergebnisse für die Betriebsversammlung vor, z. B. Plakat, Modell und Bericht.

Hinweis: Die Abteilung Informationsbeschaffung wird Sie über den grundlegenden Aufbau von Funktionswäsche am Beispiel von Gore-Tex® informieren. Wenn Sie noch über weitere Themen informiert werden möchten, nimmt diese Abteilung gern Ihre Anfragen entgegen.

Zusatzinformationen

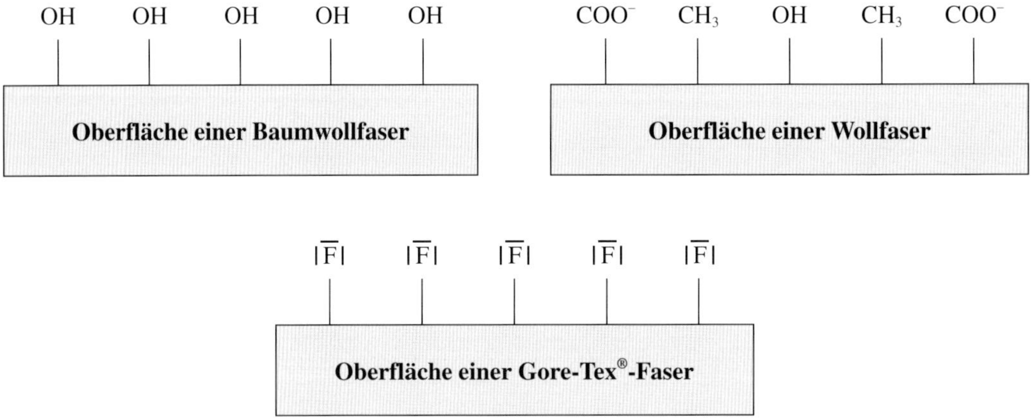

Materialien für ein Modell zur Funktion eines Weichspülers:

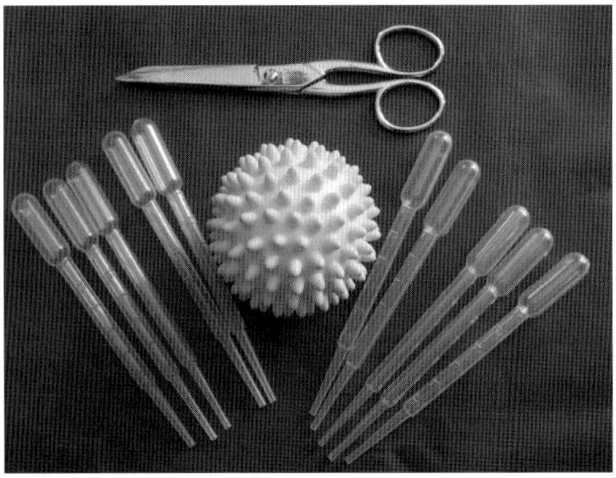

Handmassage-Kugel mit Plastik-Tropfpipetten und Schere

4.5 S Waschmittel – Herstellung, Analyse und Vermarktung

M3

Abteilung *Waschhilfsmittel*

Wäsche soll durch das Waschen nicht nur sauber werden, sie soll auch sauber wirken.
Je weißer eine weiße Textilie nach der Wäsche strahlt, desto überzeugter ist der Käufer des Waschmittels von der Qualität des Produkts. Waschmittel enthalten daher zusätzlich sogenannte Weißmacher, z. B. Natriumperborat ($Na_2B_2H_4O_8 \cdot 6\ H_2O$). Natriumperborat zerfällt nämlich in wässriger Lösung unter Bildung von Wasserstoffperoxid, welches bekanntlich bleichende Wirkung besitzt:

$$Na_2B_2H_4O_8 + 2\ H_2O \rightarrow 2\ NaH_2BO_3 + 2\ H_2O_2$$

In Ihrer Abteilung soll nun ermittelt werden, wie viel Natriumperborat dem Waschmittel zugesetzt werden soll. Um einen Anhaltspunkt hierfür zu erhalten, orientieren Sie sich bei der Konkurrenz und untersuchen Vollwaschmittel auf den Perboratgehalt.

Geräte
Erlenmeyerkolben (150 mL), 2 Messzylinder (50 mL), Messkolben (250 mL), Bürette, Pipette (50 mL), Waage, Spatel, Petrischale

Chemikalien
Vollwaschmittel, Schwefelsäure ($w(H_2SO_4) = 10\,\%$),
Kaliumpermanganat-Lösung ($c(KMnO_4) = 0{,}02\ mol \cdot L^{-1}$),
dest. Wasser

Gefahrenstoffhinweis
Schwefelsäure ($w < 15\,\%$) (Xi, reizend, R: 36/38, S: 26-30-45)
Kaliumpermanganat (O, Xn, N, brandfördernd, gesundheitsschädlich, umweltgefährlich,
R: 8-22-50/53, S: 60-61, nach GHS: H272, H302, H400, H410)

Entsorgung: Das Analysegemisch wird neutralisiert und dem Sammelgefäß für Schwermetallsalz-Lösungen zugeführt, ebenso restliche Kaliumpermanganat-Lösung.

Versuchsdurchführung: Redoxtitration
In einen Messkolben (250 mL) gibt man 1 g eines Vollwaschmittels, 100 mL Aqua dest. und schüttelt das Gemisch, sodass sich das Waschmittel teilweise löst. Nach Zusatz von 50 mL Schwefelsäure wird erneut geschüttelt, bis sich das Waschmittel komplett gelöst hat. Dann wird mit Aqua dest. auf 250 mL aufgefüllt und nochmals geschüttelt.
Man entnimmt 50 mL mit einer Pipette und gibt sie in einen Erlenmeyerkolben. Dann wird mit Kaliumpermanganat-Lösung ($c(KMnO_4) = 0{,}02\ mol \cdot L^{-1}$) titriert, bis sich die Lösung nicht mehr entfärbt.

Aufgaben

a) Stellen Sie die Reaktionsgleichung für die Reaktion von Permanganat-Ionen mit Wasserstoffperoxid auf.
b) Führen Sie die Titration gemäß der Anleitung durch und berechnen Sie, wie viel Gramm Natriumperborat in einem Kilogramm des Vollwaschmittels enthalten sind. Erläutern Sie Ihren Rechenweg.

4.5 S Waschmittel – Herstellung, Analyse und Vermarktung

Abteilung *Waschhilfsmittel* (Fortsetzung)

Aufgaben

c) Diskutieren Sie, inwieweit es sinnvoll ist, dem Vollwaschmittel der Firma genauso viel, mehr oder weniger an Perborat zuzusetzen, wie in dem analysierten Vollwaschmittel bestimmt wurde. Treffen Sie eine begründete Entscheidung.

d) Bereiten Sie eine Präsentation Ihrer Ergebnisse für die Betriebsversammlung vor, z. B. Demonstration und Thesenplakat.

Hinweis: Die Abteilung Informationsbeschaffung wird Sie über die Reaktion von Wasserstoffperoxid mit Kaliumpermanganat informieren. Wenn Sie noch über weitere Themen informiert werden möchten, nimmt diese Abteilung gern Ihre Anfragen entgegen.

Versuchsaufbau der Titration

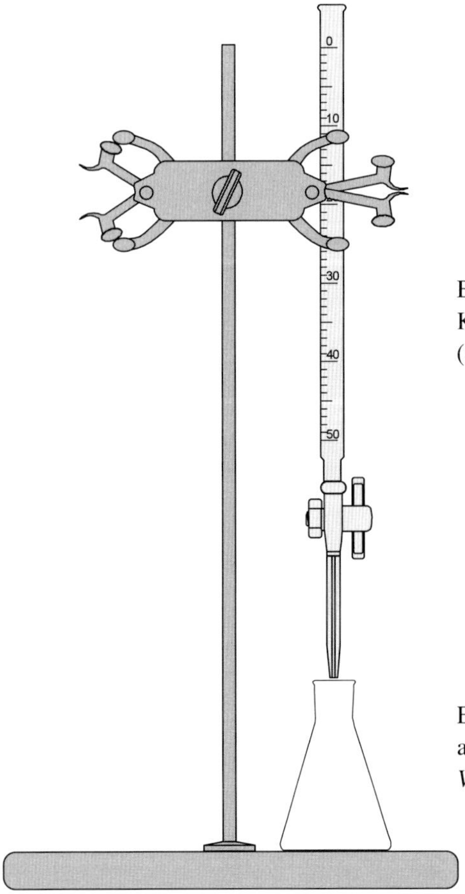

Bürette mit
Kaliumpermanganat-Lösung
($c(KMnO_4) = 0{,}02\ mol \cdot L^{-1}$)

Erlenmeyerkolben mit verdünnter, angesäuerter Waschmittel-Lösung
$V = 50\ mL$

4.5 S Waschmittel – Herstellung, Analyse und Vermarktung

M4

Abteilung *Marketing*

Sie sind verantwortlich für die Produktvermarktung.
Damit sich das Waschmittel gut verkauft, haben Sie sich als besonderen Clou überlegt, der Packung ein Tensiometer beizufügen, damit der Kunde sieht, wie gut die Wäsche von der Waschlauge benetzt und daher gut gereinigt wird.

Bau eines Tensiometers

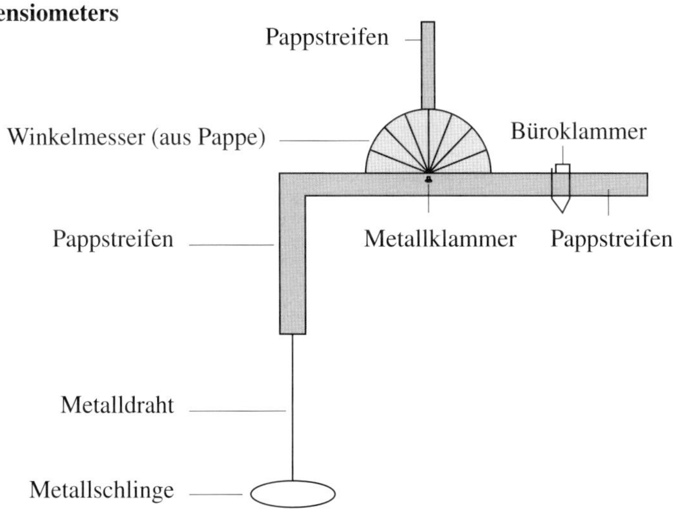

Mit einem solchen Tensiometer lässt sich die Oberflächenspannung von reinem Wasser und von Waschlauge bestimmen. Hierzu fasst man das Tensiometer am oberen Pappstreifen. Mittels der Büroklammer wird es austariert. Dann senkt man langsam die Metallschlinge des Tensiometers in reines Wasser und ermittelt den maximalen Ausschlag des Winkelmessers. Der Versuch wird mit einer Waschmittel-Lösung wiederholt. Die Metallschlinge des Tensiometers muss vor diesem zweiten Versuch einmal in die Waschlauge getaucht werden. Will man den Versuch nochmals mit reinem Wasser wiederholen, dann muss die Metallschlinge zunächst gründlich mit reinem Wasser abgespült werden.

Aufgaben

a) Bauen Sie sich zunächst ein Tensiometer gemäß der Abbildung. Führen Sie den Versuch durch und erklären Sie das Ergebnis.
b) Entwickeln Sie eine praktikable Möglichkeit, wie das Tensiometer der Waschmittelpackung beigefügt werden kann.
c) Entwerfen Sie einen Werbetext, der den Kunden zum Gebrauch des Tensiometers animiert und dadurch von der Qualität des Waschmittels überzeugt.
d) Bereiten Sie eine Präsentation Ihrer Ergebnisse für die Betriebsversammlung vor, z. B. Demonstration und Werbetext bzw. Flyer.

Hinweis: Die Abteilung Informationsbeschaffung wird Sie über das Thema Oberflächenspannung informieren. Wenn Sie noch über weitere Themen informiert werden möchten, nimmt diese Abteilung gern Ihre Anfragen entgegen.

4.5 S Waschmittel – Herstellung, Analyse und Vermarktung

M5

Abteilung *Informationsbeschaffung*

Sie sind Mitarbeiter der Abteilung für die Beschaffung von Informationen. Ihre Aufgabe ist es, den Mitarbeitern der anderen Abteilungen benötigte Informationen zur Verfügung zu stellen und bei Bedarf zu erläutern.
Ihre Hauptinformationsquelle ist das Internet. Sie werden sich also häufig im Computerraum der Firma aufhalten. Daneben stehen Ihnen zahlreiche andere Quellen zur Verfügung: Fach- und Schulbücher, Kataloge und Preislisten der Chemikalienfirmen und Lehrmittelfirmen. Auch möglicherweise vorhandene Filme/Videos können Sie nutzen. Den Leiter Ihrer Firma können Sie nach dem Vorhandensein der genannten Medien in der Firma fragen.

Es existieren bereits Basisaufträge zur Information der einzelnen Abteilungen:

a) Basisauftrag für die Abteilung Waschaktive Substanzen

Informieren Sie die Mitarbeiter der Abteilung über den grundlegenden Verlauf einer nucleophilen Substitution. Wählen Sie hierzu ein geeignetes Beispiel.

b) Basisauftrag für die Abteilung Weichspüler

Informieren Sie die Mitarbeiter der Abteilung über Aufbau und Wirkungsweise von Funktionswäsche am Beispiel von Textilien aus Gore-Tex®.

c) Basisauftrag für die Abteilung Waschhilfsmittel

Informieren Sie die Mitarbeiter der Abteilung über die Produkte der Reaktion von Kaliumpermanganat mit Wasserstoffperoxid im sauren Milieu. Stellen Sie jedoch keine Reaktionsgleichung auf.

d) Basisauftrag für die Abteilung Marketing

Informieren Sie die Mitarbeiter der Abteilung über die Definition und die Entstehung der Oberflächenspannung mit Skizze über Kräfteverhältnisse im submikroskopischen Bereich.

Weiterführende Aufträge

Die Mitarbeiter der verschiedenen Abteilungen werden sich bei Bedarf an Sie wenden und Ihnen Rechercheaufträge erteilen.

Abschlussauftrag

Erstellen Sie im Anschluss an die Betriebsversammlung einen Ordner, in dem die Ergebnisse der einzelnen Abteilungen enthalten sind. Der Ordner soll für alle Mitarbeiter der Abteilung zugänglich sein. Sie können hierzu einen digitalen Ordner erstellen und in geeigneter Form den Mitarbeitern (Internet bzw. Intranet) zur Verfügung stellen.

4.5 L Waschmittel – Herstellung, Analyse und Vermarktung

Erwartungshorizont

Abteilung *Waschaktive Substanzen* (M 1)

zu a)

Dodecan-1-ol	bisher: R 36/38-50/53, S 26-29-37/39-61 nach GHS: H400, P273
Diethylether	bisher: F+, Xn, R 12-19-22-66-67, S 9-16-29-33 nach GHS: H224, H302, H336
konz. Schwefelsäure	bisher: C, ätzend, R 35, S 26-30-45 nach GHS: H314, H290, P280, P301 + P330 + P331, P 305 + P351 + P338
Natronlauge (c = 2 mol/L)	bisher: C, ätzend, R 35, S 26-37/39-45 nach GHS: H314, P280, P301 + P330 + P331, P 305 + P351 + P338
Essigsäure (c = 1 mol/L)	ohne Kennzeichnung
Essigsäure (c = 2 mol/L)	bisher: R 36/38, S 23.2-26-45
Phenolphthalein (w < 1 %)	ohne Kennzeichnung
Natriumglutamat	ohne Kennzeichnung
Dodecansäurechlorid	bisher: C, ätzend, R 22-34 nach GHS: H301, H314, H290, P280, P301 + P330 + P331, P 305 + P351 + P338, P 309 + P311

Sicherheitsmaßnahmen: Schutzbrille und Schutzhandschuhe tragen. Bei Arbeiten mit Diethylether den Abzug benutzen und Zündquellen fernhalten.

zu b) Synthese des Tensids aus Dodecan-1-ol

Die Lösung wird bei der Neutralisation mit Natronlauge sehr viskos. Im alkalischen Milieu wird die Lösung rot, bei Zugabe von Essigsäure entfärbt sie sich wieder.
Beim Schütteln einer Probe des Tensids ist Schaumbildung zu beobachten.

Synthese des Tensids auf Basis von Natriumglutamat

Es bildet sich ein dickflüssiges, blassgelbes Produkt.
Beim Schütteln einer Probe des Tensids ist Schaumbildung zu beobachten.

zu c) Reaktionsgleichungen zur Tensidsynthese

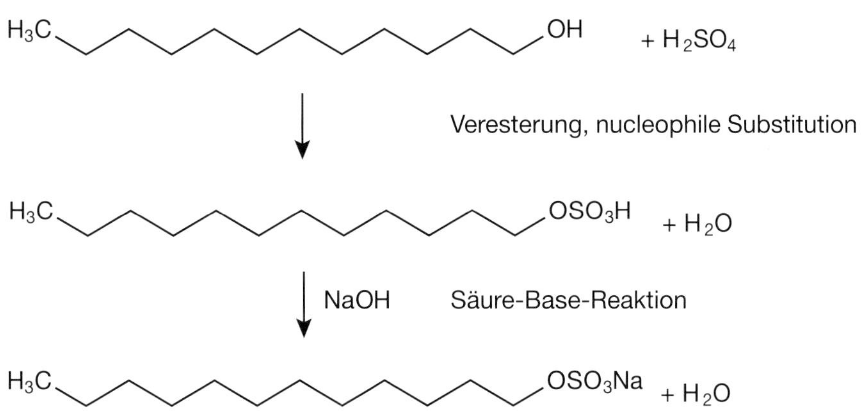

4.5 L Waschmittel – Herstellung, Analyse und Vermarktung

Erwartungshorizont

Abteilung *Waschaktive Substanzen* (M 1) (Fortsetzung)

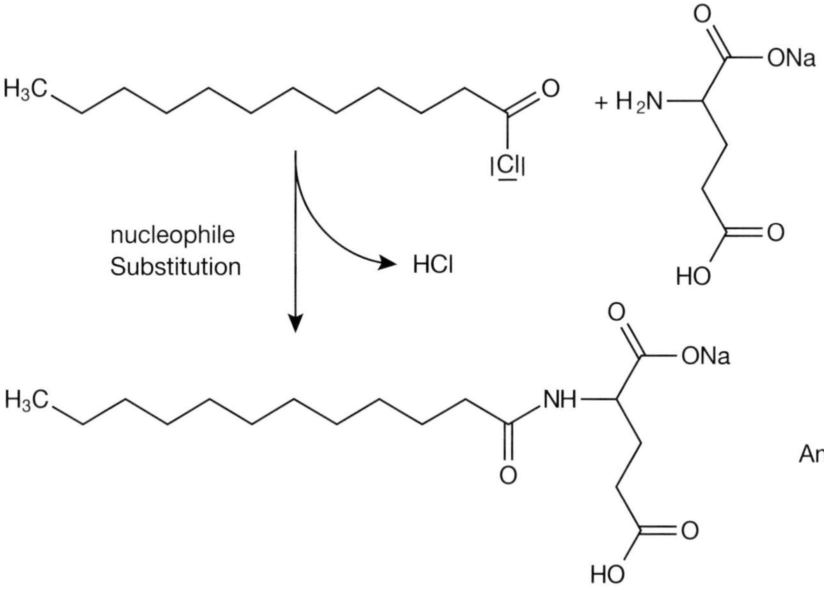

Amidbildung

zu d) Entscheidungskriterien für die Mitarbeiter
Schaumbildungsfähigkeit, ökonomische Aspekte (z. B. Kosten der Edukte, Zeitfaktor), ökologische Aspekte (z. B. Gefahrenpotenzial der Stoffe, Verwendung von nachwachsenden Rohstoffen)
Auf dieser Basis können die Mitarbeiter zu unterschiedlichen Ergebnissen kommen, je nachdem, wie die einzelnen Faktoren gewichtet werden.

zu e) Die Mitarbeiter der Abteilung sollen die obigen Ergebnisse/Erkenntnisse in angemessener Form auf der Betriebsversammlung vorstellen, z. B. auf Plakat, Folie oder mit Beamer.

Abteilung *Weichspüler (M 2)*

zu a) Dodecan-1-ol lässt sich mit heißer Schwefelsäure dehydratisieren. Es findet eine Eliminierung von Wasser statt, wobei sich eine Kohlenstoff-Kohlenstoff-Doppelbindung zwischen dem ersten und zweiten Kohlenstoff-Atom ausbildet.

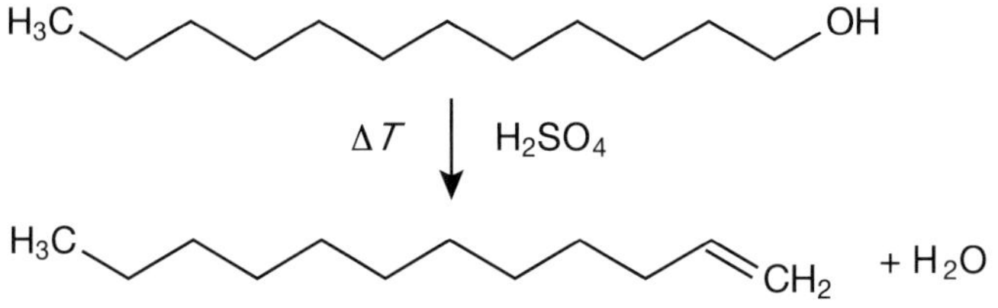

4.5 L Waschmittel – Herstellung, Analyse und Vermarktung

Erwartungshorizont

Abteilung *Weichspüler (M2)* (Fortsetzung)

zu b) Zunächst wird Dodecen-1 mit Bromwasserstoffsäure zur Reaktion gebracht. Hierbei addiert sich Bromwasserstoff an die Doppelbindung. Es handelt sich um eine elektrophile Addition. Dabei addiert sich das Proton bevorzugt an das Kohlenstoff-Atom der Doppelbindung, das bereits die meisten Wasserstoff-Atome besitzt (Regel von *Markownikow*), denn das intermediär entstehende sekundäre Carbenium-Ion ist stabiler als das primäre Carbenium-Ion.

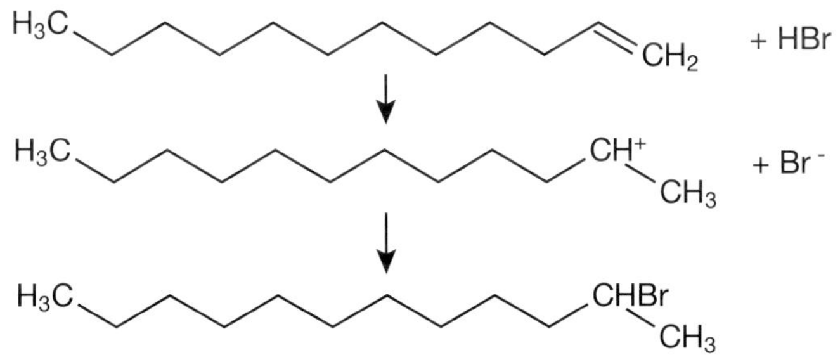

In einer zweiten Reaktion findet eine nucleophile Substitution bei der Reaktion von 2-Bromdodecan mit Trimethylamin statt. Hierbei entsteht unter Freisetzung von Bromid das kationische Tensid.

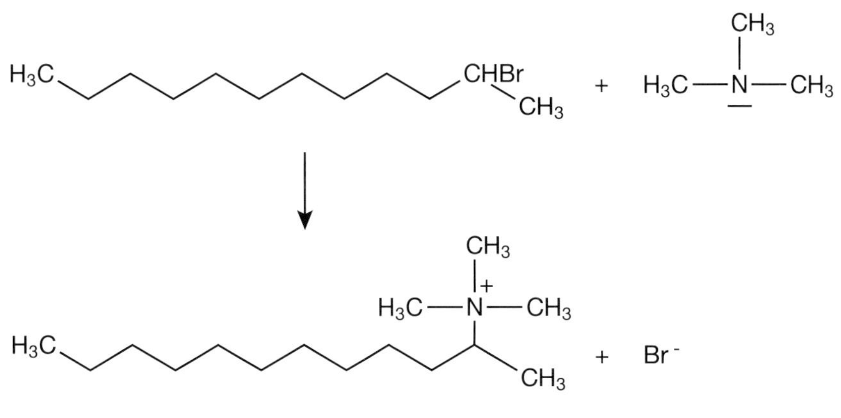

4.5 L Waschmittel – Herstellung, Analyse und Vermarktung

Erwartungshorizont

Abteilung *Weichspüler* (M 2) (Fortsetzung)

zu c) Dem letzten Spülbad der Wäsche setzt man Weichspüler zu. Die kationischen Tenside ziehen auf die Faser auf. Die Bindung an die Faser erfolgt durch Ionenbindung (Wolle) bzw. Ion-Dipol-Wechselwirkung. Am Beispiel von Gore-Tex® sei dies verdeutlicht.

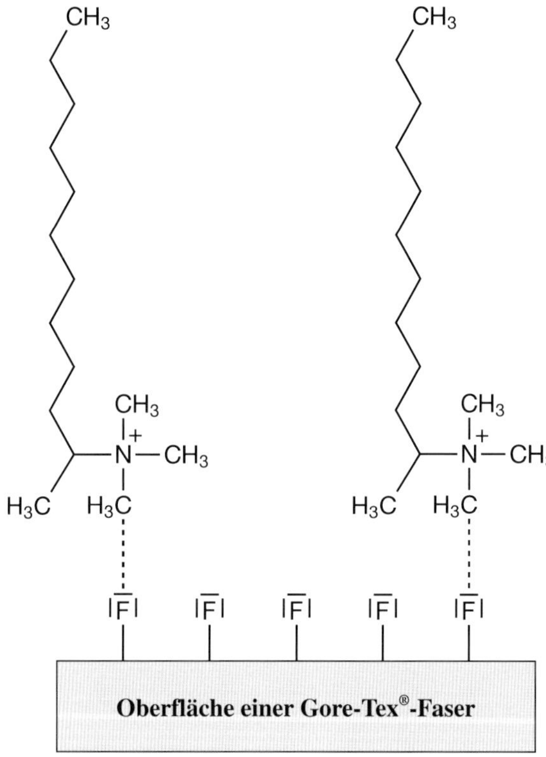

Dies lässt sich mittels der Massagekugel verdeutlichen. Die Massagekugel stellt die Oberfläche der Textilie dar. Die Noppen auf der Kugel sind die negativ geladenen bzw. partial negativ geladenen Gruppen. Die Pipetten stellen die kationischen Tensid-Moleküle dar. Der Pipettenkopf ist der Bereich der positiven Ladung. Um die Pipetten an der Massagekugel anbringen zu können, schneidet man sie an der Spitze des Pipettenkopfes ab.
Es ergibt sich folgendes Bild:

4.5 L Waschmittel – Herstellung, Analyse und Vermarktung

Erwartungshorizont

Abteilung *Weichspüler* (M 2) (Fortsetzung)

zu d) Die Anlagerung der kationischen Tenside ist im Fall von Wolle und Baumwolle durchaus erwünscht, denn dadurch wird die Wäsche flauschig.
Im Fall von Funktionswäsche (Beispiel Gore-Tex®) ist diese Anlagerung aber nicht erwünscht, denn dadurch werden die Poren in der Membran der Textilie verschlossen und die Atmungsaktivität ist nicht mehr gegeben.

zu e) Die Mitarbeiter der Abteilung sollen die obigen Ergebnisse/Erkenntnisse in angemessener Form auf der Betriebsversammlung vorstellen.

Abteilung *Waschhilfsmittel* (M 3)

zu a) $2\ MnO_4^- + 6\ H_3O^+ + 5\ H_2O_2 \rightarrow 2\ Mn^{2+} + 5\ O_2 + 14\ H_2O$

zu b) Beispiel eines Titrationsergebnisses
Verbrauch Kaliumpermanganat-Lösung ($c(KMnO_4) = 0{,}02\ mol \cdot L^{-1}$): 7,2 mL
Sie enthalten 0,000144 mol Kaliumpermanganat. Da Permanganat-Ionen mit Wasserstoffperoxid im Verhältnis 2:5 reagieren, sind in 50 mL der Waschmittel-Lösung 0,00036 mol Wasserstoffperoxid enthalten.
Im ursprünglichen Volumen der Waschmittel-Lösung ($V = 250$ mL), und somit dem darin enthaltenen 1 g Waschmittel, sind folglich 0,0018 mol Wasserstoffperoxid enthalten.
Da 1 mol Natriumperborat in 2 mol Wasserstoffperoxid zerfällt, enthält 1 g des Vollwaschmittels 0,0009 mol Natriumperborat.
1 kg des Vollwaschmittels enthält somit 0,9 mol Natriumperborat.
$M(Na_2B_2H_4O_8 \cdot 6\ H_2O) = 307{,}62\ g \cdot mol^{-1}$
=> In 1 kg des Vollwaschmittels sind $307{,}62\ g \cdot mol^{-1} \cdot 0{,}9\ mol \approx 277\ g$ Natriumperborat enthalten.

zu c) Bei der Diskussion sollte berücksichtigt werden:
- ökonomische Aspekte (z. B. Kostenfaktor bzw. Einsparungspotenzial bei Steigerung bzw. Verringerung der Menge des Natriumperborats),
- Natriumperborat als Oxidationsmittel (z. B. möglicher Angriff der Faser durch Natriumperborat bei zu hoher Perborat-Konzentration),
- mögliches Gefährdungspotenzial durch zu hohe Perborat-Konzentrationen,
- mögliche Folgen einer zu starken Senkung der Perborat-Konzentration.

zu d) Die Mitarbeiter der Abteilung sollen die obigen Ergebnisse/Erkenntnisse in angemessener Form auf der Betriebsversammlung vorstellen.

4.5 L Waschmittel – Herstellung, Analyse und Vermarktung

Erwartungshorizont

Abteilung *Marketing* (M 4)

zu a) Führt man den Versuch mit dem Tensiometer durch, dann stellt man fast, dass der Winkelmesser beim langsamen Eintauchen der Metallschlinge eine Auslenkung erfährt. Diese Auslenkung ist bei dem Versuch mit Wasser deutlich größer als bei dem Versuch mit der Waschmittel-Lösung.
Wasser-Moleküle ziehen sich gegenseitig relativ stark an (Wasserstoffbrückenbindung). Im Innern der Flüssigkeit unterliegen die Wasser-Moleküle allseitig einer gegenseitigen Anziehung. Die Wasser-Moleküle an der Oberfläche erfahren jedoch eine nach innen gerichtete Anziehung; hieraus resultiert das Bestreben zur Verkleinerung der Oberfläche. Dies ist die Ursache der Oberflächenspannung. Wegen der starken intermolekularen Wechselwirkungen ist auch die Oberflächenspannung relativ groß, was die starke Auslenkung des Winkelmessers erklärt.
In der Waschmittel-Lösung lagern sich die Tensid-Moleküle an der Oberfläche jedoch zwischen die Wasser-Moleküle. Dabei orientieren sich die Tensid-Moleküle so, dass sich die hydrophilen Teile im Wasser und die hydrophoben Teile in der Luft befinden. Die gegenseitige Anziehung der Tensid-Moleküle ist jedoch kleiner als die der Wasser-Moleküle. Daher sinkt die Oberflächenspannung; die Auslenkung des Winkelmessers des Tensiometers ist deshalb geringer.

zu b) Wesentlich für die Verpackung des Tensiometers ist, dass es nicht sperrig ist und beim Transport nicht gleich zerknickt und damit unbrauchbar wird.
Man könnte z. B. den Winkelmesser mit dem kleinen Pappstreifen zum Anfassen, den größeren Pappstreifen, die Metallklammer, die Büroklammer und den Metalldraht mit Schlinge als Einzelteile in einen kleinen Plastikbeutel geben. Dabei dürfte die Metallschlinge noch nicht um 90 Grad gedreht zum übrigen Tensiometer stehen, um Sperrigkeit zu vermeiden.
Ein kleiner Zettel mit einer Mini-Bauanleitung müsste beigefügt werden (Einhängen des Metalldrahts, Knicken der Metallschlinge, Anklammern des Winkelmessers und Aufsetzen der Büroklammer). Außerdem müsste der Werbetext mit Versuchsanleitung beigegeben werden.
Den Beutel könnte man an die Außenseite der Waschmittelpackung kleben.

zu c) Der Werbetext sollte keine zu theoretischen Ausführungen über die Oberflächenspannung enthalten. Das würde den Kunden abschrecken. Vielmehr sollte dem Kunden klargemacht werden, dass weiches Wasser die Wäsche besonders gut benetzt, die dadurch besonders gut gereinigt wird. Der Werbetext sollte darauf hinweisen, dass durch das Waschmittel das Wasser besonders weich wird und der Kunde dies mit dem beigefügten Tensiometer leicht testen kann.

zu d) Die Mitarbeiter der Abteilung sollen die obigen Ergebnisse/Erkenntnisse in angemessener Form auf der Betriebsversammlung vorstellen.
Die Eignung des Werbetextes kann an den Mitarbeitern der anderen Abteilungen erprobt werden und dadurch können evtl. Verbesserungen vorgenommen werden.

4.5 L Waschmittel – Herstellung, Analyse und Vermarktung

Erwartungshorizont

Abteilung *Informationsbeschaffung* (M 5)

Die Basisaufträge für die einzelnen Abteilungen sind nur Kurzinformationen. Die wesentliche Arbeit der Mitarbeiter der Abteilung für Informationsbeschaffung ist die Bearbeitung der weiterführenden Aufträge der einzelnen Abteilungen.

zu a) Nucleophile Substitution
Bei der nucleophilen Substitution wird eine an ein Kohlenstoff-Atom gebundene Gruppe, die sogenannte Abgangsgruppe, mit ihren Bindungselektronen durch ein nucleophiles Reagenz ersetzt, substituiert:

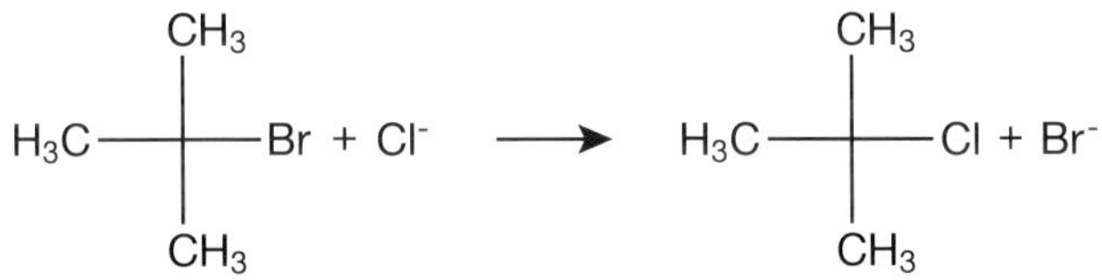

zu b) Aufbau und Funktion von Gore-Tex®-Funktionswäsche:
Der wesentliche Bestandteil von Gore-Tex®-Funktionswäsche ist eine Membran aus Polytetrafluorethen (PTFE). Diese Membran ist aber nicht dicht; vielmehr enthält sie sehr viele Poren, die aber sehr klein sind. Wassertropfen sind etwa 20.000-mal größer. Daher sind derartige Textilien wasserdicht. Andererseits sind die Poren durchlässig für Wasserdampf. Der vom Körper abgegebene Schweiß kann also verdunsten und abgeführt werden. Daher bezeichnet man Gore-Tex®-Funktionswäsche als atmungsaktiv. Die PTFE-Membran ist umgeben von verschiedenen inneren und äußeren Textilschichten.

zu c) Permanganat-Ionen reagieren mit Wasserstoffperoxid im sauren Milieu zu Mn(II)-Ionen, Sauerstoff und Wasser.

zu d) Die Oberflächenspannung ist ein Maß für die Kraft, die an der Grenze zwischen einer Flüssigkeit (hier: Wasser) und einem Gas (hier: Luft) ins Innere der Flüssigkeit wirkt. Die Oberflächenspannung führt dazu, dass Flüssigkeiten stets eine möglichst kleine Oberfläche ausbilden.
Die Wasser-Moleküle im Inneren ziehen sich gegenseitig an. Die Kräfte wirken in alle Richtungen und heben sich gegenseitig auf. Die Wasser-Moleküle an der Oberfläche werden nur von unterhalb und seitlich befindlichen Wasser-Molekülen angezogen. Es resultiert eine Anziehungskraft nach unten. Die an der Oberfläche befindlichen Wasser-Moleküle haften daher stärker aneinander als die Wasser-Moleküle im Inneren. Dies macht die Oberflächenspannung aus.

Abschlussauftrag
Die Mitarbeiter der Abteilung Informationsbeschaffung sammeln die Präsentationen der einzelnen Abteilungen und stellen sie allen Mitarbeitern der Firma in geeigneter Form zur Verfügung.

4.6 L Herstellen von Aspirin®

Thematik
Unterrichtsmethode

Grundlagen: Funktionelle Gruppen (-OH, -COOH, -COOR, Säure-Derivate); Partialladungen, Wasserstoffbrückenbindung, Protonenwanderung; Experimente mit Gasen, Nachweise von Kohlenstoffdioxid, Ester-Gleichgewicht, Donator-Akzeptor-Reaktionen, Prinzip von *Le Chatelier*;
Aromaten, substituierte Aromaten, planare Struktur, delokalisiertes π-System, I-, M-Effekte, Mesomerie, elektrophile Substitution, nucleophile Addition, Eliminierung

Methodischer Vorschlag: Gruppenpuzzle mit Info-Karten als Lern- und Wiederholungshilfen, Erstellung einer Concept Map mit Vorlage

Durchführung: Kontext, M 1, M 2, M 3–M 6, M 7
M 1 kann als Folie aufgelegt werden, um die Arbeitsschritte zu erläutern. Nach individueller Einführung über Kontext und M 2 wird in Stammgruppen die Wahl unter den Arbeitsthemen getroffen und sie werden jeweils in Expertengruppen bearbeitet. Als Hilfestellung dienen Info-Karten (M 3–M 6), die auf der Vorderseite weitere Fachinformationen enthalten. Zur Kontrolle sind die damit erreichbaren Arbeitsergebnisse auf der Rückseite angegeben.
Jeder Schüler / jede Schülerin berichtet in seiner/ihrer Stammgruppe über das von ihm/ihr bearbeitete Thema. Zur individuellen Festigung aller vier Themen wird von jedem eine Concept Map (mit Vorlage M 7) erstellt.
Im Plenum erfolgen exemplarisch Präsentation und Überarbeitung dieser individuellen Concept Maps.

Literaturangaben

Synthese von Acetylsalicylsäure, Nr. 3.5, 3.6 in Materialien-Handbuch Kursunterricht Chemie Bd. 9, Aulis Verlag, Köln 2001

Zur Erweiterung
Materialien-Handbuch Kursunterricht Chemie (Aulis) Bd. 10/I: Nr.4.11(ASS im Aspirin®)

Teilaufträge	**1) Salicylsäure**	**2) ASS**	**3) Veresterungen**	**4) Aspirin® Plus C**
Konzepte	Stoff – Teilchen, Struktur – Eigenschaft, Mesomerie, Reaktionsmechanismus	Stoff – Teilchen, chemische Reaktion, Struktur – Eigenschaft, Gleichgewicht, Reaktionsmechanismus	Stoff – Teilchen, chemische Reaktion, Struktur – Eigenschaft, Veresterung	chemische Reaktion, Struktur – Eigenschaft, Donator – Akzeptor
Kompetenzbereiche	Erkenntnisgewinnung: Sch'/Sch – interpretieren chemisch-technische Reaktionen auf der Teilchen-Ebene und wenden geeignete Modelle an zur Beschreibung und Erklärung chemischer Sachverhalte, u. a. Orbitalmodell, Partialladung, planare Struktur. Kommunikation: Sch'/Sch – diskutieren und präsentieren chemische Sachverhalte und Zusammenhänge. Fachwissen			Erkenntnisgewinnung: Sch'/Sch – können Hypothesen bilden und experimentell überprüfen (qualitativ, quantitativ). Bewertung: Sch'/Sch – nutzen chemische Kenntnisse zur Diskussion lebensweltlich-medizinischer Fragen.
Anforderungsbereiche	II, III	I, II	III, II	II

4.6 S Herstellen von Aspirin® *Kontext*

Schon lange ist bekannt, dass die Extrakte der Weidenrinde (salix lat. Weide) eine Schmerz lindernde Wirkung besitzen. Bereits der griechische Arzt Hippokrates (460 bis 377 v. Chr.) nutzte diese Wirkung. Die Extrakte enthalten Salicylalkohol, der im menschlichen Körper zu Salicylsäure umgewandelt wird. Salicylsäure wirkt schmerzlindernd. Die Aufklärung der Struktur der Salicylsäure-Moleküle gelang erst 1859 *Hermann Kolbe*, der anschließend eine künstliche Synthese dieser *o*-Hydroxybenzoesäure erarbeiten konnte.
Felix Hoffmann versuchte, die Salicylsäure verträglicher zu machen, da sie absolut nicht schmeckte. 1897 konnte er erstmals Acetylsalicylsäure (ASS) herstellen. Heute ist ASS, besser bekannt unter dem Handelsnamen ASPIRIN®, das weltweit am meisten eingenommene Medikament. Früher wurden die ASS-Tabletten in Glasflaschen aufbewahrt. War die Luft zu feucht, trat nach einiger Zeit ein Geruch nach Essig auf, die Tabletten wurden ungenießbar. Heute sind sie einzeln in Folie eingeschweißt und luftdicht abgeschlossen.

Mit einem breiten Anwendungsgebiet zählt Aspirin® seit über 110 Jahren zu den weltweit meist verkauften Arzneimitteln. Dieser Siegeszug konnte aber erst beginnen, als ein Syntheseweg zur Reingewinnung von ASS entwickelt worden war. Dies gelang *Felix Hoffmann* 1897 durch den Einsatz von Essigsäureanhydrid anstatt Essigsäure bei der Verarbeitung der Salicylsäure. Für die Gewinnung der Salicylsäure hatte 1874 *Hermann Kolbe* ein kostengünstiges Syntheseverfahren entwickelt. Anstelle der Isolierung aus Weidenrinden wurde sie aus Phenol hergestellt, genauer aus Natriumphenolat und Kohlenstoffdioxid unter hohem Druck.

Als weiteres Derivat der Salicylsäure ist Wintergrünöl bekannt. Es wird als ätherisches Öl zur äußeren medizinischen Anwendung eingesetzt und als Aromastoff in Zahnpasta und Badesalz verwendet. Man gewinnt Wintergrünöl aus den Blättern von Heidekrautgewächsen und stellt es technisch aus Salicylsäure und Methanol her.

Eine der jüngsten Varianten in der Aspirin®-Reihe sind Brausetabletten Aspirin® Plus C. Als Wirkstoffe enthalten sie ASS und Vitamin C (Ascorbinsäure). Auf der Packung ist zu lesen: *„Zum Einnehmen nach Auflösen in Wasser … 1 Brausetablette enthält 400 mg Acetylsalicylsäure (ASS) und 240 mg Ascorbinsäure (Vitamin C). Sonstige Bestandteile: Natriumhydrogencitrat, Natriumhydrogencarbonat, Citronensäure, Natriumcarbonat.“* In der Packungsbeilage heißt es noch: *„Aspirin® Plus C wird angewendet bei leichten bis mäßig starken Schmerzen und schmerzhaften Beschwerden, die im Rahmen von Erkältungskrankheiten auftreten … Lösen Sie die Brausetabletten vor der Einnahme vollständig in einem Glas Wasser und trinken Sie das gesamte Glas sofort aus.“*

Informationen

Salicylsäure:	2-Hydroxybenzoesäure
ASS:	Acetylsalicylsäure, 2-Acetoxybenzoesäure
pK_S-Werte:	Benzoesäure 4,19; Salicylsäure 2,97; *m*-Hydroxybenzoesäure 4,06

4.6 S Herstellen von Aspirin® *M 1*

Arbeitsschritte für Gruppenpuzzle, auch als OHP-Folie*

Herstellen von Aspirin®

1. Schritt (4er-Stammgruppe)

Informieren Sie sich über den Kontext und die Arbeitsthemen in M 2. Jedes Gruppenmitglied entscheidet sich für ein Thema.
Mögliche Gründe für die Wahl: Sie entdecken Wissenslücken, Sie sind einfach neugierig, Sie wollen selbstständig experimentelle Untersuchungen planen, durchführen und auswerten.

2. Schritt (Expertengruppen zu den Themen 1 bis 4)

Vertreter der einzelnen Themen 1, 2, 3 und 4 bilden jeweils eine Expertengruppe zur „professionellen" Bearbeitung. Als Hilfestellung dienen Info-Karten, die auf der Vorderseite weitere Fachinformationen enthalten. Zur Kontrolle sind die damit erreichbaren Arbeitsergebnisse auf der Rückseite angegeben.
In den Expertengruppen werden jeweils schriftliche Handzettel mit den grundlegenden Fachbegriffen erstellt.

3. Schritt (4er-Stammgruppe)

Reihum berichtet jeder Schüler/jede Schülerin in seiner/ihrer Stammgruppe über die Arbeitsergebnisse zu seinem/ihrem Thema und erklärt sie; empfehlenswert sind kurze Aufzeichnungen.
In Einzelarbeit trägt dann jeder Schüler/jede Schülerin alle Themen-Inhalte in seine/ihre Concept Map ein (Vorlage M 7 nutzen).

4. Schritt (Plenum)

Beispiele für Concept Maps werden zur Diskussion und zum Vergleich vorgestellt, gegebenenfalls ergänzt und korrigiert.

* in DIN A4 auf der CD

4.6 S Herstellen von Aspirin® *M2*

Arbeitsthemen für eine integrierte Wiederholung

1) Technische Gewinnung von Salicylsäure – elektrophile Substitution

Entwickeln Sie einen Strukturvorschlag für das technische Syntheseverfahren nach *H. Kolbe*. Bestätigen Sie den Reaktionstyp und erklären Sie, warum es günstiger ist, von Natriumphenolat statt Phenol auszugehen. Erklären Sie die Folgen der Druckerhöhung bei der Synthese.

- Grundlagen: funktionelle Gruppen (-OH, -COOH), Aromaten; delokalisiertes π-System, σ-, π-Bindung; I-, M-Effekte, elektrophile Substitution, Zweitsubstitution, Prinzip von *Le Chatelier*
- Info-Karten M 3 1a, 1b, 1c

2) Synthese von Acetylsalicylsäure – Addition – Eliminierung

Entwickeln Sie einen Strukturvorschlag für mögliche Reaktionsschritte zur Reingewinnung von ASS nach *F. Hoffmann*. Erklären Sie die Synthese-Vorteile durch Einsatz von Essigsäureanhydrid statt Essigsäure und die Möglichkeit von Acetylchlorid als Reaktionspartner.

- Grundlagen: funktionelle Gruppen (-COOH, Säurederivate), mono-, disubstituierte Aromaten; Partialladungen, Mesomerie; Protonen-Reaktionen, nucleophile Addition, Eliminierung mit intramolekularer Protonenwanderung
- Info-Karten M 4 2a, 2b, 2c

3) Zahnpasta oder Schmerztabletten – Veresterungen von Salicylsäure

Bauen Sie ein Molekülmodell von Salicylsäure und erläutern Sie an Hand der Struktur und geeigneter Formeln die erhöhte Säurestärke von 2-Hydroxybenzoesäure. Entwickeln Sie die Esterbildung von „Wintergrünöl". Beschreiben Sie die Ester-Struktur von ASS und vergleichen Sie die beiden Ester von Salicylsäure.

- Grundlagen: funktionelle Gruppen (-OH, -COOH, -COOR), substituierte Aromaten, planare Struktur, Wasserstoffbrückenbindung; Esterreaktion
- Info-Karten M 5 3a, 3b, 3c

4) Aspirin® Plus C-Brausetabletten

Entwickeln und ermitteln Sie experimentell die Vorgänge beim Auflösen einer Brausetablette.
Schreiben Sie eine medizinische Empfehlung zur Einnahme von Aspirin® Plus C.

- Grundlagen: Donator-Akzeptor-Reaktionen (Säuren, Carbonate), Nachweise für Kohlenstoffdioxid (CO_2), quantitative Experimente mit Gasen, Ester-Gleichgewicht
- Info-Karten M 6 4a, 4b, 4c, 4d

4.6 S Herstellen von Aspirin®

M3

Info-Karten*: Herstellen von Aspirin®

Thema 1
Technische Gewinnung von Salicylsäure – elektrophile Substitution

Info-Karte 1a)

Mit Natriumphenolat liegt ein Salz vor, dessen Phenolat-Anion ein aromatisches System darstellt und sich über mesomere Grenzstrukturen beschreiben lässt.
Der Reaktionspartner Kohlenstoffdioxid CO_2 ist gasförmig und besteht aus Atomen mit unterschiedlichen Elektronegativitäten.

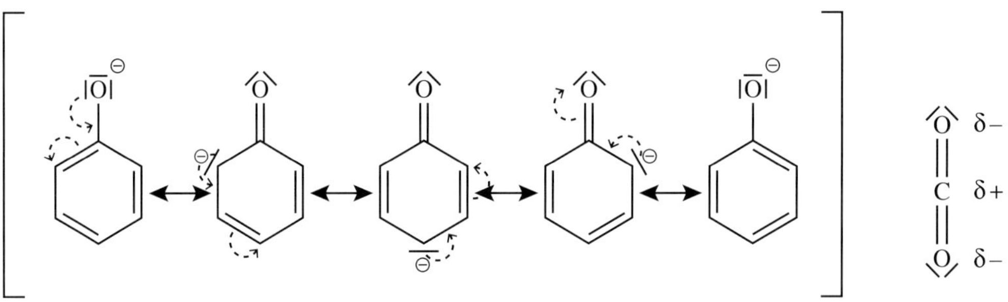

Über die mesomeren Grenzstrukturen erkennt man, dass die negative Ladung vom Sauerstoff-Atom über das gesamte π-System verteilt und die Elektronendichte in *o*- und *p*-Position erhöht ist – wegen des schwachen +I-Effektes vom Sauerstoff-Atom besonders in *o*-Stellung.
Das schwach positiv polarisierte Kohlenstoff-Atom im CO_2 kann das π-System elektrophil angreifen und in *o*-Position gelenkt werden:

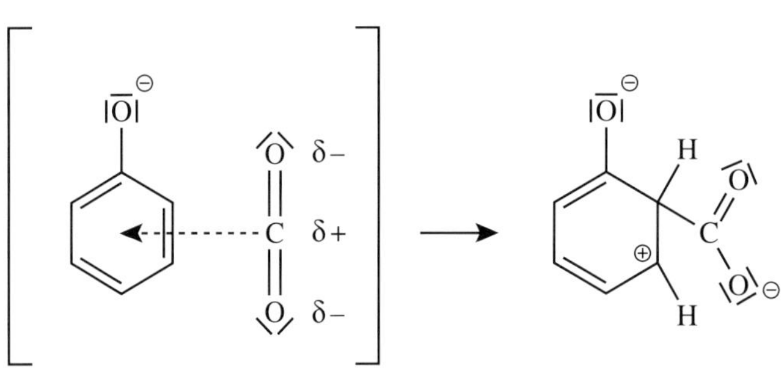

*Von der CD können die Info-Karten zu den Themen 1, 2, 3, 4 jeweils gleich groß wie die Ergebnis-Karten ausgedruckt werden.

4.6 S Herstellen von Aspirin® *M3*

Thema 1 (Fortsetzung)

Info-Karte 1b)

Im Interdukt wird das aromatische System zunächst unterbrochen, aber es drängt zur Re-Aromatisierung (Rückbildung). Dies gilt für folgende Kohlenstoff-Atome im π-System:

C2-Atom: erkennbar vier σ-Bindungen, Tendenz: drei σ-Bindungen und eine π-Bindung,

C3-Atom: erkennbar drei σ-Bindungen & formal positive Ladung, Wirkung: Elektronen-Anziehung und so zusätzliche π-Bindung.

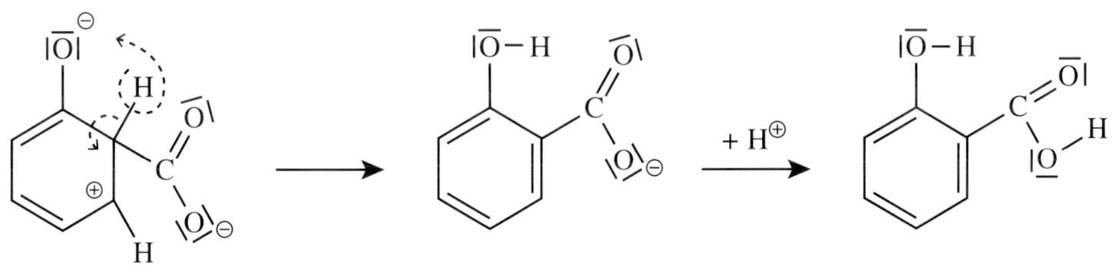

Bei Zugabe einer Säure führt Protonenwechsel $H^{\oplus}$ zu Salicylsäure.

Info-Karte 1c)

An aromatischen Systemen sind elektrophile Substitutionen und Zweitsubstitutionen bekannt, I- und M-Effekte aktivieren oder desaktivieren den aromatischen Ring.
Mit CO_2 als gasförmigem Edukt liegt ein heterogenes Ausgangsgemisch vor.

Das Phenolat-Ion mit +I- und +M-Effekt ist reaktiver als ein Phenol-Molekül, bei dem die Hydroxy-Gruppe einen -I-Effekt ausübt, der bei elektrophilem Angriff abschwächend wirkt. Dafür wird jedoch zusätzlich ein Protonendonator in einem weiteren Reaktionsschritt erforderlich.

Erhöhter Druck bewirkt Erhöhung der CO_2-Konzentration und führt damit zu einer Gleichgewichtsverschiebung in Richtung Produkte. Während der Reaktion verringert sich das Volumen der Stoffe (Abnahme CO_2) stark, sodass eine Druckerhöhung nach dem Prinzip von *Le Chatelier* die Gleichgewichtslage in Richtung Feststoffe (Produkte) verschiebt.

4.6 S Herstellen von Aspirin®

M4

Thema 2
Synthese von Acetylsalicylsäure – Addition – Eliminierung

Info-Karte 2a)

Salicylsäure

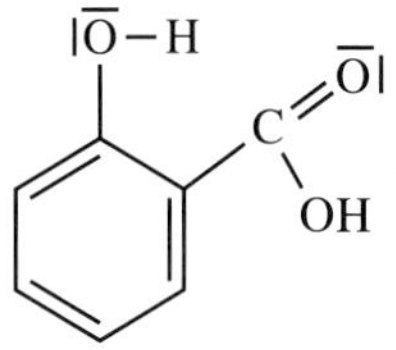

reagiert als Protonen-Donator,

Essigsäureanhydrid entsteht aus zwei Molekülen Essigsäure unter Wasserabspaltung:

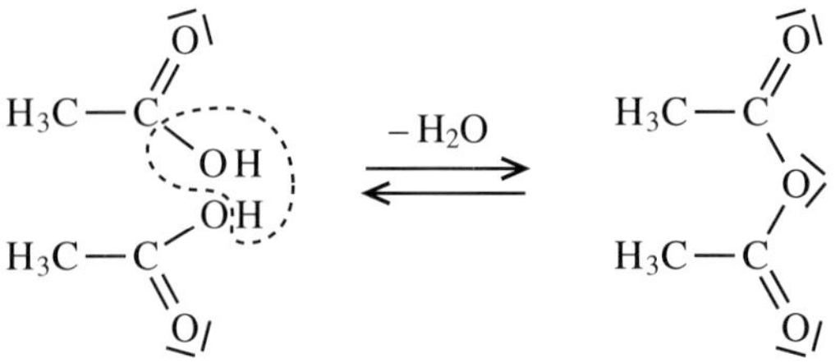

Welche Reaktionsschritte folgen?

Salicylsäure gibt ein Proton an ein freies Elektronenpaar im Anhydrid-Molekül:

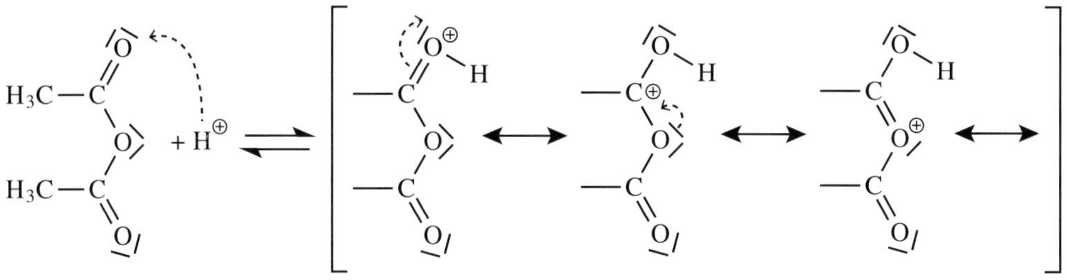

Dabei tritt Mesomerie-Stabilisierung auf: positive Formalladung am Sauerstoff-Atom ist nicht stabil und führt zu verschiedenen Elektronen-Verschiebungen mit Wanderung der Formalladung. Zur Weiterreaktion ist das Hydroxycarbo-Kation unter den Grenzstrukturen geeignet für nucleophile Additionen.

4.6 S Herstellen von Aspirin®

M4

Thema 2 (Fortsetzung)

Info-Karte 2b)

Im protonierten Anhydrid – mit Stabilisierung über mesomere Grenzstrukturen – liegt ein positiv polarisiertes Kohlenstoff-Atom C vor, das für einen nucleophilen Angriff (Addition) geeignet ist. Als Reaktionspartner kommen Salicylsäure-Moleküle in Frage – über freie Elektronenpaare der Hydroxy-Gruppe – hier vereinfacht als Ar-OH geschrieben mit

Ar =
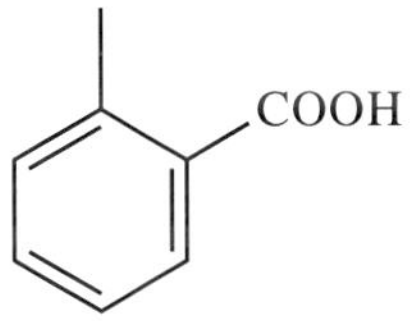

Im weiteren Verlauf ist eine „geeignete" Eliminierung zu suchen.

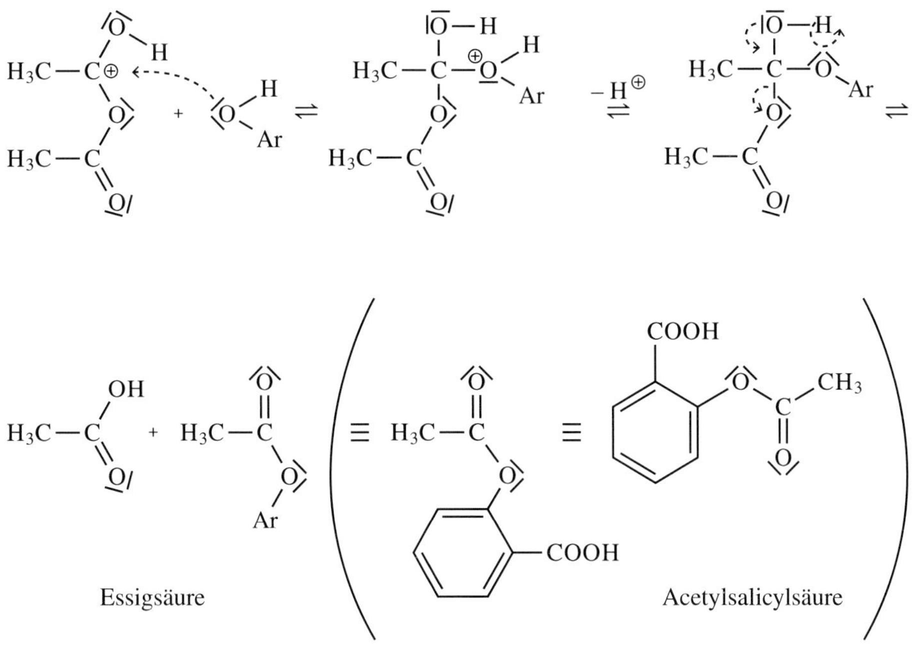

4.6 S Herstellen von Aspirin® *M4*

Thema 2 (Fortsetzung)

Info-Karte 2c)

Essigsäureanhydrid, Essigsäure und Acetylchlorid als Reaktionspartner

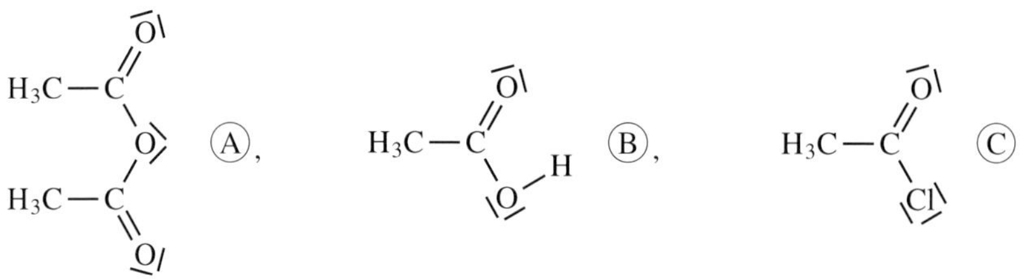

sind in ihrer Reaktivität zu vergleichen und dabei die Auswirkung auf die ASS-Synthese zu bewerten.

Dazu sind spezifisch reaktive Stellen betroffen, einerseits bei der Addition und andererseits bei der Eliminierung.

Bei der Addition ist die positive Partialladung am Kohlenstoff-Atom C entscheidend für den nucleophilen Angriff durch Ar-OH:

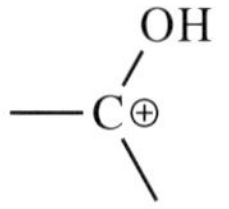

Diese Atomgruppe – Hydroxycarbo-Kation – bildet sich als Interdukt in allen drei Reaktionspartnern. Die Partialladung ist im Fall (A) durch Mesomerie stärker stabilisiert als im Fall (B), der nucleophile Angriff also bei (A) begünstigt.

Die Eliminierung wird geprägt von der Basizität der Abgangsgruppe: Je geringer die Basizität, um so leichter wird die Gruppe abgespalten. Die Basizität nimmt in folgender Reihenfolge ab:

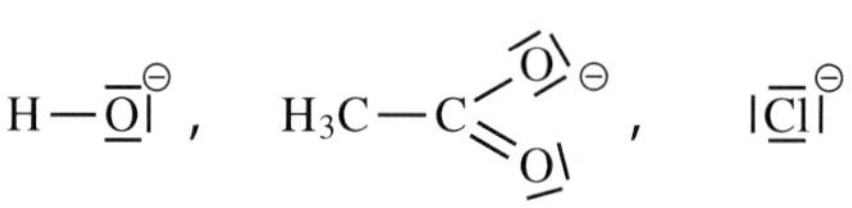

Also wird die Eliminierung begünstigt in der Reihenfolge (B) (Essigsäure), (A) (Essigsäureanhydrid) und (C) (Acetylchlorid).

4.6 S Herstellen von Aspirin® *M5*

Thema 3
Zahnpasta oder Schmerztabletten – Veresterungen von Salicylsäure

Info-Karte 3a)

Im Molekülmodell der Salicylsäure erkennt man, dass alle Atome des Moleküls in einer Ebene liegen oder so drehbar sind – es liegt eine planare Struktur vor.

Vom Benzolring ist bekannt, dass alle sechs Kohlenstoff-Atome sp^2-hybridisiert sind und so drei σ-Bindungen (planar) und eine π-Bindung (senkrecht dazu) eingehen können. Dadurch kommt es, dass alle 12 Atome in einer Ebene liegen. Wie sieht die Lage bei den Substituentengruppen aus?

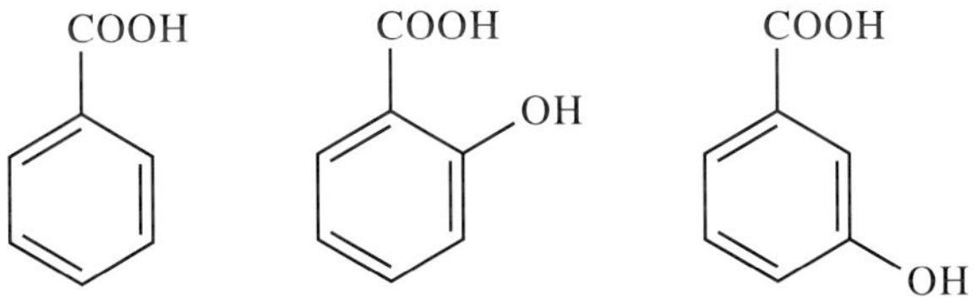

Benzoesäure $pK_S = 4{,}19$, Salicylsäure $pK_S = 2{,}97$, *m*-Hydroxybenzoesäure, $pK_S = 4{,}06$

Erkennt man eine besondere Stabilität im Anion der Salicylsäure?

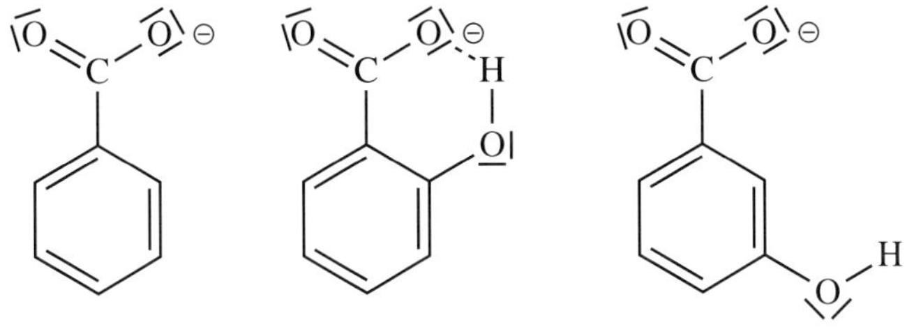

In den Anionen übt die Hydroxy-Gruppe einen -I-Effekt aus, der zur Stabilität des Carboxyl-Anions beiträgt. So erklärt sich die geringe Steigerung der Säurestärke bei *m*-Hydroxybenzoesäure, aber nicht der große Sprung bei Salicylsäure.
In der Carboxyl-Gruppe bildet das Kohlenstoff-Atom ebenfalls drei σ-Bindungen und eine π-Bindung mit planarer Struktur, in der somit die Sauerstoff-Atome liegen. Über die C-C-Einfachbindung zum Benzolring kann die Substituentengruppe in diese Ebene gedreht werden, ebenso wie die Hydroxy-Gruppe. Am Modell und in der Zeichnung erkennt man bei Salicylsäure, dass Carboxyl-Anion und Hydroxy-Gruppe ein planares Sechseck bilden, das über eine Wasserstoffbrückenbindung zwischen Anion und Hydroxy-Gruppe stabilisiert ist. Diese stabile Anordnung im Salicylsäure-Anion kann sich so weder im Benzoesäure- noch im *m*-Hydroxybenzoesäure-Anion ausbilden.

4.6 S Herstellen von Aspirin® M5

Thema 3 (Fortsetzung)

Info-Karte 3b)

Salicylsäure als mittelstarke Säure kann mit Alkoholen – hier Methanol – Ester bilden unter Abspaltung von Wasser, z. B. mit konz. H_2SO_4 als Katalysator.
Wie lauten Reaktionsgleichung, Strukturformeln und systematischer Name des Esters „Wintergrünöl"?

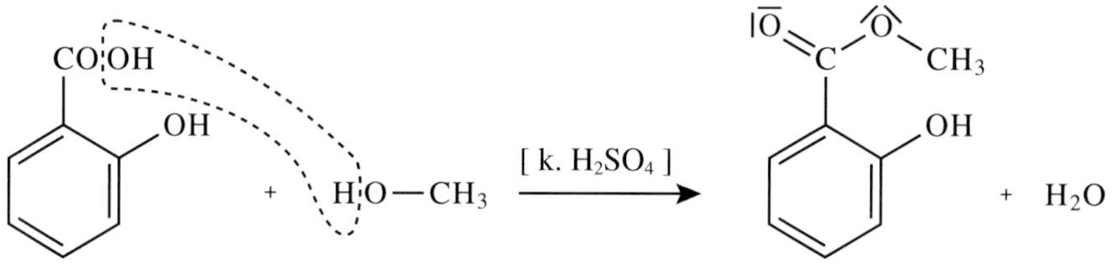

Der Ester wird systematisch als Salicylsäuremethylester oder auch Phenolcarbonsäuremethylester bezeichnet. Wie andere Ester duftet er als Aromastoff und wird als solcher verschiedenen Reinigungsmitteln zugesetzt.

Info-Karte 3c)

Ester sind gekennzeichnet durch die Ester-Gruppe oder Ester-Brücke.

Man findet sie auch im Molekül der Acetylsalicylsäure ASS.

Vergleichen Sie die beiden Ester-Moleküle!

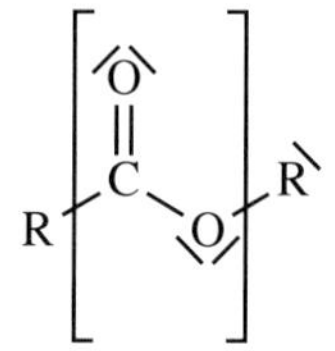

Im ASS-Molekül verbindet die Esterbrücke eine Methyl- mit der 2-Carboxyphenyl-Gruppe. Die Hydroxy-Gruppe der Salicylsäure hat dabei als Alkohol-Gruppe mit Essigsäure bzw. deren Anhydrid reagiert: 2-Acetoxybenzoesäure oder Essigsäure-2-carboxyphenylester. Als Feststoff hat dieser Ester keinen erkennbaren Geruch, wirkt dagegen als anerkanntes Schmerzmittel.

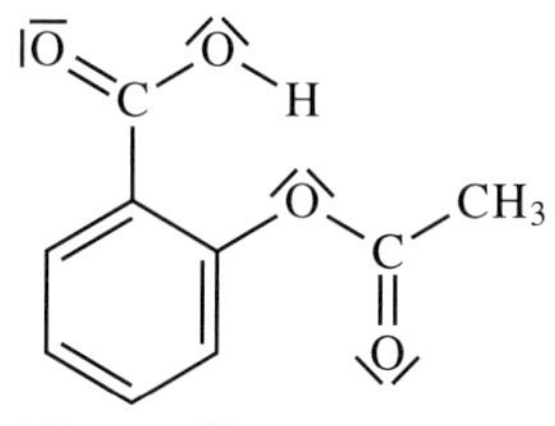

Im Wintergrünöl-Molekül verbindet die Esterbrücke eine Methyl- mit der 2-Hydroxyphenyl-Gruppe. Salicylsäure hat mit Methanol reagiert: Salicylsäuremethylester. Als Flüssigkeit ist der Ester ein Aromastoff und dient als Duftstoff in Zahnpasta und Badesalzen.

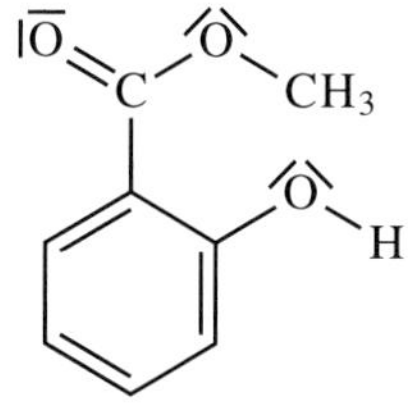

Beide Verbindungen sind Ester, die die Salicylsäure als Baustein enthalten. Beim Wintergrünöl ist Salicylsäure als Säure an der Esterreaktion beteiligt; beim Aspirin® dient Salicylsäure als Alkohol bei der Esterbildung.

4.6 S Herstellen von Aspirin® *M6*

Thema 4
Aspirin® Plus C-Brausetabletten

Info-Karte 4a)

Für den Inhalt einer Tablette sind drei Säuren und drei Salze angegeben, die gemischt vorliegen, aber zum Brausen noch Wasser benötigen.
Von den Formeln dieser Stoffe aus sind Vermutungen über das entstehende Gas und die Bildungsreaktionen zu entwickeln.
Diese Vermutung gilt es experimentell zu prüfen und dazu eine geeignete Apparatur aufzubauen. Neben einer qualitativen kann eine quantitative Prüfung erfolgen:
Wie groß wird das Gas-Volumen, das von einer, von zwei … Tabletten freigesetzt wird?

---

3 Säuren heißen: ASS 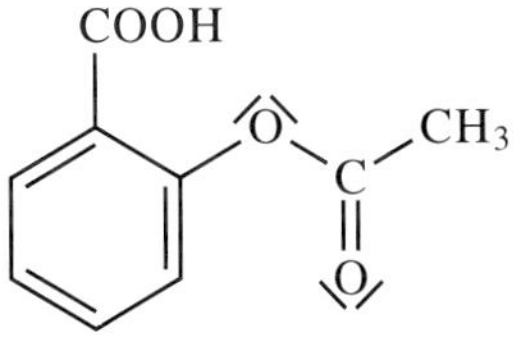

, Ascorbinsäure (AsH_2), Citronensäure ($CitH_3$)

3 Salze heißen: Natriumhydrogencitrat (NaH_2Cit), Natriumhydrogencarbonat ($NaHCO_3$), Natriumcarbonat (Na_2CO_3)

Hydrogencarbonate (HCO_3^-) und Carbonate (CO_3^{2-}) reagieren mit Protonen-Donatoren zu instabiler Kohlensäure (H_2CO_3), die leicht zerfällt unter Freisetzung von Kohlenstoffdioxid (CO_2), das als Gas nach oben steigt.

$$H^+ + HCO_3^- \longrightarrow [H_2CO_3] \longrightarrow H_2O + CO_2\uparrow$$
$$2\,H^+ + CO_3^{2-} \longrightarrow [H_2CO_3] \longrightarrow H_2O + CO_2\uparrow$$

Zum Nachweis wird das Gas in Kalkwasser ($Ca(OH)_2$ aq) eingeleitet:

$$CO_2 + H_2O + Ca^{2+} \longrightarrow Ca\,CO_3\downarrow + 2\,H^+$$

4.6 S Herstellen von Aspirin® M6

Thema 4 (Fortsetzung)

Info-Karte 4b)

Man kann folgende Apparatur aufbauen und die Vermutung auf Kohlenstoffdioxid CO_2 experimentell prüfen: 2 große Reagenzgläser, U-förmig gebogenes Glasrohr, durchlöcherter Gummistopfen, Kalkwasser (Xi), Brausetablette.

Notieren Sie die Beobachtungen und werten Sie sie aus. Warum ist das eine Reagenzglas mit, das andere ohne Gummistopfen eingebaut?

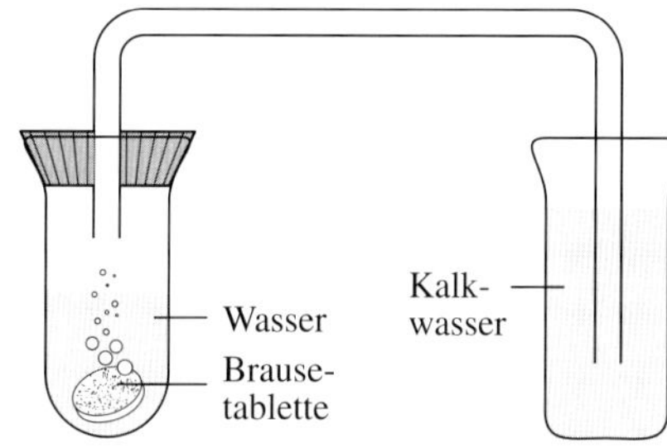

Beobachtungen: Nach Einlegen der Brausetablette beginnt Gasentwicklung, das Gas steigt nach oben. Die Gasblasen erscheinen im Kalkwasser, sie werden kleiner und die Lösung trübt ein.
Auswertung: Mit der Trübung (schwer lösliches $CaCO_3$) fällt der Nachweis auf CO_2 positiv aus, die Vermutung wird bestätigt.

Info-Karte 4c)
Zur quantitativen Bestimmung von Gasen ist aus dem Chemieunterricht nebenstehende Apparatur bekannt:
Wie kann man einen wassergefüllten Zylinder ohne Auslaufen mit der Öffnung nach unten in die pneumatische Wanne stellen?
Notieren Sie die Beobachtungen nach Platzierung einer Tablette in die Öffnung des Standzylinders.
Welche Überraschung zeigt sich beim Einbringen einer zweiten Tablette?
Finden Sie mögliche Erklärungen.

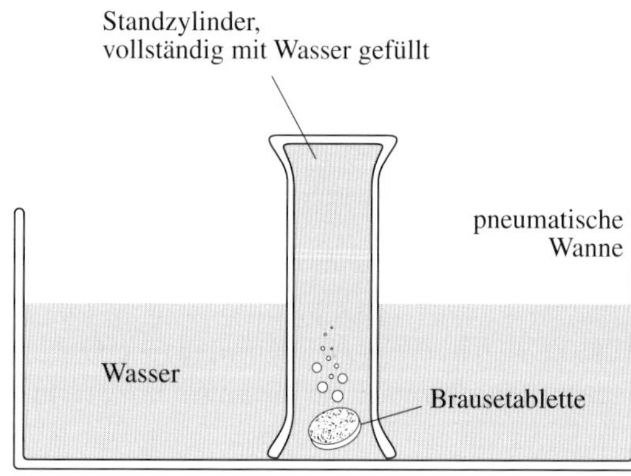

Beobachtungen: Der Standzylinder bleibt beim Umdrehen mit Wasser gefüllt, wenn man ihn vorher bis an den Rand gefüllt hat und mit einem flachen Pappdeckel luftdicht und ohne Luftblase abschließt. Nach Einlegen der Tablette beginnt die Gasentwicklung, Gasblasen steigen hoch, sie werden dabei kleiner.

Überraschung: Das Gasvolumen der 2. Tablette ist mehr als doppelt so groß wie bei der ersten Tablette. Es hat den Anschein, als würde durch die zweite Tablette mehr Gas entstehen!

Erklärung: Kohlenstoffdioxid CO_2 ist etwas löslich in Wasser, daher werden die aufsteigenden Gasblasen allmählich kleiner. Nach einiger Zeit ist das Wasser mit CO_2 gesättigt, jetzt steigt jede dann noch entstehende Gasportion gesamt nach oben.

4.6 S Herstellen von Aspirin® M6

Thema 4 (Fortsetzung)

Info-Karte 4d)

Als Hilfestellung kann man die Aufgabe 4.2 in Band 1 über Aspirin® und Aspirin® protect bearbeiten. Darin erfährt man u. a.:
Eine Aspirin®-Tablette enthält 500 mg ASS; sie wird eingesetzt bei akuten Kopfschmerzen zur schnellen Wirkung. Daher soll sie sich im Magen lösen können; vor Luftfeuchtigkeit muss sie geschützt werden. Eine Aspirin® protect-Tablette enthält 100 mg ASS; sie wird bei regelmäßiger Einnahme zur Vorbeugung gegen Herzinfarkt eingesetzt. Mit einem magenresistenten Überzug wird sie unzerkaut eingenommen und löst sich erst im Dünndarm auf. Der Überzug darf nicht beschädigt werden.

Eine Aspirin® Plus C-Tablette enthält 400 mg ASS und 240 mg Vitamin C, daneben Carbonate und feste Säuren, die untereinander reagieren beim Lösen in Wasser – zu gasförmigem Kohlenstoffdioxid CO_2 (Brausen).

Mit 400 mg ASS pro Tablette ist hier ein geeignetes Mittel gegen Kopfschmerzen gegeben. Zur täglichen Vorbeugung enthält sie allerdings zu viel ASS und würde auf Dauer – sie wird ja in schon gelöster Form eingenommen – die Magenschleimhaut angreifen – also Kopf- gegen Magenschmerzen vertauschen!

Die Begleitsubstanz Vitamin C ist bekannt als lebensnotwendiges Vitamin, dessen Bedarf (100 mg/Tag) i. A. über frisches Obst und Gemüse gedeckt wird. Als Antioxidans schützt Vitamin C vor Infektionskrankheiten wie Schnupfen und Erkältung in kälteren Jahreszeiten, sodass eine höhere zusätzliche Dosis angeraten ist – dies ist hier mit 240 mg möglich. Aspirin® Plus C ist also besonders geeignet bei schmerzhaften Beschwerden im Zusammenhang mit Erkältungsanzeichen; bei mehrfacher Einnahme muss jedoch mit Magenbeschwerden u. Ä. gerechnet werden.

Als Brausetablette ist Aspirin® Plus C vor der Einnahme vollständig in Wasser aufzulösen und sofort auszutrinken – so wird ASS sofort im Körper absorbiert und wirkt schmerzlindernd. Diese Empfehlung ist einzuhalten, um zu verhindern, dass sich die Gasentwicklung in Speiseröhre und Magen fortsetzt und dadurch Sodbrennen und Erbrechen hervorgerufen werden.
Man soll das Glas sofort austrinken, da sonst das ASS-Estergleichgewicht zur Rückbildung von Essigsäure führt und damit eine Minderung von ASS hervorruft:

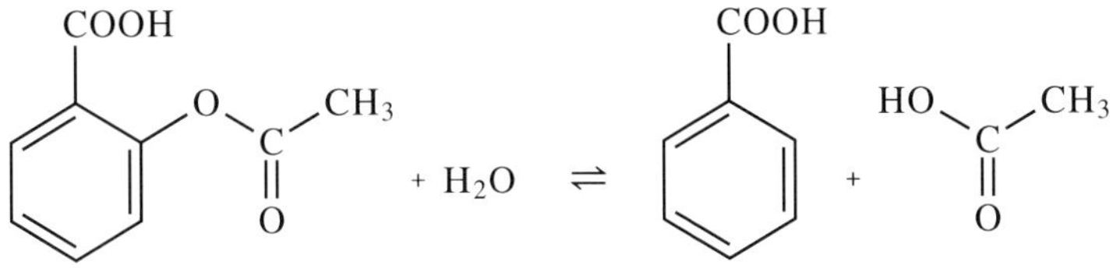

4.6 S Herstellen von Aspirin®

M7

Concept Map

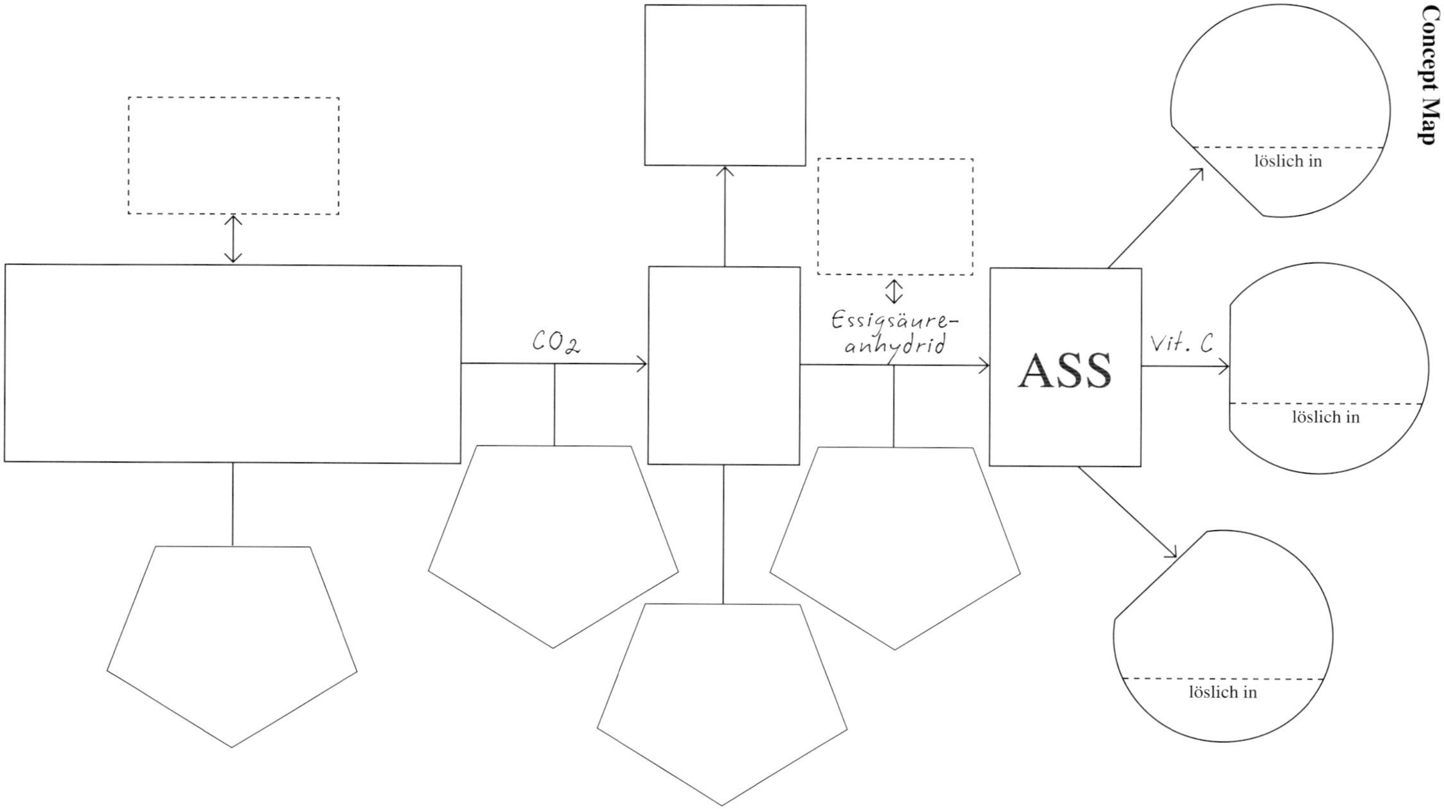

Aufgaben

a) Tragen Sie die folgenden Begriffe in geeignete Felder der Concept Map ein:
- Aspirin® – Aspirin® protect – Aspirin® Plus C
- Phenol – Phenolat – Salicylsäure – Wintergrünöl – Veresterung mit Methanol – Essigsäure – Acetylchlorid
- I-, M-Effekt – Mesomerie – Protonen-Donator – Wasserstoffbrückenbindung – elektrophile Substitution – nucleophile Addition
- Polymer-Überzug – Erkältungsschmerzen – Kopfschmerzen – Herzinfarkt – löslich in …

b) Zeichnen und beschriften Sie eine kompatible Concept Map auf der Teilchenebene (Formeln).

4.6 L Herstellen von Aspirin®

Erwartungshorizont

Concept Map zu a)

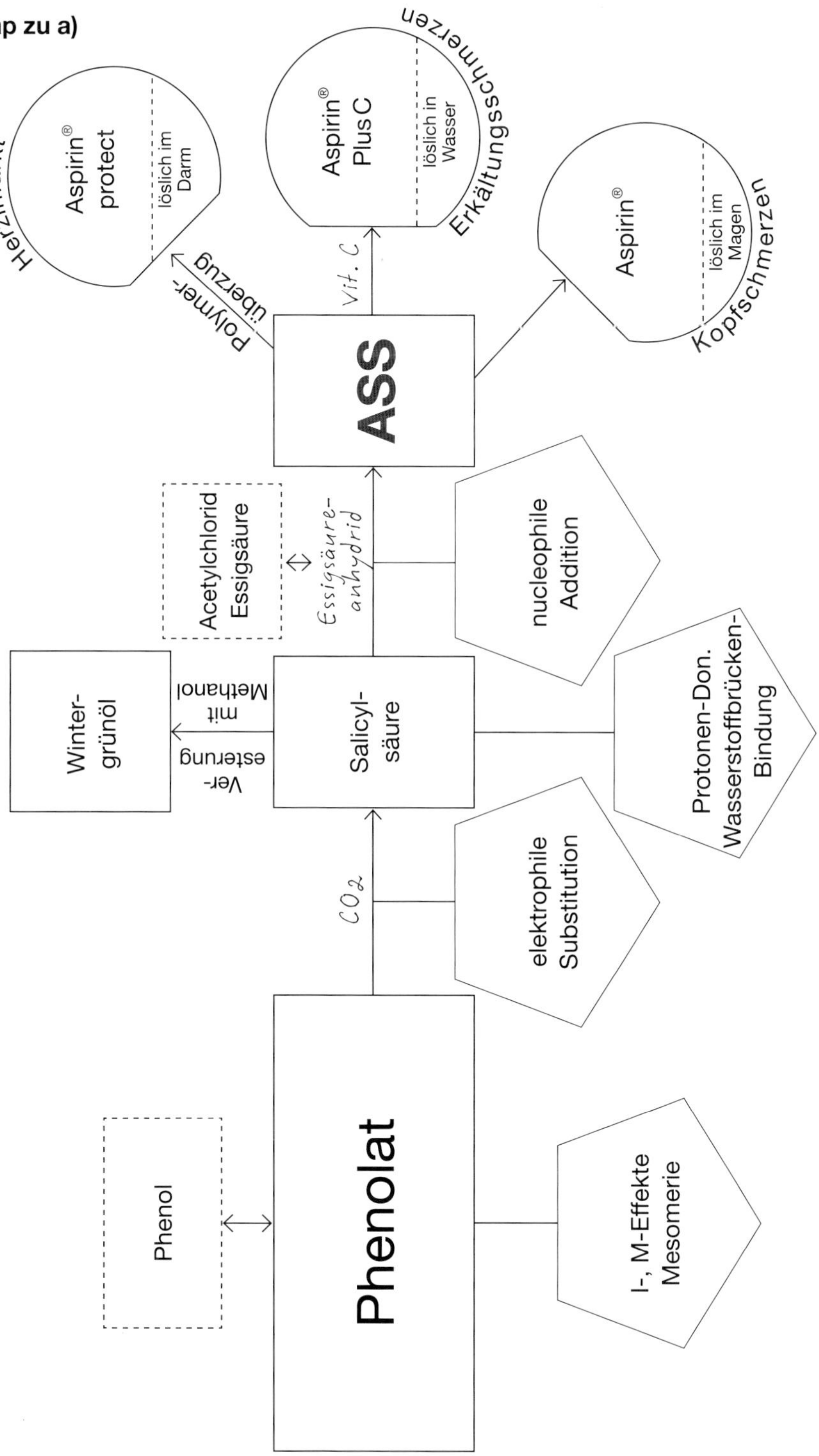

4.6 L Herstellen von Aspirin® *Erwartungshorizont*

Concept Map zu b)

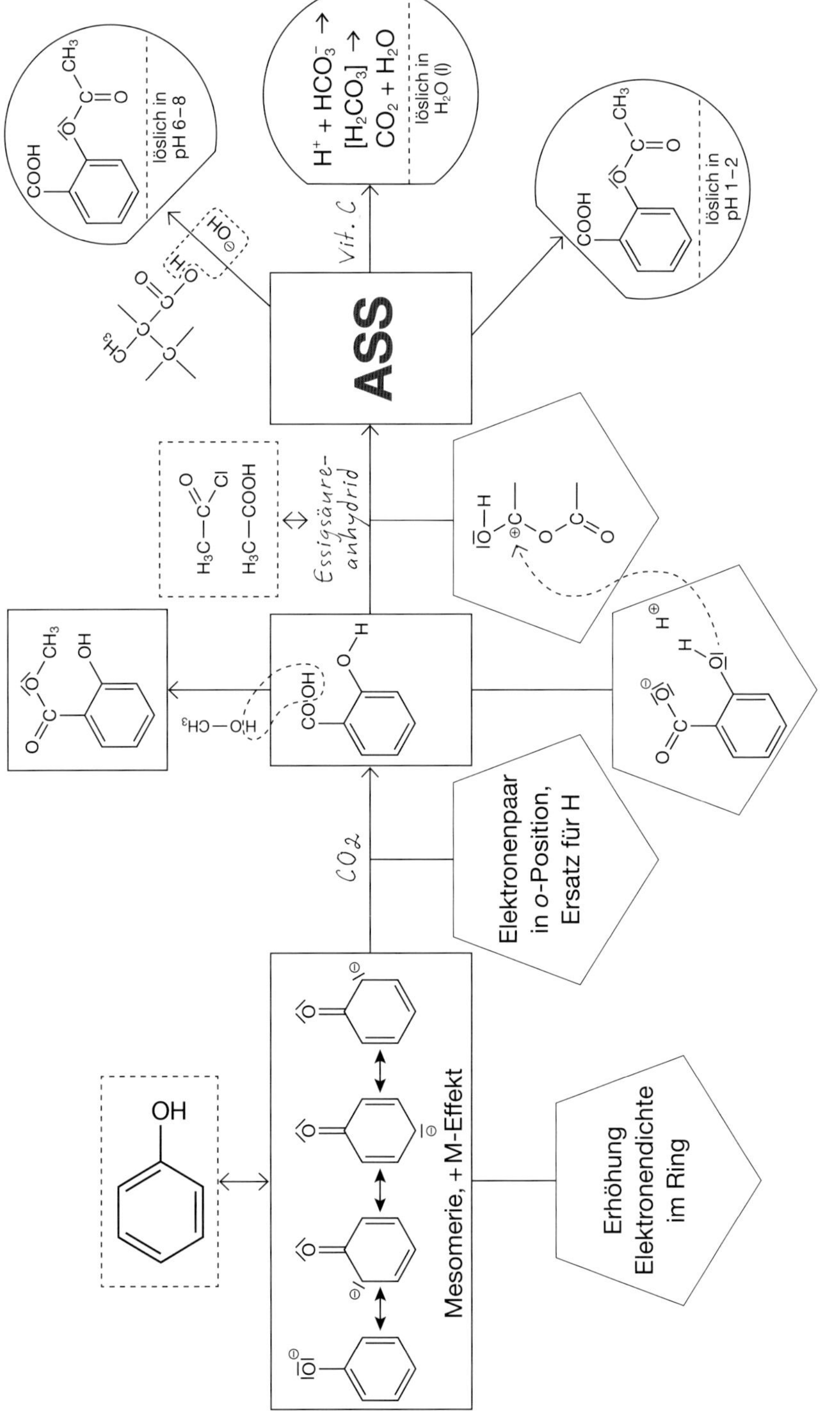

4.7 L Die fotochemische Bromierung von Heptan – Aufklärung des Mechanismus der radikalischen Substitution

Thematik
Unterrichtsmethode

Grundlagen: Nachweisreagenz Silbernitrat-Lösung, Universalindikator-Lösung, *Beilstein*-Probe, Halogene, Alkane, Licht (Farbe, Wellenlänge, Energie)

Methodischer Vorschlag: Lernaufgabe in Einzel-, Partner- und Gruppenarbeit

Durchführung: Kontext (M 1), M 2, M 2a (Tipp-Karten zu M 2), M 3, M 4 (OHP), M 5, M 6
Anhand der fotochemischen Bromierung von Heptan (Lehrerversuch) sollen die Schülerinnen und Schüler mit Unterstützung durch geeignete Aufgaben und mit zusätzlichen Informationen die ablaufenden Reaktionen auswerten und den Reaktionsmechanismus in Einzel- und Gruppenarbeit entwickeln.
Der 1. Schritt der Lernaufgabe (Plenum, EA), die Problemstellung zu entdecken, erfolgt mittels Kontext (M 1) und dem dort beschriebenen und demonstrierten Lehrerversuch. Mit Material 2 erhalten die Schüler/-innen Arbeitsaufträge für die Gruppenarbeit, in der sie gemeinsam nach Erklärungen für die stattgefundenen Reaktionen suchen. Dies entspricht dem 2. Schritt (GA, EA) einer Lernaufgabe, Vorstellungen zu entwickeln. Tipp-Karten zu den Leitfragen (M 2a) unterstützen den Denkprozess. Mit der Auswertung eines detaillierteren Lehrerversuchs und zusätzlichen Informationen (3. Schritt, PA) erarbeiten sich die Schülerinnen und Schüler mit Material 3 in Partnerarbeit einen möglichen Mechanismus für die Substitutionsreaktion und fertigen ein Lernprodukt an. Der Vergleich, die Diskussion und die Präsentation der Lernprodukte erfolgt im 4. Schritt (Plenum); Material 4 kann als OHP-Vorlage dienen.
Die Feststellung des eigenen Lernzugewinns ist grundlegend für den Lernprozess. Daher soll er von jedem Einzelnen definiert und erprobt werden. In Material 5 (EA, PA) sind hierzu Aufgaben verschiedener Anforderungsbereiche aufgeführt. Um sicherer zu werden, das neu Gelernte zu dekontextualisieren und auch in einem anderen Kontext, hier auf die Reaktion von Chlor mit Wasserstoff, anzuwenden, also „flexibles Wissen“ zu erwerben, können die Schüler/-innen abschließend die Aufgaben des Materials 6 (EA, PA) bearbeiten und in Partnerarbeit vergleichen.

Modell des Lehr-Lern-Prozesses

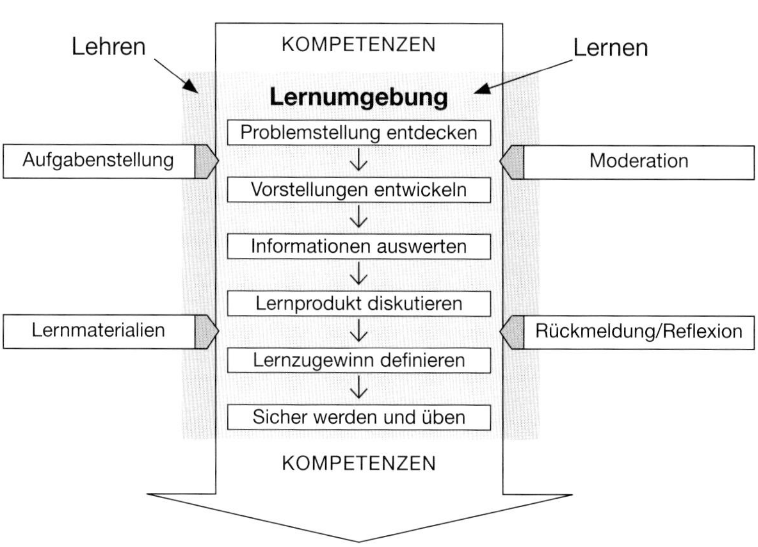

Leisen, Josef: Lernaufgaben als Lernumgebung zur Steuerung von Lernprozessen. © Staatliches Studienseminar Koblenz, S. 2f.

4.7 L Die fotochemische Bromierung von Heptan – Aufklärung des Mechanismus der radikalischen Substitution

Thematik
Unterrichtsmethode

Grundlage dieser Strukturierung bildet das Modell des Lehr-Lern-Prozesses und der Strukturierung von Lernaufgaben nach *J. Leisen*, Studienseminar Koblenz (s. Lit):

1. Schritt: Problemstellung entdecken
Die Lernenden sollen die Problemstellung beziehungsweise Fragestellung entdecken und entfalten. Eine individuell „kalkulierte Überforderung" oder Überraschung/differenzierte Beobachtungen bringen das Wissenssystem der Lernenden ins „Ungleichgewicht" und schaffen damit Lernanreize zur affektiven, instrumentellen oder kognitiven Weiterbearbeitung (Assimilation, Äquilibration).

2. Schritt: Vorstellungen entwickeln
Die Lernenden sollen zunächst für die Phänomenebene individuelle Vorstellungen zum Reaktionsablauf entwickeln und verhandeln. Über Leitfragen und Tipp-Karten werden Vorerfahrungen, Vorwissen und Meinungen in den Prozess eingebracht. Der Erfahrungs- und Wissensstand wird bewusst und öffentlich gemacht.

3. Schritt: Informationen auswerten
Ohne neue Informationen, Daten, Erfahrungen, Experimente, Anstöße von außen wird kein weiterer Lernzuwachs stattfinden. Deshalb erhalten die Schüler und Schülerinnen entsprechende Informationen über Experimente und Lernmaterialien, die sie mit Unterstützung durch Leitfragen in geeigneten Sozialformen bearbeiten und auswerten, hier in Partnerarbeit. So werden Lernprodukte materieller Art (z. B. Text, Tabelle, Reaktionsgleichung, Diagramm, Concept Map) und immaterieller (geistiger) Art in Form von Erkenntnissen erstellt und so ein Lernzuwachs, hier auf der Modellebene, erarbeitet.

4. Schritt: Lernprodukt diskutieren
Bei der Auswertung der Informationen und dem Erstellen des Lernproduktes werden neue Vorstellungen gebildet, alte erweitert, ausgeschärft oder ersetzt. Zur Stabilisierung und Verfestigung des Erkenntnisgewinns und der Kompetenzerweiterung werden die neuen Vorstellungen artikuliert, verbalisiert, mit denen anderer Lerner abgeglichen und verhandelt. Die Lerngruppe verständigt sich auf einen „gemeinsamen Kern", den sie im Plenum präsentiert.

5. Schritt: Lernzugewinn definieren
Der Lernzuwachs wird im Vergleich mit den entwickelten Vorstellungen definiert und als Kompetenz im handelnden Umgang mit Wissen erprobt, also auf neue Aufgabenstellungen, evtl. in einem neuen Kontext, angewandt. Hier sind weitere fotochemische Bromierungen zu interpretieren, bei denen diverse Nebenprodukte entstehen können.

6. Schritt: Sicher werden und üben
Das neue Wissen wird dekontextualisiert und in einem erweiterten und ausgebauten Wissensnetz verankert. Das Nutzen des Gelernten wird geübt und der handelnde Umgang trainiert. Hier sind Aufgaben zur Knallgasreaktion zwischen Chlorgas und Wasserstoff, zum Radikalkettenmechanismus und zur Säure-Base-Reaktion zu bearbeiten.

Text aus: *Leisen, Josef:* Lernaufgaben als Lernumgebung zur Steuerung von Lernprozessen.

4.7 L Die fotochemische Bromierung von Heptan – Aufklärung des Mechanismus der radikalischen Substitution

Thematik
Unterrichtsmethode

Literaturangaben

Lernaufgaben als Lernumgebung zur Steuerung von Lernprozessen, © Staatliches Studienseminar Koblenz, *J. Leisen*, http://www.leisen.studienseminar-koblenz.de/uploads2/02 Der Kompetenzfermenter – Ein Lehr-Lern-Modell/4 Lernaufgaben als Lernumgebung zur Steuerung von Lernprozessen.pdf (22. 08. 2011)
Chemie 2000+ SII, *Tausch, von Wachtendonk*, C.C. Buchners Verlag, Bamberg 2007
elemente chemie II, Ernst Klett Verlag, Stuttgart 2000
Radikalische Substitution in Abhängigkeit von der Lichtenergie, Nr. 1.20 in Materialien-Handbuch Kursunterricht Chemie Bd. 2, Aulis Verlag, Köln 1991

Zur Erweiterung
Materialien-Handbuch Kursunterricht Chemie (Aulis) Bd. 2: 1.21 (Hexanbromierung und chromatographische Analyse), 1.22 (Räumliche Orientierung bei radikalischen Substitutionen), 1.23 (Eigenschaften und Verwendung von Halogenalkanen), 1.24 (Halogenalkane und Ozonschicht (I)), 1.25 (Halogenalkane und Ozonschicht (II))

Konzepte
Chemische Reaktion, Struktur – Eigenschaft, Energie

Kompetenzbereiche
Erkenntnisgewinnung: Sch'/Sch
- interpretieren chemische Reaktionen auch auf der Teilchenebene,
- bilden Hypothesen, formulieren Vermutungen und prüfen sie an zusätzlichen Fachinformationen.

Fachwissen: Sch'/Sch
- wenden ihr Fachwissen an, um geeignete Schlussfolgerungen zu ziehen,
- erproben ihr Fachwissen in Vertiefungsaufgaben und wenden es in einem neuen Kontext an.

Kommunikation: Sch'/Sch
- argumentieren sachlogisch und begründen schlüssig (auf Phänomen- und Teilchenebene) chemische Sachverhalte und Fragestellungen,
- präsentieren ihre Arbeitsergebnisse fach- und adressatengerecht.

Anforderungsbereiche: I, II, III

4.7 S Die fotochemische Bromierung von Heptan – Aufklärung des Mechanismus der radikalischen Substitution

Kontext (M 1)

„Alkane, gewonnen aus Erdöl, sind wichtige Rohstoffe der industriellen Chemie. Als gesättigte Kohlenwasserstoffe sind Alkane jedoch reaktionsträge, sie reagieren beispielsweise weder mit Säuren und Laugen noch mit Alkalimetallen. Um sie zur Reaktion zu bringen, sind reaktionsfreudige Partner wie Brom oder Chlor nötig. Selbst diese reagieren aber im Dunkeln nicht mit den Alkanen. Da hilft Licht."
(Chemie 2000+ SII, Bd. 2, S. 233, Buchner)

Lehrerversuch

„Man stellt zwei kleine Petrischalen [in einer großen Petrischale] auf den Tageslichtprojektor und gibt in die erste Wasser mit einigen Tropfen Universalindikator-Lösung und in die zweite etwas verdünnte Silbernitrat-Lösung. In eine weitere, gleich große Petrischale füllt man 10 mL Heptan," versetzt im Abzug mit zwei Tropfen Brom „und stellt sie ebenfalls auf den Projektor. Die drei Schalen werden" in einer großen Petrischale abgedeckt. (elemente chemie II, S. 283, Ernst Klett Verlag, Stuttgart, 2000)
Zum Vergleich wird ein Reagenzglas mit einer Lösung von 2 Tropfen Brom in 10 mL Heptan mit Alufolie umwickelt und verschlossen in den Abzug gestellt.

1. Schritt: Beobachtungen notieren

Ergänzen Sie die Skizzen und notieren Sie Ihre Beobachtungen.

I. Wasser mit einigen Tropfen Universalindikator-Lösung
II. verd. Silbernitrat-Lösung (Xi (w < 10 %), reizend)
III. 10 mL Heptan (F) mit 2 Tropfen Brom (T+, C, N, R 26-35-50, S 7/9-26-45-61)

zu Beginn auf OHP:

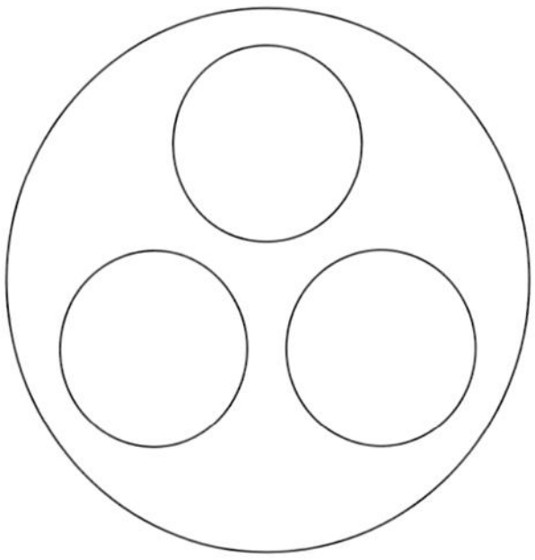

nach einigen Minuten auf OHP:

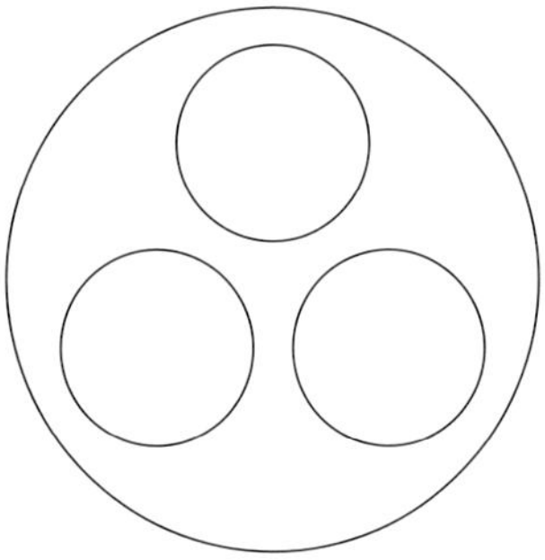

I.

II.

III.

I.

II.

III.

IV. 10 mL Heptan mit 2 Tropfen Brom, mit Alufolie umwickelt

IV.

IV.

4.7 S Die fotochemische Bromierung von Heptan – Aufklärung des Mechanismus der radikalischen Substitution

M2

2. Schritt: Erläuterung der stattgefundenen Reaktionen (Phänomenebene)

Arbeitsaufträge für die Gruppenarbeit

2 a) Diskutieren Sie in Ihrer Gruppe Vermutungen, die Ihre Beobachtungen erklären können. Folgende **Leitfragen** (mit **Tipp-Karten** M 2a) können dabei helfen.

2. 1 Was deutet die Entfärbung des Brom-Heptan-Gemisches (III) an?

2. 2 Welche Stoffe/Ionen werden mit einer wässrigen Universalindikator-Lösung (I) nachgewiesen?

2. 3 Welche Stoffe/Ionen kann man mit einer wässrigen Silbernitrat-Lösung (II) nachweisen?

2. 4 Welcher Stoff muss in (III) entstanden sein, um die Veränderungen in den Petrischalen (I) und (II) zu verursachen? Welchen Aggregatzustand hat dieser Stoff bei Raumtemperatur?

2. 5 Gibt es ein weiteres Produkt in Petrischale (III)? Wie kann man es nachweisen?

2. 6 Welche Reaktion hat in Petrischale (III) stattgefunden?

2. 7 Vergleichen Sie die Petrischale (III) mit dem Reagenzglas (IV). Wie wurde die Reaktion in (III) ausgelöst? Woher stammt die Aktivierungsenergie?

Arbeitsaufträge für die Gruppenarbeit

2 b) Erstellen Sie einen Erklärungstext zu dieser Versuchsauswertung, indem Sie die Beobachtungen und stattgefundenen Reaktionen ausführlich erläutern und die gewonnenen Erkenntnisse nachvollziehbar darlegen.

4.7 S Die fotochemische Bromierung von Heptan – Aufklärung des Mechanismus der radikalischen Substitution

M2a

Tipp-Karten zu den Leitfragen in Material 2

2.1	Wenn ein Stoff verschwindet und ein neuer Stoff entsteht, findet eine chemische Reaktion statt.
2.2	Die Universalindikator-Lösung färbt sich rot in Anwesenheit von hydratisierten Wasserstoff-Ionen (H^+aq) und blau in Gegenwart von hydratisierten Hydroxid-Ionen (OH^-aq).
2.3	Silberchlorid ist ein weißer, schwer löslicher Feststoff; Silberbromid ist ein leicht gelber, schwer löslicher Feststoff; Silberiodid ist ein gelber, schwer löslicher Feststoff.
2.4	Nur ein gasförmiger Stoff kann in den benachbarten Petrischalen eine Reaktion verursachen. Da hydratisierte Wasserstoff-Ionen und Bromid-Ionen nachgewiesen wurden, muss ein gasförmiger Stoff entstanden sein, der in Wasser reagiert unter Bildung von hydratisierten Wasserstoff-Ionen und Bromid-Ionen. Dieser Stoff kann Bromwasserstoff sein.
2.5	Damit Bromwasserstoff entstehen kann, müssen die Heptan-Moleküle Wasserstoff-Atome abgeben. Sie könnten dann an derselben Stelle Brom-Atome aufnehmen. Ein Nachweis wäre möglich über eine *Beilstein*-Probe.
2.6	Heptan reagiert mit Brom zu Bromwasserstoff (Gas) und Bromheptan.
2.7	Da das Reagenzglas (IV) im Dunkeln steht und keine Reaktion ausgelöst wurde, die Petrischale (III) durch den OHP-Projektor mit Licht bestrahlt wurde und eine Reaktion beobachtet werden konnte, wird diese Reaktion durch Licht ausgelöst. Die Aktivierungsenergie stammt vom Licht.

4.7 S Die fotochemische Bromierung von Heptan – Aufklärung des Mechanismus der radikalischen Substitution

M3

3. Schritt: Aufklärung des Reaktionsmechanismus durch Auswertung zusätzlicher Informationen

Welchen Einfluss hat das Licht? Eine genauere Untersuchung der Reaktion von Brom mit einem Alkan.

Versuchsschilderung

Es wird 1 mL Brom in 100 mL Pentan gelöst und gleichmäßig auf 4 Erlenmeyerkolben verteilt. Diese werden jeweils mit einem Uhrglas abgedeckt, an dessen Unterseite ein angefeuchtetes Indikatorpapier befestigt ist. Die Erlenmeyerkolben werden auf einer schwarzen Pappe, die mit vier lichtdurchlässigen Ausschnitten verschiedener Farb-Filter (s. Skizze) versehen ist, auf den OH-Projektor gestellt. Man notiert die Zeitdauer bis zur Entfärbung und die festgestellte Indikatorfarbe.

Versuchsaufbau

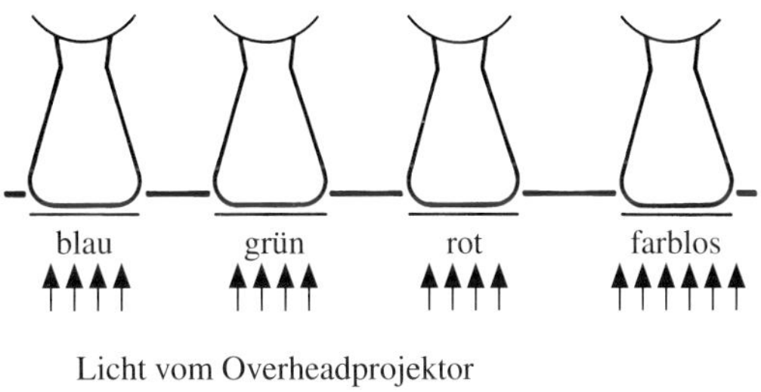

Beobachtung

Die braunen Lösungen entfärben sich in unterschiedlichen Zeitintervallen:

farblos: 2 min, blau: 4 min, grün: 4,5 min, rot: 10 min.

Der Universalindikator färbt sich nach der jeweiligen Reaktionszeit rot.

Informationen

A. *Bindungsenergien (die jeweils zur Trennung der angegebenen Bindung aufzuwendende Energie)*

Bindung	Bindungsenergie in kJ/mol
Br−Br	193
C−C	348
C−H	435

B. *Zusammenhang von Lichtfarbe, Wellenlänge und Energie* (C.C. Buchner, Chemie 2000+ SII, S. 234)

Farbe	Wellenlängenbereich in nm	Energiebereich in kJ/mol
violett	440 bis 400	271 bis 298
blau	480 bis 440	248 bis 271
grünblau	490 bis 480	243 bis 248
blaugrün	500 bis 490	238 bis 243
grün	560 bis 500	213 bis 238
gelb	595 bis 580	200 bis 206
rot	700 bis 605	170 bis 197

4.7 S Die fotochemische Bromierung von Heptan – Aufklärung des Mechanismus der radikalischen Substitution

M3

Arbeitsaufträge für die Partnerarbeit

Diskutieren Sie gemeinsam Vermutungen, die Ihre Beobachtungen auf der Modellebene erklären können. Folgende **Leitfragen** sollen dabei helfen:

3. 1 Welche Lichtfarbe ist für diese Bromierung notwendig? Erläutern Sie anhand der Versuchsergebnisse.

3. 2 Wie erklären sich die festgestellten Unterschiede mithilfe der Informationen A und B?

3. 3 Welcher Reaktionsschritt findet vermutlich zuerst statt?

3. 4 Welche weiteren Reaktionsschritte könnten folgen?

3. 5 Im Text (Information C.) wird der Mechanismus der Reaktion beschrieben.
Vergleichen Sie Ihre Ergebnisse (1. – 4.) mit Information C.

C. Radikalketten-Mechanismus bei der Bromierung von Heptan

„Da die Bromierung von Heptan mit Blaulicht schneller verläuft als mit Rotlicht, kann vermutet werden, dass zunächst Brom-Moleküle in Atome getrennt werden müssen. Dafür eignen sich **Photonen (Lichtquanten**) des blauen Lichts gut, die des roten Lichts dagegen kaum, weil sie zu energiearm sind. Bei der Absorption eines Lichtquants geeigneter Energie wird die Bindung im Brom-Molekül **homolytisch** getrennt. Die bei dieser **Startreaktion** gebildeten Brom-Atome oder **Radikale** (Atom oder Atomgruppe mit einem ungepaarten Elektron) sind reaktive Zwischenstufen.“ Die Brom-Atome können mit einem Heptan-Molekül reagieren, wobei sich ein Bromwasserstoff-Molekül und ein Heptan-Radikal bildet. Dieses Heptan-Radikal kann mit einem Brom-Molekül zu einem Bromheptan-Molekül und einem Brom-Radikal reagieren. „Die beiden als **Kettenreaktionen** bezeichneten Teilschritte wiederholen sich häufig, weil darin jeweils ein Radikal als Edukt *und* eines als Produkt auftritt, die Kettenreaktion also fortgesetzt werden kann. Erst wenn zwei Radikale aufeinandertreffen und in der **Abbruchreaktion** zu einem Molekül reagieren, kommt die Reaktion zum Erliegen. Dieses Modell eines Reaktionsweges ist als **Radikalketten-Mechanismus** bekannt.“ (C.C. Buchner, Chemie 2000+ SII, S. 235)

4.7 S Die fotochemische Bromierung von Heptan – Aufklärung des Mechanismus der radikalischen Substitution

M3

Arbeitsaufträge für die Partnerarbeit (Fortsetzung)

3. 6 Erläutern Sie die Bromierung von Heptan, indem Sie zu den stattfindenden Teilschritten die jeweiligen Reaktionsgleichungen angeben und sie nach Start-, Ketten- und Abbruchreaktionen sortieren.

3. 7 *Wahlaufgabe*
Berechnen Sie, welche Wellenlänge des Lichtes benötigt wird, um ein Brom-Molekül (die Bindungsenergie beträgt 193 kJ/mol) zu spalten.

3. 8 Erstellen Sie (Partnerarbeit) eines der folgenden Lernprodukte zu den Versuchen, Beobachtungen, Erklärungen und Erkenntnissen der Gesamtaufgaben 2 und 3 (M 2, M 3).

P1: Erstellen Sie eine kleine illustrierte Broschüre.
P2: Entwerfen Sie ein Plakat.
P3: Entwickeln Sie eine Concept Map.

4.7 S Die fotochemische Bromierung von Heptan – Aufklärung des Mechanismus der radikalischen Substitution

M4 (OHP-Folie)*

4. Schritt: Diskussion und Präsentation des Lernproduktes

Arbeitsaufträge für die Gruppenarbeit

Es treffen sich jeweils 2 Zweiergruppen, die das gleiche Lernprodukt entwickelt haben.

4. 1 Vergleichen Sie die Reaktionsgleichungen zu den Teilschritten.

4. 2 Vergleichen Sie Ihre Ergebnisse zum Lernprodukt und entwickeln Sie daraus ein gemeinsames Lernergebnis.

4. 3 Bereiten Sie eine Präsentation Ihres gemeinsamen Lernergebnisses im Plenum vor.

4. 4 Stellen Sie Ihre gemeinsamen Ergebnisse im Plenum vor.

* in DIN A4 auf der CD

4.7 S Die fotochemische Bromierung von Heptan – Aufklärung des Mechanismus der radikalischen Substitution

M5

5. Schritt: Definition und Erprobung des Lernzugewinns

Arbeitsaufträge für die Einzelarbeit

5. 1 Notieren Sie in Stichpunkten, welche Erkenntnisse zur Bromierung von Heptan Sie gewonnen haben.

5. 2 Bei der Herstellung von Plexiglas aus Erdöl/Erdgas muss man mehrere Reaktionen durchführen. Ein dabei möglicher Schritt ist die Herstellung von 2-Brompropan aus Propan. Propan erhält man durch die Raffination von Erdgas. 2-Brompropan kann anschließend in weiteren Reaktionen zu Plexiglas reagieren. Erläutern Sie die Reaktion von Propan mit Brom zu 2-Brompropan und begründen Sie, warum bei dieser Reaktion als Nebenprodukt auch 1-Brompropan entsteht.

5. 3 „Das Produktgemisch aus der fotochemischen Bromierung von Feuerzeuggas [Butan, Isobutan, Propan] wurde gaschromatographisch aufgetrennt. Dabei wurden auch Spuren von Alkanen mit den Summenformeln C_6H_{14}, C_7H_{16}, und C_8H_{18} gefunden. Wird der vorgeschlagene Mechanismus dadurch bestätigt oder widerlegt?“ Begründen Sie Ihre Meinung.
(C. C. Buchner, Chemie 2000+ SII, S. 235)

Arbeitsauftrag für die Partnerarbeit

Vergleichen Sie Ihre Ergebnisse der Aufgaben 5.1 – 5.3.

4.7 S Die fotochemische Bromierung von Heptan – Aufklärung des Mechanismus der radikalischen Substitution

M6

6. Schritt: Sicher werden und üben

Die fotochemische Halogenierung ist eine vielfältig angewandte chemische Reaktion, da hiermit in Labor und Technik wichtige Zwischenprodukte und Produkte hergestellt werden. Die Reaktion wird mit Licht ausgelöst („fotochemisch“) und ist eine Substitutionsreaktion. Sie verläuft nach dem Mechanismus der **radikalischen Substitution.**

Arbeitsaufträge für die Einzelarbeit

6. 1 Chlor reagiert mit Wasserstoff unter Einwirkung eines Lichtblitzes zu Chlorwasserstoff. Beide Edukte und das Produkt sind bei Raumtemperatur gasförmig. Wie könnte diese Reaktion durchgeführt werden? Welche Reaktionsschritte finden statt?

6. 2 Betrachten Sie im Internet http://www.chemiedidaktik.uni-wuppertal.de/chemie2000plus/ unter S. 235 den Multimediabaustein zum Radikalkettenmechanismus bei der Chlorknallgasreaktion und vergleichen Sie mit Ihren Überlegungen in 6.1.

6. 3 Leitet man das Gas Chlorwasserstoff in Wasser ein, das mit ein paar Tropfen Universalindikator-Lösung versetzt wurde, dann verfärbt sich die Lösung rot. Erläutern Sie diesen Vorgang.

Arbeitsauftrag für die Partnerarbeit

Vergleichen Sie Ihre Ergebnisse der Aufgaben 6.1 – 6.5.

4.7 L Die fotochemische Bromierung von Heptan – Aufklärung des Mechanismus der radikalischen Substitution

Erwartungshorizont

Kontext (M 1)

Zu Beginn auf OHP:

I. Das Wasser mit einigen Tropfen Universalindikator-Lösung ist leicht grün gefärbt.
II. Die verd. Silbernitrat-Lösung ist klar und farblos.
III. Die Lösung von Brom in Heptan ist bräunlich.

Nach einigen Minuten auf OHP:

I. Die wässrige Indikator-Lösung ist rot.
II. Ein leicht gelblicher Niederschlag ist entstanden.
III. Die Lösung in der Petrischale ist klar und farblos.

IV. Die bräunliche Lösung von Brom in Heptan, im Reagenzglas mit Alufolie umwickelt, hat ihre Farbe nicht geändert.

M 2

zu 2.1 Die bräunliche Farbe ist verschwunden, eine klare, farblose Lösung ist entstanden, eine chemische Reaktion hat stattgefunden. Da die braune Färbung durch Brom verursacht wurde, hat Brom reagiert.

zu 2.2 Die Universalindikator-Lösung färbt sich rot in Anwesenheit von hydratisierten Wasserstoff-Ionen (H^+aq). Es ist eine Säure entstanden.

zu 2.3 Da in der Silbernitrat-Lösung ein leicht gelblicher Niederschlag entstanden ist, wurde Silberbromid nachgewiesen. Die Silber-Ionen haben mit Bromid-Ionen reagiert.

zu 2.4 Nur ein gasförmiger Stoff kann in den benachbarten Petrischalen eine Reaktion verursachen. Da hydratisierte Wasserstoff-Ionen und Bromid-Ionen nachgewiesen wurden, muss ein gasförmiger Stoff entstanden sein, der in Wasser zu hydratisierten Wasserstoff-Ionen und Bromid-Ionen reagiert. Dieser Stoff kann Bromwasserstoff sein.

zu 2.5 Damit Bromwasserstoff entstehen kann, müssen die Heptan-Moleküle Wasserstoff-Atome abgeben. Sie könnten an derselben Stelle Brom-Atome aufnehmen, sodass ein Halogenalkan entsteht. Ein Nachweis wäre möglich über die *Beilstein*-Probe.

zu 2.6 Heptan reagiert mit Brom zu Bromwasserstoff (Gas) und Bromheptan.

zu 2.7 Da das Reagenzglas (IV) im Dunkeln steht und keine Reaktion ausgelöst wurde, die Petrischale (III) durch den OHP-Projektor mit Licht bestrahlt wurde und eine Reaktion beobachtet werden konnte, wird die Reaktion durch Licht ausgelöst. Die Aktivierungsenergie stammt vom Licht.

Anmerkung:

Die Vermutung, dass ein Halogenalkan entstanden ist, kann mithilfe der *Beilstein*-Probe im Lehrerversuch bestätigt werden:

„Nach der Reaktion wird die organische Flüssigkeit im Scheidetrichter mit verd. Natronlauge geschüttelt. Nach der Trennung der beiden Schichten führt man mit einigen Tropfen der organischen Phase die *Beilstein*-Probe durch (Abzug!)“ (elemente chemie II, S. 283, Ernst Klett Verlag, Stuttgart, 2000)

4.7 L Die fotochemische Bromierung von Heptan – Aufklärung des Mechanismus der radikalischen Substitution

Erwartungshorizont

M 2 (Fortsetzung)

zu 2 b) In der Petrischale mit der Lösung aus Brom in Heptan ist die bräunliche Farbe verschwunden und eine klare, farblose Lösung entstanden. Es hat eine chemische Reaktion stattgefunden. Da die braune Färbung durch Brom verursacht wurde, hat Brom reagiert. Da in der Petrischale mit Silbernitrat-Lösung ein leicht gelblicher Niederschlag entstanden ist, wurde Silberbromid nachgewiesen. Die Silber-Ionen haben mit Bromid-Ionen zu Silberbromid reagiert. Es muss also insgesamt ein Stoff entstanden sein, der in wässriger Lösung zu Bromid-Ionen reagieren kann. Die Universalindikator-Lösung in der dritten Petrischale färbt sich rot und zeigt damit die Anwesenheit von hydratisierten Wasserstoff-Ionen (H^+aq) an. Es ist eine Säure entstanden.

Da die Inhalte der Petrischalen nicht miteinander vermischt wurden, kann eine Reaktion nur über Austausch gasförmiger Stoffe verursacht werden. Da hydratisierte Wasserstoff-Ionen und Bromid-Ionen nachgewiesen wurden, muss ein gasförmiger Stoff entstanden sein, der mit Wasser unter Bildung dieser Ionen reagiert. Dieser Stoff kann Bromwasserstoff sein. Damit Bromwasserstoff entstehen kann, müssen die Heptan-Moleküle Wasserstoff-Atome abgeben. Sie könnten an derselben Stelle Brom-Atome aufnehmen, sodass ein Halogenalkan entsteht. Ein Nachweis wäre möglich über die *Beilstein*-Probe.

Heptan reagiert mit Brom zu Bromwasserstoff (Gas) und Bromheptan.

$C_7H_{16}\ (l) + Br_2\ (l) \rightarrow C_7H_{15}Br\ (l) + HBr\ (g)$
$HBr\ (g) + H_2O \rightarrow H^+(aq) + Br^-(aq) + H_2O$
$Ag^+\ (aq) + Br^-\ (aq) \rightarrow AgBr\ (s)$

Da das Reagenzglas (IV) im Dunkeln steht und keine Reaktion ausgelöst wird, in der Petrischale (III) durch den OHP-Projektor aber mit Licht bestrahlt eine Reaktion zu beobachten ist, wird die Reaktion durch Licht ausgelöst, das die notwendige Aktivierungsenergie liefert.

M 3

zu 3.1 Das weiße Licht ist am besten für die Bromierung geeignet, blaues und grünes Licht sind ganz gut geeignet, rotes Licht ist weniger geeignet.

zu 3.2 Die unterschiedlichen Farben des Lichtes repräsentieren unterschiedliche Energieinhalte. Die Reaktion verläuft in Abhängigkeit dieser unterschiedlichen Lichtenergien verschieden schnell. Das weiße Licht umfasst alle Wellenlängen und besitzt den höchsten Energieinhalt, das rote Licht den niedrigsten. Entsprechend verhält sich die Reaktionsgeschwindigkeit.

zu 3.3 Da die Energien des blauen und grünen Lichtes viel niedriger als die Bindungsenergien der C–H- und der C–C-Bindung sind, aber größer als die Bindungsenergie der Br–Br-Bindung, wird diese vermutlich durch die Lichteinstrahlung zuerst gespalten.

$$|\overline{\underline{Br}}-\overline{\underline{Br}}| \longrightarrow |\overline{\underline{Br}}\,\bullet + \bullet\,\overline{\underline{Br}}|$$

Als bräunlich gefärbte Substanz wird Lichtenergie von Brom absorbiert.

4.7 L Die fotochemische Bromierung von Heptan – Aufklärung des Mechanismus der radikalischen Substitution

Erwartungshorizont

M 3 (Fortsetzung)

zu 3.4 Da durch die Reaktion der Brom-Moleküle reaktive Atome, sog. Radikale, entstanden sind, greifen diese Alkan-Moleküle an.

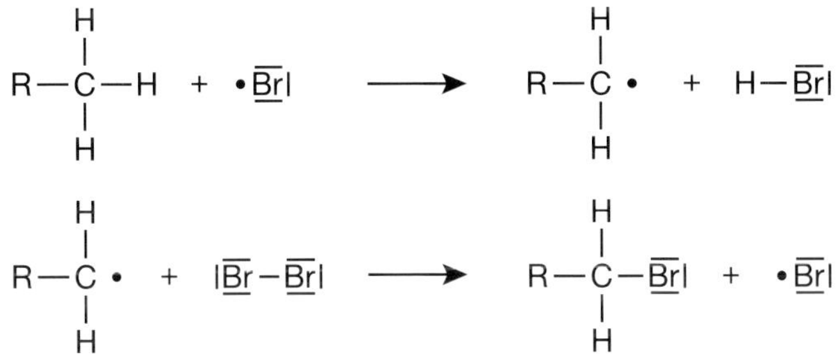

zu 3.5 In 3.3 wird die Startreaktion beschrieben. 3.4 zeigt die Kettenreaktion. Ein Abbruch findet statt, wenn Radikale zu stabilen Molekülen rekombinieren.

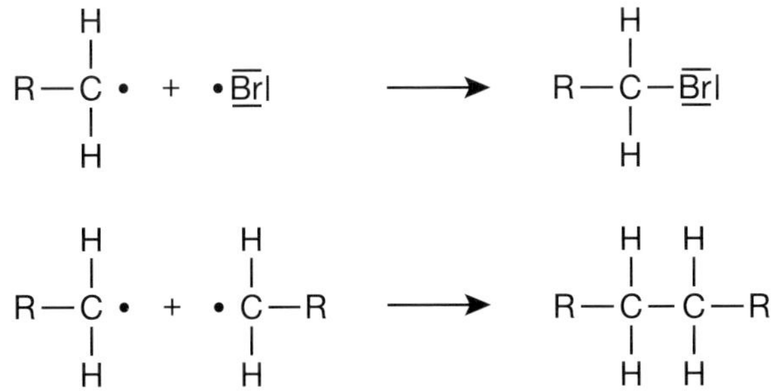

zu 3.6 → s. 3.3–3.5.

zu 3.7 Energie zur Aufspaltung eines **Mols** Brom-Moleküle beträgt 193 kJ.
Energie zur Aufspaltung **eines** Brom-Moleküls:

$$E = \frac{193\ \text{kJ}}{6{,}023 \cdot 10^{23}} = 32{,}04 \cdot 10^{-20}\ \text{J}$$

Frequenz ν: $E = h \cdot \nu$, $\nu = \frac{E}{h}$ — *h* für Plank'sches Wirkungsquantum

Wellenlänge λ: $c = \lambda \cdot \nu$, $\lambda = \frac{c}{\nu}$ — *c* für Lichtgeschwindigkeit

$$\lambda = \frac{c \cdot h}{E} = \frac{2{,}998 \cdot 10^{8}\ \text{m} \cdot \text{s}^{-1} \cdot 6{,}626 \cdot 10^{-34}\ \text{J} \cdot \text{s}}{32{,}04 \cdot 10^{-20}\ \text{J}}$$

$$= 620 \cdot 10^{-9}\ \text{m}$$

$$= \underline{\underline{620\ \text{nm}}}$$

4.7 L Die fotochemische Bromierung von Heptan – Aufklärung des Mechanismus der radikalischen Substitution

Erwartungshorizont

zu 3.8 Mögliche Concept Map

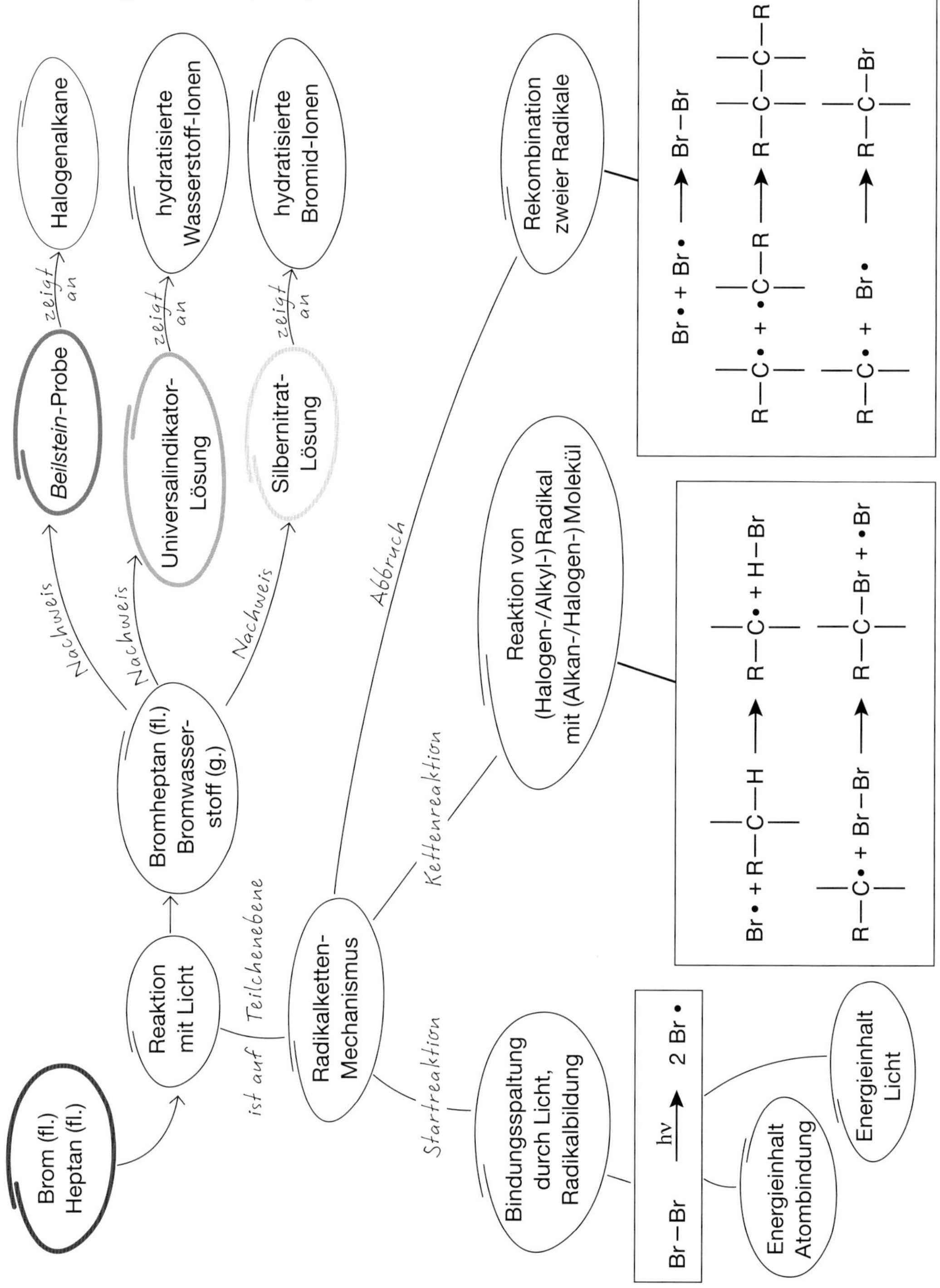

4.7 L Die fotochemische Bromierung von Heptan – Aufklärung des Mechanismus der radikalischen Substitution

Erwartungshorizont

M5

zu 5.1 Mögliche Stichpunkte: Reaktion mit Licht, Nachweis eines Gases, Nachweis Bromid-Ionen, Nachweis Wasserstoff-Ionen, Energieinhalt von Licht, Energieinhalt von Atombindungen, Startreaktion, Bindungsspaltung in Halogen-Molekülen durch Licht, Radikale, Kettenreaktion durch Reaktion eines Halogen-Atoms mit einem Alkan-Molekül bzw. eines Alkyl-Radikals mit einem Halogen-Molekül, Abbruch durch Rekombination zweier Alkyl-Radikale, Radikalketten-Mechanismus.

zu 5.2

Startreaktion: $|\overline{\underline{Br}}-\overline{\underline{Br}}| \xrightarrow{\text{Licht}} |\overline{\underline{Br}}\bullet + \bullet\overline{\underline{Br}}|$

Kettenreaktion:

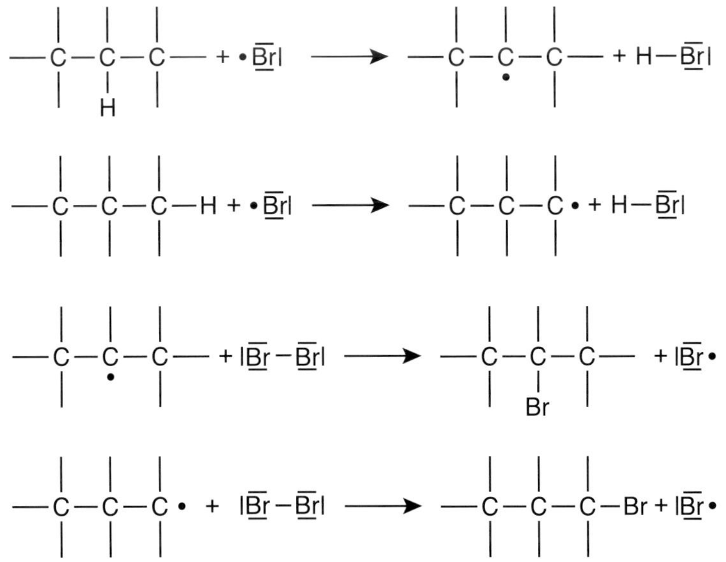

Abbruchreaktion: Rekombination der Radikale

Zunächst werden Brom-Moleküle durch Licht gespalten; sehr reaktive Brom-Radikale entstehen. Sie reagieren in der Kettenreaktion mit Propan-Molekülen zu Propyl-Radikalen. Hierbei können die Radikale am endständigen oder mittleren Kohlenstoff-Atom entstehen. Durch die Reaktion der Propyl-Radikale mit einem Brom-Molekül entsteht 2-Brompropan oder 1-Brompropan. Tatsächlich entsteht viel mehr 2-Brompropan, da das zugehörige sekundäre Propyl-Radikal wesentlich stabiler ist als ein primäres.

4.7 L Die fotochemische Bromierung von Heptan – Aufklärung des Mechanismus der radikalischen Substitution

Erwartungshorizont

M 5 (Fortsetzung)

zu 5.3 Nach dem Radikalketten-Mechanismus entstehen bei der Bromierung von Butan, Isobutan und Propan die jeweiligen Alkyl-Radikale, z. B.

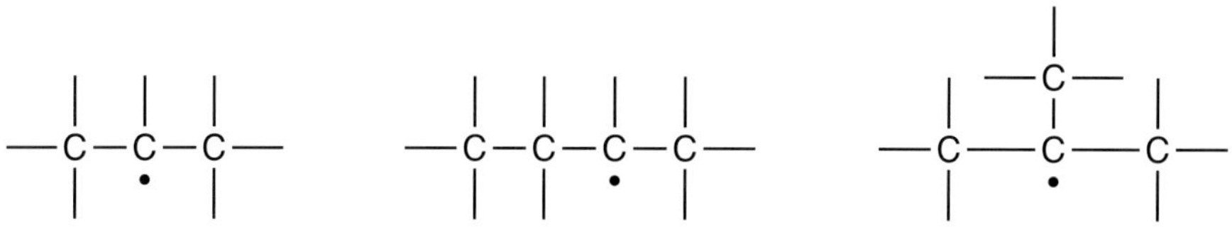

Sie können mit einem Brom-Molekül, einem Alkan-Molekül, einem Brom-Radikal oder einem Alkyl-Radikal reagieren, z. B. zu

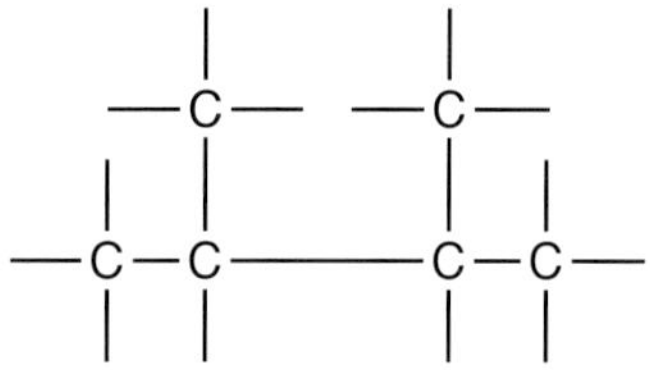

(aus zwei Propyl-Radikalen, C_6H_{14})

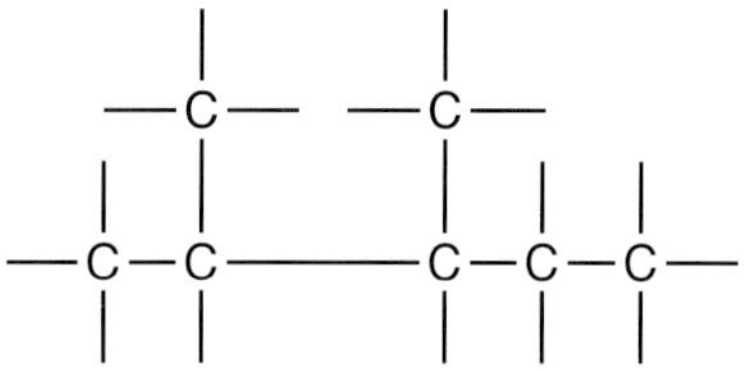

(aus einem Propyl- und einem Butyl-Radikal, C_7H_{16})

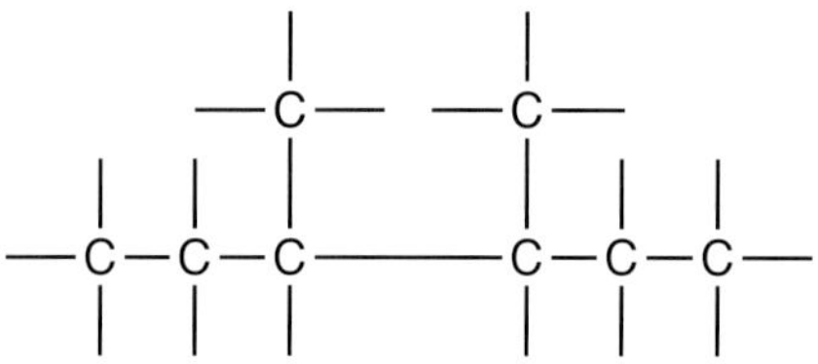

(aus zwei Butyl-Radikalen, C_8H_{18})

Durch die entsprechenden Rekombinationen entstehen also in geringer Menge auch Alkane der Summenformel C_6H_{14}, C_7H_{16}, und C_8H_{18} .

4.7 L Die fotochemische Bromierung von Heptan – Aufklärung des Mechanismus der radikalischen Substitution

Erwartungshorizont

M 6

zu 6.1 Da sowohl Chlor als auch Wasserstoff Gase sind, braucht man einen durchsichtigen, geschlossenen, stabilen Behälter aus Glas, wobei der Verschluss nicht fest sitzen sollte, also vielleicht ein Standzylinder mit Abdeckplatte. Er wird mit Chlor und Wasserstoff gefüllt. Ein Lichtblitz sollte die Reaktion auslösen. Da Chlor giftig ist, muss der Versuch im Abzug durchgeführt werden. Gefahr der Explosion!

Durch das Licht wird die Bindung im Chlor-Molekül gespalten, es entstehen Chlor-Atome bzw. Chlor-Radikale (Startreaktion).

$$|\overline{\underline{Cl}} - \overline{\underline{Cl}}| \xrightarrow{h\nu} |\overline{\underline{Cl}}\bullet + \bullet\overline{\underline{Cl}}|$$

Ein Chlor-Atom kann mit einem Wasserstoff-Molekül unter Bildung eines Chlorwasserstoff-Moleküls und einem Wasserstoff-Atom reagieren, das wiederum mit einem Chlor-Molekül reagieren wird (Kettenreaktion).

$$|\overline{\underline{Cl}}\bullet + H_2 \longrightarrow H-\overline{\underline{Cl}}| + H\bullet$$

$$H\bullet + Cl_2 \longrightarrow H-\overline{\underline{Cl}}| + Cl\bullet$$

Ein Abbruch erfolgt durch Rekombination zweier Radikale (Abbruchreaktion).

$$H\bullet + \bullet\overline{\underline{Cl}}| \longrightarrow H-\overline{\underline{Cl}}|\ ;$$

$$H\bullet + \bullet H \longrightarrow H-H\ ,\ |\overline{\underline{Cl}}\bullet + \bullet\overline{\underline{Cl}}| \longrightarrow |\overline{\underline{Cl}}-\overline{\underline{Cl}}|$$

zu 6.3 Chlorwasserstoff reagiert mit Wasser ähnlich wie das Gas Bromwasserstoff unter Bildung von hydratisierten Wasserstoff-Ionen und Chlorid-Ionen. Durch die entstandenen hydratisierten Wasserstoff-Ionen verfärbt sich die Universalindikator-Lösung rot und zeigt eine Säure an. Es ist Salzsäure entstanden.

5.4 L Direktfärben verschiedener Fasern mit Lebensmittelfarbe

Thematik
Unterrichtsmethode

Grundlagen: Farbstoffgruppen, Funktionelle Gruppen (Hydroxyl-, Amino-Sulfonsäure-Gruppe), Wasserstoffbrückenbindung, *Van-der-Waals*-Kräfte, Ionenbindung, Struktur-Eigenschafts-Beziehungen (Löslichkeit, Färbemethoden).

Methodischer Vorschlag: Arbeitsteilige Schülerübungen mit Präsentation (Wandzeitung) und Museumsgang.

Durchführung: M 1, M 2, M 3, M 4, M 5, M 6, M 7, M 8
Die Lerngruppe wird in 5 Kleingruppen zu je 3–5 Mitgliedern aufgeteilt. Jede Gruppe bekommt drei unterschiedliche weiße Fasern (Wolle, Baumwolle, Acryl) und einen synthetischen Lebensmittelfarbstoff in Form eines farbigen Getränks (Powerade®), einer Backfarbe oder einer Ostereierfarbe zugeteilt. Zusätzlich bekommt jede Arbeitsgruppe eine Abbildung der Strukturformel des entsprechenden Farbstoff-Moleküls und eine Info-Karte (M 6) zu den Fasertypen.

Die Schülerinnen und Schüler werden aufgefordert (M 1 – M 5), zunächst in Einzelarbeit anhand der Strukturen der Fasertypen und des Farbstoff-Moleküls eine begründete Hypothese zu entwickeln, welche der Fasern sich mit dem gegebenen Lebensmittelfarbstoff anfärben lassen. Anschließend diskutieren sie ihre Vermutungen in ihrer Arbeitsgruppe und formulieren eine gemeinsame Hypothese auf einer Wandzeitung. Sollten die Schülerinnen und Schüler Schwierigkeiten mit der Hypothesenbildung haben, so können sie sich vom Lehrer Tipp-Karten (M 7) mit einem stark vereinfachten Fasermodell und einer Übersicht über die verschiedenen Anziehungskräfte zwischen Molekülen geben lassen.
Zur Überprüfung der Hypothesen färben die Schülerinnen und Schüler die Fasern nach Anweisung (M 1 – M 5) und vergleichen ihre Färbeergebnisse mit ihren Vermutungen. Die Arbeitsergebnisse werden ebenfalls auf der Wandzeitung fest gehalten.
Dann werden fünf neue Arbeitsgruppen gebildet, mit 1 bis 2 Experten zu jedem Farbstoff. In Form eines „Museumsgangs“ stellen sich die Schülerinnen und Schüler gegenseitig ihre Arbeitsergebnisse vor (M 8). Abschließend erläutern sie die Färbeergebnisse mithilfe eines einfachen Fasermodells und fassen den Zusammenhang zwischen der Struktur von Farbstoff-Molekülen und ihren Eigenschaften, Fasern anzufärben, zusammen.
Zur Vertiefung des Gelernten bietet es sich an, die neu erworbenen Kenntnisse an einem weiteren Farbstoffbeispiel anzuwenden (M 8).

Literaturangaben
Farbauffrischer, Nr. 2.13 in Materialien-Handbuch Kursunterricht Chemie Bd. 10/II, Aulis-Verlag Köln, 2007
Blaumachen im Schülerlabor, *J. Lorke, K. Sommer,* Projekt im *Alfred Krupp*-Schülerlabor der Ruhr-Universität Bochum
Indigo – Farbstoff der Antike und der Moderne, *R. Kreher, K. Hammerschmidt,* NiU-Chemie 5 (1994) Nr. 24, S. 53 ff.
Färben mit Getränken, *S. Henkel,* Organisch-chemisches Praktikum für Studierende des Lehramtes WS 08/09, Universität Marburg
http://www.chids.de/dachs/praktikumsprotokolle/PP0228Faerben_mit_Getraenken.pdf.
FCI-Foliensatz Textilchemie; Frankfurt 2007
Farbstoff-Moleküle: *http://www.kst-chemie.ch/chicd/kap10/kap106.htm*

Zur Erweiterung
Materialien-Handbuch Kursunterricht Chemie (Aulis) Bd. 6: 2.8 (Farbigkeit von Triphenylmethan-Farbstoffen), 3.4 (Zuordnen von Spektren), 3.17 (Synthetische Lebensmittelfarbstoffe)

5.4 L Direktfärben verschiedener Fasern mit Lebensmittelfarbe

Thematik
Unterrichtsmethode

(Fortsetzung)

Teilaufträge	**Aufgaben des Arbeitsblattes**	**Präsentation Zusammenfassung Anwendung/Vertiefung**
Konzepte	Struktur-Eigenschafts-Beziehungen von Farbstoff-Molekülen (Färbemethoden) Wasserstoffbrückenbindung, *Van-der-Waals*-Kräfte, Ionenbindung	
Kompetenz-bereiche	Fachwissen (siehe Konzepte) Erkenntnisgewinnung: Sch'/Sch – können Hypothesen bilden, Voraussagen formulieren und sie experimentell überprüfen, – können chemische Experimente selbstständig (planen), durchführen, beobachten, beschreiben und auswerten, – wenden geeignete Modelle zur Beschreibung und Erklärung chemischer Sachverhalte an. Kommunikation: Sch'/Sch – beschreiben und veranschaulichen konkrete chemische Sachverhalte unter angemessener Nutzung der Fachsprache, – argumentieren sachlogisch und begründen schlüssig chemische Sachverhalte und Fragestellungen.	Fachwissen (siehe Konzepte) Erkenntnisgewinnung: Sch'/Sch – wenden geeignete Modelle zur Beschreibung und Erklärung chemischer Sachverhalte an. Kommunikation: Sch'/Sch – beschreiben und veranschaulichen konkrete chemische Sachverhalte unter angemessener Nutzung der Fachsprache, – präsentieren chemisches Wissen, eigene Standpunkte und Überlegungen sowie Lern- und Arbeitsergebnisse adressaten- und situationsgerecht, – argumentieren sachlogisch und begründen schlüssig chemische Sachverhalte und Fragestellungen, – stellen chemische Sachverhalte und Erkenntnisse in unterschiedlicher Form (Symbole, Formeln, Gleichungen, Tabellen, Diagramme, Grafen, Skizzen, Simulationen) dar.
Anforderungs-bereiche	I, II, III	I, II, III

5.4 S Direktfärben verschiedener Fasern mit Lebensmittelfarbe

M 1

Arbeitsblatt
Lassen sich mit dem Lebensmittelfarbstoff *Azorubin* Textilfasern anfärben?

Azorubin (E122) ist ein künstlicher, roter Lebensmittelfarbstoff. Er darf nur in bestimmten Lebensmitteln eingesetzt werden, z. B. Marmeladen, Knabberartikeln, Speiseeis und Getränken. Er ist auch für die Farbe der roten Powerade® verantwortlich.

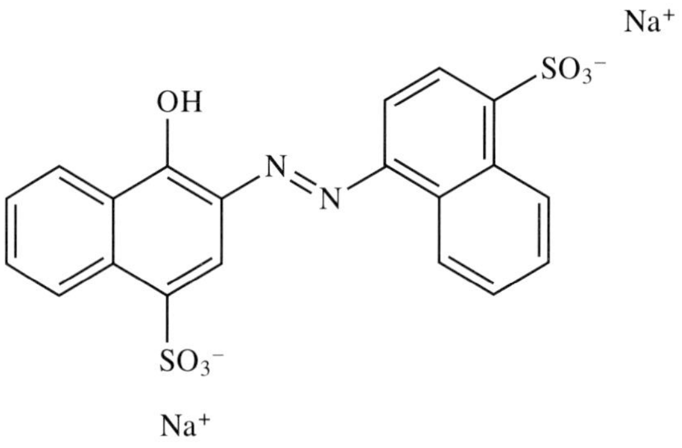

Struktur des Azorubin-Moleküls

Aufgaben

a) Formulieren Sie eine begründete Hypothese, welche der vorliegenden Fasern (Wolle, Baumwolle, Polyacryl) sich möglicherweise mit Azorubin anfärben lassen. Informieren Sie sich dazu über die Struktur der verschiedenen Textilfasern (M 6 Info-Karte Fasertypen).
b) Stellen Sie sich in Ihrer Tischgruppe die Hypothesen gegenseitig vor und diskutieren Sie die Vorschläge. Formulieren Sie eine gemeinsame Hypothese auf einer Wandzeitung. (Sollten Sie Probleme mit der Hypothesenbildung haben, so lassen Sie sich vom Lehrer eine Tipp-Karte M 7 geben.)
c) Führen Sie den Färbeversuch nach Anweisung durch. Vergleichen Sie die Färbeergebnisse mit Ihrer Hypothese. Erklären Sie die Ergebnisse.
d) Stellen Sie Ihre Ergebnisse anschaulich auf der Wandzeitung dar.

Für die Bearbeitung der Arbeitsaufträge stehen Ihnen insgesamt 25 Minuten zur Verfügung.

Färbeexperiment

Geräte

Becherglas, Messzylinder (5 mL, 100 mL), Glasstab, Bunsenbrenner mit Vierfuß und Ceranplatte, Uhrglas, Faserproben (Wolle, Baumwolle, Polyacryl)

Chemikalien

Powerade® rot, Haushaltsessig (farblos, 5 % Säure)

Durchführung

50 mL Powerade® und 5 mL Haushaltsessig werden in ein Becherglas gegeben und mit Wasser auf ca. 200 mL aufgefüllt. Dann werden die drei Faserproben in die Lösung eingebracht. Die Farbstoff-Lösung mit den Faserproben wird mit dem Brenner bis zum Sieden erhitzt (mit Glasstab gegen Siedeverzug). Nach ca. 5 Minuten werden die Faserproben aus der Färbe-Lösung genommen und mit den ungefärbten Fasern verglichen. Anschließend werden die Faserproben ausgewaschen und noch mal mit den ungefärbten Fasern verglichen.

5.4 S Direktfärben verschiedener Fasern mit Lebensmittelfarbe

M2

Arbeitsblatt

Lassen sich mit dem Lebensmittelfarbstoff *Brillantblau* Textilfasern anfärben?

Brillantblau (E133) ist ein künstlicher, blauer Lebensmittelfarbstoff. Er darf nur in bestimmten Lebensmitteln eingesetzt werden, z. B. Süßigkeiten, Gebäck, Speiseeis und Getränken. Er ist auch für die Farbe der blauen Powerade® verantwortlich.

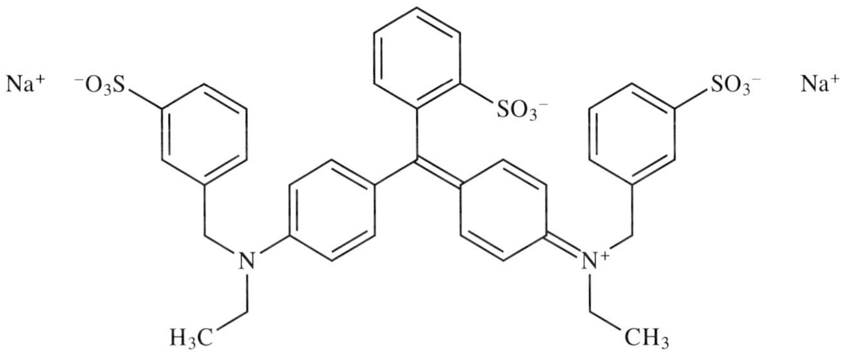

Struktur des Brillantblau-Moleküls

Aufgaben

a) Formulieren Sie eine begründete Hypothese, welche der vorliegenden Fasern (Wolle, Baumwolle, Polyacryl) sich möglicherweise mit Brillantblau anfärben lassen. Informieren Sie sich dazu über die Struktur der verschiedenen Textilfasern (M 6 Info-Karte Fasertypen).

b) Stellen Sie sich in Ihrer Tischgruppe die Hypothesen gegenseitig vor und diskutieren Sie die Vorschläge. Formulieren Sie eine gemeinsame Hypothese auf einer Wandzeitung. (Sollten Sie Probleme mit der Hypothesenbildung haben, so lassen Sie sich vom Lehrer eine Tipp-Karte M 7 geben.)

c) Führen Sie den Färbeversuch nach Anweisung durch. Vergleichen Sie die Färbeergebnisse mit Ihrer Hypothese. Erklären Sie die Ergebnisse.

d) Stellen Sie Ihre Ergebnisse anschaulich auf der Wandzeitung dar.

Für die Bearbeitung der Arbeitsaufträge stehen Ihnen insgesamt 25 Minuten zur Verfügung.

Färbeexperiment

Geräte

Becherglas, Messzylinder (5 mL, 100 mL), Glasstab, Bunsenbrenner mit Vierfuß und Ceranplatte, Uhrglas, Faserproben (Wolle, Baumwolle, Polyacryl)

Chemikalien

Powerade® blau, Haushaltsessig (farblos, 5 % Säure)

Durchführung

50 mL Powerade® und 5 mL Haushaltsessig werden in ein Becherglas gegeben und mit Wasser auf ca. 200 mL aufgefüllt. Dann werden die drei Faserproben in die Lösung eingebracht. Die Farbstoff-Lösung mit den Faserproben wird mit dem Brenner bis zum Sieden erhitzt (mit Glasstab gegen Siedeverzug). Nach ca. 5 Minuten werden die Faserproben aus der Färbe-Lösung genommen und mit den ungefärbten Fasern verglichen. Anschließend werden die Faserproben ausgewaschen und noch mal mit den ungefärbten Fasern verglichen.

5.4 S Direktfärben verschiedener Fasern mit Lebensmittelfarbe

M3

Arbeitsblatt

Lassen sich mit dem Lebensmittelfarbstoff *Patentblau V* Textilfasern anfärben?

Patentblau V (E131) ist ein künstlicher, blauer Lebensmittelfarbstoff. Er darf nur in bestimmten Lebensmitteln eingesetzt werden, z. B. Süßigkeiten, Gebäck, Speiseeis und Getränken.

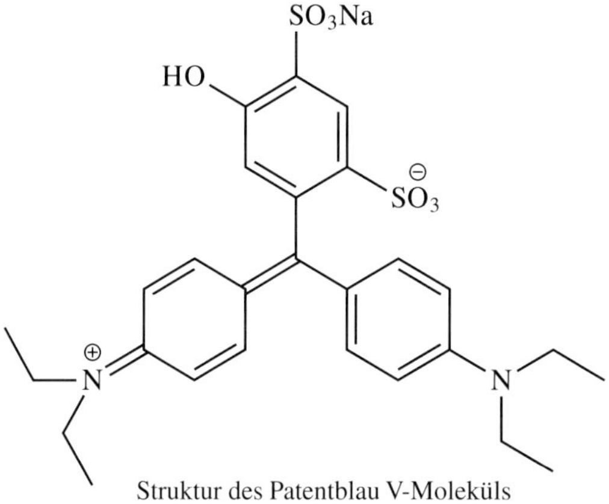

Struktur des Patentblau V-Moleküls

Aufgaben

a) Formulieren Sie eine begründete Hypothese, welche der vorliegenden Fasern (Wolle, Baumwolle, Polyacryl) sich möglicherweise mit Patentblau V anfärben lassen. Informieren Sie sich dazu über die Struktur der verschiedenen Textilfasern (M 6 Info-Karte Fasertypen).

b) Stellen Sie sich in Ihrer Tischgruppe die Hypothesen gegenseitig vor und diskutieren Sie die Vorschläge. Formulieren Sie eine gemeinsame Hypothese auf einer Wandzeitung. (Sollten Sie Probleme mit der Hypothesenbildung haben, so lassen Sie sich vom Lehrer eine Tipp-Karte M 7 geben.)

c) Führen Sie den Färbeversuch nach Anweisung durch. Vergleichen Sie die Färbeergebnisse mit Ihrer Hypothese. Erklären Sie die Ergebnisse.

d) Stellen Sie Ihre Ergebnisse anschaulich auf der Wandzeitung dar.

Für die Bearbeitung der Arbeitsaufträge stehen Ihnen insgesamt 25 Minuten zur Verfügung.

Färbeexperiment

Geräte

Becherglas, Messzylinder (5 mL), Waage, Glasstab, Bunsenbrenner mit Vierfuß und Ceranplatte, Uhrglas, Faserproben (Wolle, Baumwolle, Polyacryl)

Chemikalien

Back- und Speisefarbe blau, Haushaltsessig (farblos, 5 % Säure)

Durchführung

2–3 g Back- und Speisefarbe blau werden in ein Becherglas gegeben und in ca. 200 mL Wasser gelöst. Die Farbstoff-Lösung wird mit 5 mL Haushaltsessig versetzt. Dann werden die drei Faserproben in die Lösung eingebracht. Die Farbstoff-Lösung mit den Faserproben wird mit dem Brenner bis zum Sieden erhitzt (mit Glasstab gegen Siedeverzug). Nach ca. 5 Minuten werden die Faserproben aus der Färbe-Lösung genommen und mit den ungefärbten Fasern verglichen; anschließend ausgewaschen und noch mal verglichen.

5.4 S Direktfärben verschiedener Fasern mit Lebensmittelfarbe

M4

Arbeitsblatt
Lassen sich mit dem Lebensmittelfarbstoff *Grün S* Textilfasern anfärben?

Grün S (E142) ist ein künstlicher, grüner Lebensmittelfarbstoff. Er darf in Deutschland nur in wenigen Lebensmitteln eingesetzt werden, z. B. Süßigkeiten, Speiseeis und Desserts. Er wird auch für grüne Ostereierfarben verwendet.

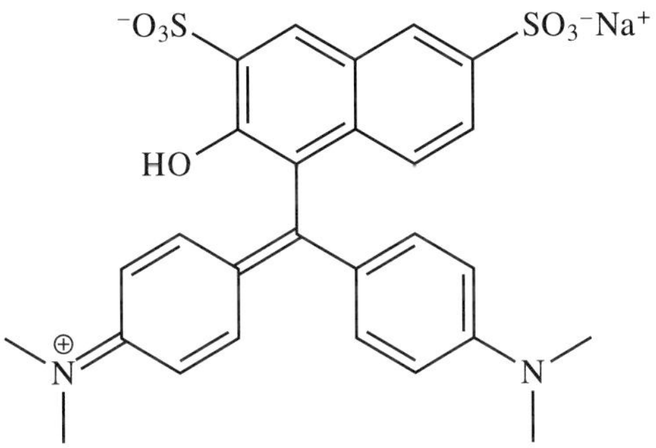

Struktur des Grün S-Moleküls

Aufgaben

a) Formulieren Sie eine begründete Hypothese, welche der vorliegenden Fasern (Wolle, Baumwolle, Polyacryl) sich möglicherweise mit Grün S anfärben lassen. Informieren Sie sich dazu über die Struktur der verschiedenen Textilfasern (M 6 Info-Karte Fasertypen).
b) Stellen Sie sich in Ihrer Tischgruppe die Hypothesen gegenseitig vor und diskutieren Sie die Vorschläge. Formulieren Sie eine gemeinsame Hypothese auf einer Wandzeitung. (Sollten Sie Probleme mit der Hypothesenbildung haben, so lassen Sie sich vom Lehrer eine Tipp-Karte M 7 geben.)
c) Führen Sie den Färbeversuch nach Anweisung durch. Vergleichen Sie die Färbeergebnisse mit Ihrer Hypothese. Erklären Sie die Ergebnisse.
d) Stellen Sie Ihre Ergebnisse anschaulich auf der Wandzeitung dar.

Für die Bearbeitung der Arbeitsaufträge stehen Ihnen insgesamt 25 Minuten zur Verfügung.

Färbeexperiment

Geräte
Becherglas, Messzylinder (5 mL), Glasstab, Bunsenbrenner mit Vierfuß und Ceranplatte, Uhrglas, Faserproben (Wolle, Baumwolle, Polyacryl)

Chemikalien
Ostereierfarbe grün, Haushaltsessig (farblos, 5 % Säure)

Durchführung
Die grüne Ostereierfarbe wird mit ca. 200 mL Wasser in ein Becherglas gegeben. Das Gemisch wird mit dem Brenner so lange erwärmt, bis sich die Ostereierfarbe im Wasser gelöst hat. Danach werden 5 mL Haushaltsessig und die drei Faserproben in die heiße Farbstoff-Lösung gegeben und bis zum Sieden erhitzt (mit Glasstab gegen Siedeverzug). Nach ca. 5 Minuten werden die Faserproben aus der Färbe-Lösung genommen und mit den ungefärbten Fasern verglichen. Anschließend werden die Faserproben ausgewaschen und noch mal mit den ungefärbten Fasern verglichen.

5.4 S Direktfärben verschiedener Fasern mit Lebensmittelfarbe

M5

Arbeitsblatt
Lassen sich mit dem Lebensmittelfarbstoff *Chinolingelb* Textilfasern anfärben?

Chinolingelb (E104) ist ein künstlicher, gelber Lebensmittelfarbstoff. Er darf nur in bestimmten Lebensmitteln eingesetzt werden, z. B. Marmeladen, Knabberartikeln, Speiseeis und Getränken. Er wird auch für gelbe Ostereierfarben verwendet.

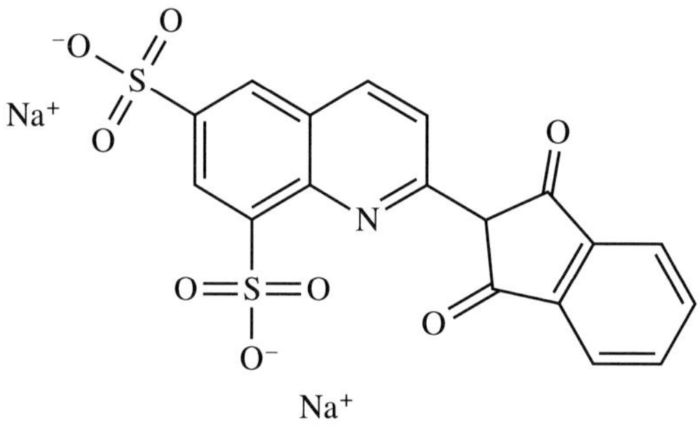

Struktur des Chinolingelb-Moleküls

Aufgaben

a) Formulieren Sie eine begründete Hypothese, welche der vorliegenden Fasern (Wolle, Baumwolle, Polyacryl) sich möglicherweise mit Chinolingelb anfärben lassen. Informieren Sie sich dazu über die Struktur der verschiedenen Textilfasern (M 6 Info-Karte Fasertypen).
b) Stellen Sie sich in Ihrer Tischgruppe die Hypothesen gegenseitig vor und diskutieren Sie die Vorschläge. Formulieren Sie eine gemeinsame Hypothese auf einer Wandzeitung. (Sollten Sie Probleme mit der Hypothesenbildung haben, so lassen Sie sich vom Lehrer eine Tipp-Karte M 7 geben.)
c) Führen Sie den Färbeversuch nach Anweisung durch. Vergleichen Sie die Färbeergebnisse mit Ihrer Hypothese. Erklären Sie die Ergebnisse.
d) Stellen Sie Ihre Ergebnisse anschaulich auf der Wandzeitung dar.

Für die Bearbeitung der Arbeitsaufträge stehen Ihnen insgesamt 25 Minuten zur Verfügung.

Färbeexperiment

Geräte

Becherglas, Messzylinder (5 mL), Glasstab, Bunsenbrenner mit Vierfuß und Ceranplatte, Uhrglas, Faserproben (Wolle, Baumwolle, Polyacryl)

Chemikalien

Ostereierfarbe gelb, Haushaltsessig (farblos, 5 % Säure)

Durchführung

Die gelbe Ostereierfarbe wird mit ca. 200 mL Wasser in ein Becherglas gegeben. Das Gemisch wird mit dem Brenner so lange erwärmt, bis sich die Ostereierfarbe im Wasser gelöst hat. Danach werden 5 mL Haushaltsessig und die drei Faserproben in die heiße Farbstoff-Lösung gegeben und bis zum Sieden erhitzt (mit Glasstab gegen Siedeverzug). Nach ca. 5 Minuten werden die Faserproben aus der Färbe-Lösung genommen und mit den ungefärbten Fasern verglichen. Anschließend werden die Faserproben ausgewaschen und noch mal mit den ungefärbten Fasern verglichen.

5.4 S Direktfärben verschiedener Fasern mit Lebensmittelfarbe

M6

Info-Karte: Fasertypen

	Wolle	**Baumwolle**	**Polyacryl**
Fasertyp	Naturfaser (tierisch)	Naturfaser (pflanzlich)	Kunstfaser
Herstellung/ Gewinnung	Schafschur (Rohwolle)	Samenhaare der Baumwollpflanze	Polymerisation von Acrylnitril
Fasermaterial	Eiweiß (Keratin)	Zellulose	Polyacrylnitril
Grundbausteine des Fasermaterials	Aminosäuren 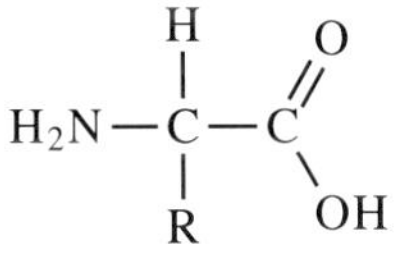 R = Rest	β-Glucose 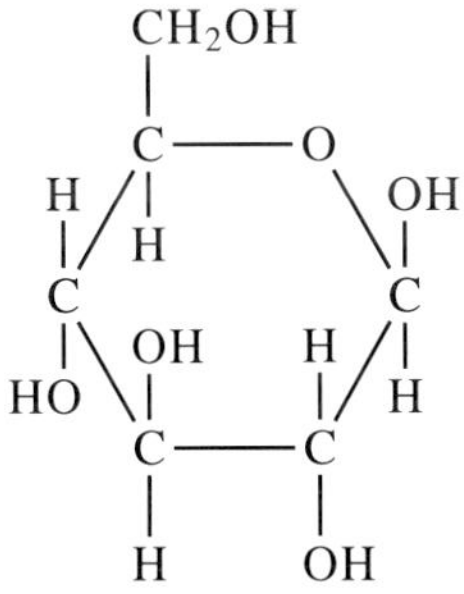	Acrylnitril 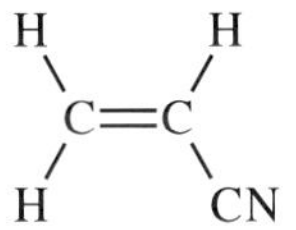

Grundstruktur der Faser

Wolle: Eiweißfaser (Kette aus Aminosäure-Molekülen)

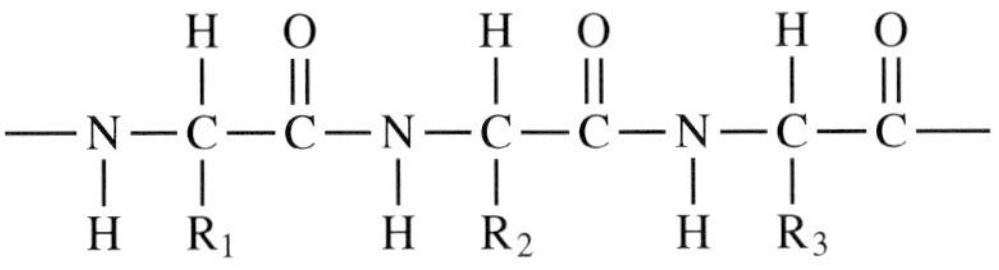

Mögliche Reste ($R_1 - R_3$)

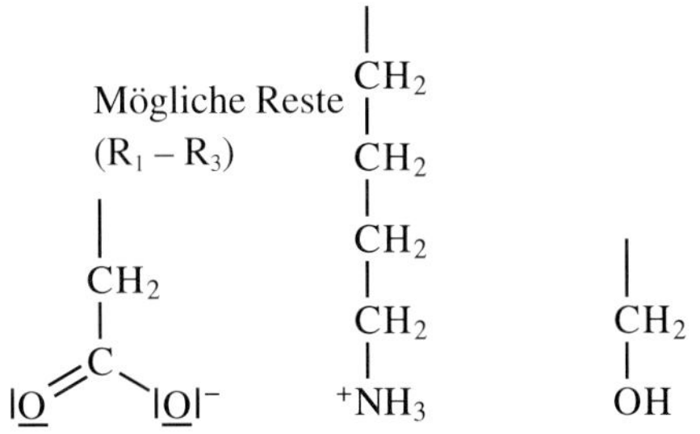

Baumwolle: Zellulosefaser (Kette aus β-Glucose-Molekülen)

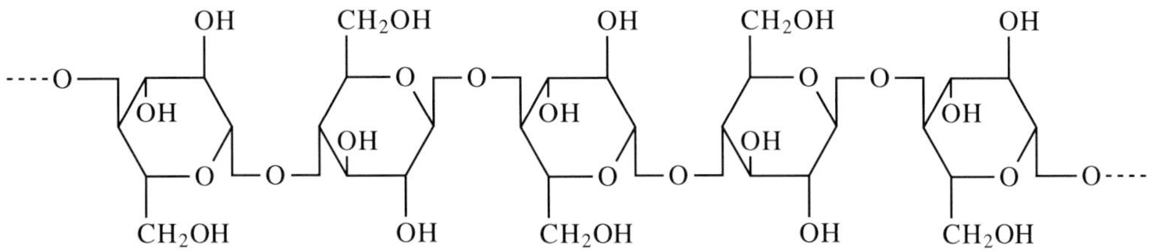

Polyacryl: Polyacrlynitrilfaser (Kette aus Acrylnitril-Molekülen)

5.4 S Direktfärben verschiedener Fasern mit Lebensmittelfarbe

M7

Tipp-Karte 1: Stark vereinfachte Fasermodelle

a) Wolle
Durch die unterschiedlichen Seitenketten der Aminosäuren hat der Fasergrundkörper (Eiweiß-Molekül) der Wolle ionische Seitenketten.

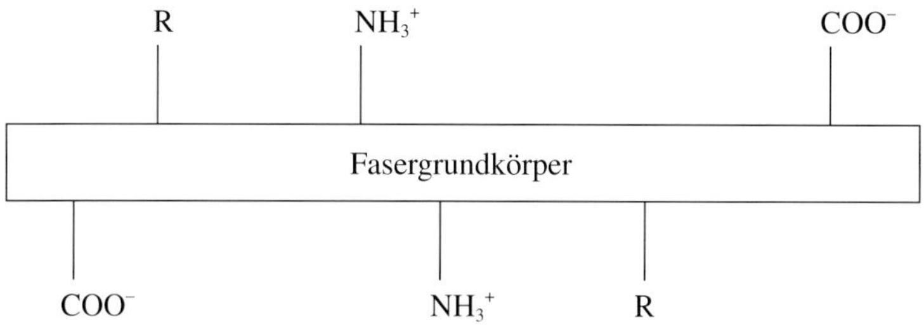

b) Baumwolle
Durch die Hydroxyl-Gruppen an den Glucose-Molekülen hat der Fasergrundkörper (Zellulose-Molekül) der Baumwolle polare Hydroxyl-Gruppen.

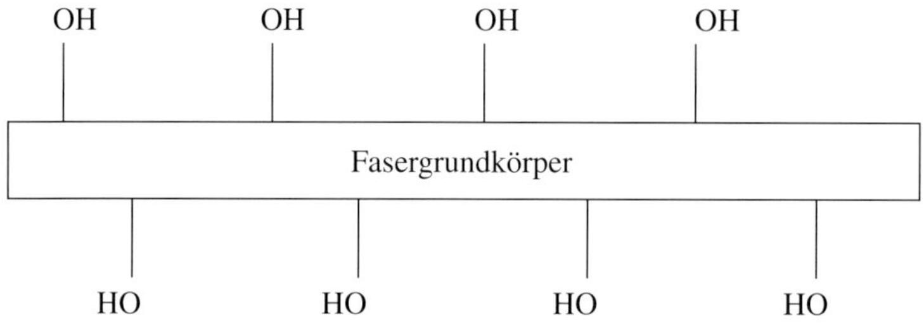

c) Polyacryl
Polyacrylnitril-Ketten haben weder ionische noch Hydroxyl-Gruppen.
Die Nitril-Gruppe (−CN) ist zwar polar, aber im Vergleich zur Hydroxyl-Gruppe nur schwach polar.

Tipp-Karte 2: Anziehungskräfte zwischen Molekülen

Ionenbindung:
sehr starke Anziehungskräfte zwischen unterschiedlich geladenen Ionen bzw. Seitenketten (z. B. zwischen $-NH_3^+$-Gruppen und $-SO_3^-$-Gruppen)

Wasserstoffbrückenbindung:
relativ starke Anziehungskräfte zwischen polaren Hydroxyl-Gruppen (z. B. zwischen Hydroxyl-Gruppen von Wasser- und Alkohol-Molekülen)

Van-der-Waals-Kräfte:
schwache Anziehungskräfte zwischen ungeladenen und unpolaren Molekülen.

5.4 S Direktfärben verschiedener Fasern mit Lebensmittelfarbe

M8

Arbeitsblatt
Lassen sich mit Lebensmittelfarbstoffen Textilfasern anfärben?

1. Zusammenfassung der Versuchsergebnisse

Farbstoff-Moleküle	Färbeergebnisse			Zusammenfassung der Färbeergebnisse
	Wolle	Baumwolle	Polyacryl	
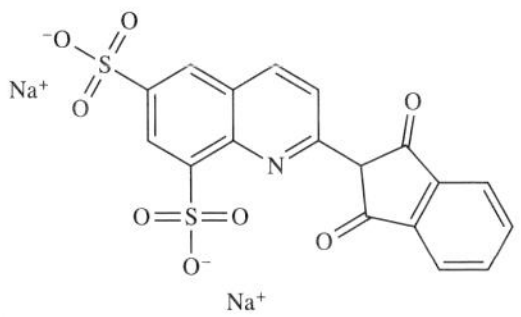 Chinolingelb				
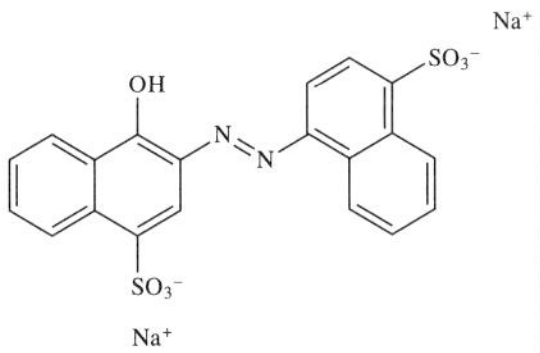 Azorubin				
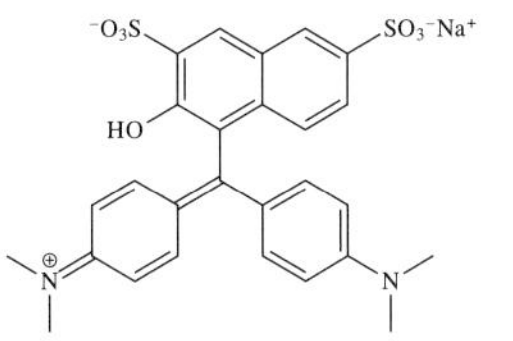 Grün S (Brillantsäuregrün)				
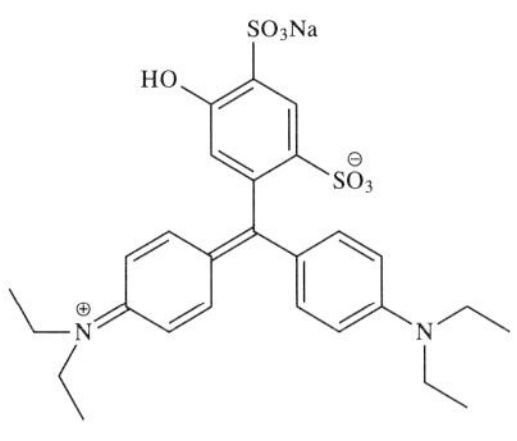 Patentblau				
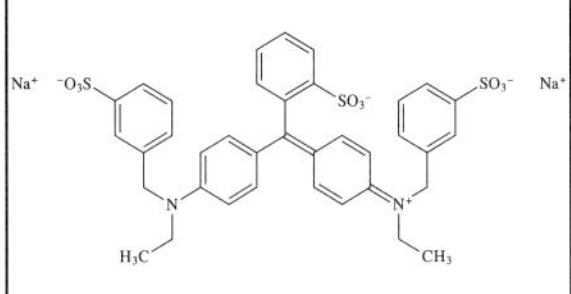 Brillantblau				

5.4 S Direktfärben verschiedener Fasern mit Lebensmittelfarbe

M8

Arbeitsblatt (Fortsetzung)

2. Erklärung der Versuchsergebnisse

a) Skizzieren Sie ein einfaches Modell der Fasertypen. Erläutern Sie anhand dieses Modells die Färbeergebnisse.
b) Erklären Sie, warum die Färbe-Lösung mit Essig angesäuert wird.
c) Fassen Sie den Zusammenhang zwischen der Struktur von Farbstoff-Molekülen und der Eigenschaft des Farbstoffs, verschiedene Fasertypen anzufärben (Basiskonzept „Struktur-Eigenschafts-Beziehungen"), in einem kurzen Merktext zusammen.

3. Färben von Wolle mit Indigo und Indigotin

Indigotin (Indigocarmin) ist ein wasserlöslicher blauer Indigofarbstoff, der ebenfalls zum Färben von Lebensmitteln zugelassen ist (E 132). Erläutern Sie anhand der Strukturformeln, warum sich Indigo nicht zum Direktfärben von Wolle eignet, mit Indigotin jedoch ähnlich gute Färbeergebnisse erzielt werden wie mit Patentblau V oder Brillantblau.

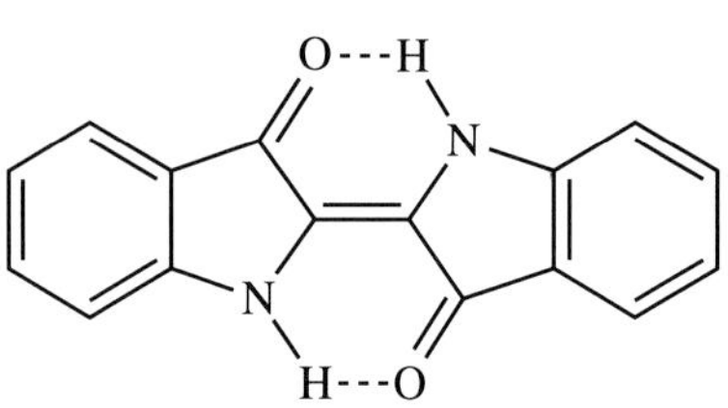

Indigo

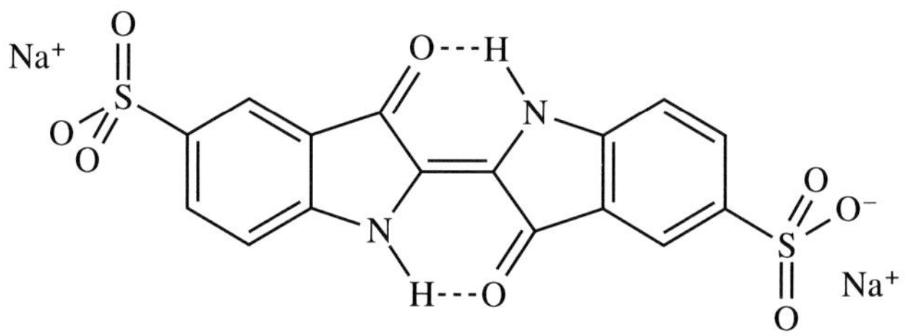

Indigotin (Indigocarmin)

5.4 L Direktfärben verschiedener Fasern mit Lebensmittelfarbe

Erwartungshorizont

M1–M5

Lassen sich mit Lebensmittelfarbstoffen (Azorubin, Brillantblau, Patentblau V, Grün S und Chinolingelb) Textilfasern anfärben?

zu a) b) Hypothese

Wolle lässt sich mit den Farbstoffen sehr gut anfärben, Baumwolle und Polyacryl hingegen lassen sich kaum bzw. gar nicht anfärben.

zu c) Färbeergebnisse

Alle Farbstoffe färben die Wolle sehr intensiv an. Die Farbe lässt sich nicht mehr auswaschen. Baumwolle wird durch die Farbstoffe schwach angefärbt. Die Farbe wäscht sich allerdings nach mehrfachem Waschen wieder aus. Polyacryl lässt sich gar nicht anfärben.

Begründung bzw. Erklärung

Alle ausgewählten Farbstoffe gehören zu den sauren Farbstoffen. Sie besitzen mindestens zwei Sulfonsäure-Gruppen am Molekül und sind gut wasserlöslich. Die gelösten Farbstoff-Moleküle gelangen so problemlos auf die Faseroberflächen und können dort durch Anziehungskräfte an der Faser fixiert werden.

Wollfasern bestehen aus Proteinen, die aus verschiedenen Aminosäuren aufgebaut sind und deshalb viele elektrisch geladene Carboxylat- und Ammonium-Gruppen enthalten. Zwischen den positiv geladenen Ammonium-Gruppen der Wollfaser und den negativ geladenen Sulfonsäure-Gruppen der Farbstoff-Moleküle bilden sich Ionenbindungen aus, der Farbstoff wird so fest an die Wollfaser gebunden.

Baumwolle besteht aus Cellulosefasern und verfügt deshalb über sehr viele Hydroxyl-Gruppen auf der Faseroberfläche. Zwischen diesen Hydroxyl-Gruppen und den Farbstoff-Molekülen können sich Wasserstoffbrückenbindungen ausbilden. Diese Anziehungskräfte sind wesentlich schwächer als die Ionenbindungen, die sich zwischen Wollfaser und den Farbstoff-Molekülen bilden. Deshalb haftet der Farbstoff nicht so gut auf der Baumwollfaser. Da der Farbstoff gut wasserlöslich ist und die Anziehungskräfte zwischen Baumwollfaser und Farbstoff-Molekülen vergleichsweise schwach sind, lässt er sich wieder auswaschen.

Zwischen der Polyacrylfaser und den Farbstoff-Molekülen können sich nur sehr schwache *Van-der-Waals*-Kräfte ausbilden. Der Farbstoff haftet deshalb nicht auf der Faser, sondern bleibt im Wasser gelöst.

5.4 L Direktfärben verschiedener Fasern mit Lebensmittelfarbe

Erwartungshorizont

M8

zu A1 Zusammenfassung der Ergebnisse: s. S. 129

zu A2 Erklärung der Versuchsergebnisse am Fasermodell
Zwischen den positiv geladenen Ammonium-Gruppen der Wollfaser und den negativ geladenen Sulfonsäure-Gruppen der Farbstoff-Moleküle bilden sich Ionenbindungen aus. Der Farbstoff wird so auf der Faser gut fixiert, die Wollfaser ist intensiv gefärbt.

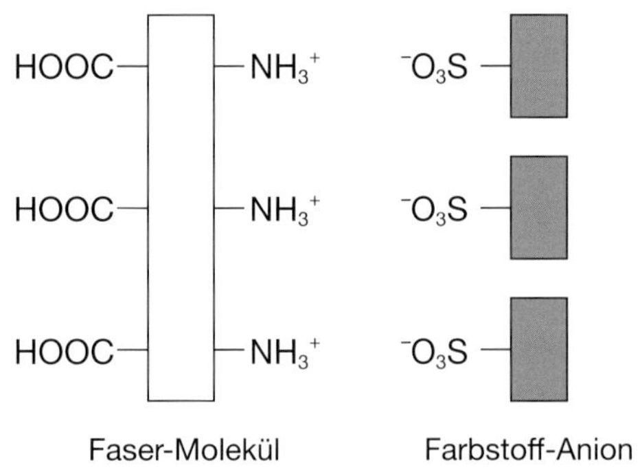

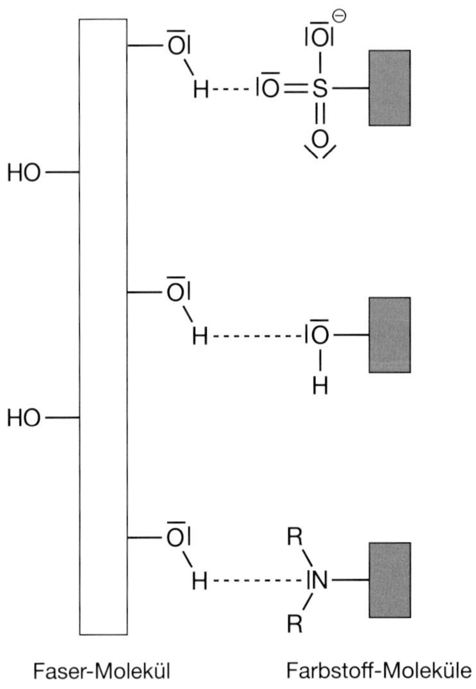

Zwischen den Hydroxyl-Gruppen der Cellulosefasern und den polaren Gruppen der Farbstoff-Moleküle (OH-Gruppen bei Azorubin, Patentblau V, Grün S, Carbonyl-Gruppe bei Chinolingelb und Sulfonsäure-Gruppen) können sich Wasserstoffbrückenbindungen ausbilden. Aufgrund der Raumstrukturen der Farbstoff-Moleküle ist die Ausbildung der Wasserstoffbrückenbindungen jedoch erschwert, sodass der Farbstoff nur schwach an die Faseroberfläche angelagert wird. Die Baumwollfaser wird nur leicht angefärbt (Pastelltöne).

5.4 L Direktfärben verschiedener Fasern mit Lebensmittelfarbe

Erwartungshorizont

M 8 (Fortsetzung)

zu A2 Die Polyacrylnitrilfaser besteht aus langen Kohlenwasserstoffketten mit polaren Nitril-Gruppen (-CN) als Seitenketten. Zwischen den polaren Nitril-Gruppen und den polaren Gruppen des Farbstoff-Moleküls wirken Dipol-Dipol-Anziehungskräfte, die aber wesentlich schwächer sind als die Wasserstoffbrückenbindungen. Der Farbstoff wird deshalb nicht auf der Oberfläche fixiert bzw. bleibt im Wasser gelöst.

Funktion der Essigsäure beim Färben
Unter neutralen Bedingungen liegen die freien Amino- und Carboxyl-Guppen der Proteine als Ammonium- und Carboxylat-Ionen vor. Durch die Zugabe von Essigsäure (schwache Säure) werden die Carboxylat-Ionen protoniert. Die Faser ist dadurch insgesamt positiv geladen. Zwischen den positiv geladenen Ammonium-Ionen und den negativ geladenen Sulfonsäure-Gruppen (starke Säuren) des Farbstoff-Moleküls können sich deshalb sehr gut Ionenbindungen ausbilden.

Zusammenhang Struktur – Eigenschaften
Um eine Faser einfärben zu können, müssen die Eigenschaften des Farbstoffs auf die zu färbende Faser abgestimmt sein. Die Fixierung des Farbstoffs erfolgt durch verschiedene Bindungsarten bzw. Anziehungskräften zwischen Farbstoff-Molekül und funktionellen Gruppen auf der Faseroberfläche (Ionenbindung, Wasserstoffbrückenbindung, *Van-der-Waals*-Kräfte). Je stärker die Bindungen bzw. die Anziehungskräfte sind, desto besser haftet der Farbstoff auf der Faser, desto besser ist das Färbeergebnis.
Anionische Farbstoffe wie die hier ausgewählten Lebensmittelfarbstoffe sind aufgrund ihrer Struktur (zwei oder mehr Sulfonsäure-Gruppen) gut wasserlöslich und können auf Fasern, die auf ihrer Oberfläche über positiv geladene Gruppen verfügen (Wolle, Seide), durch Ionenbindungen fest fixiert werden.

zu A3 Färben von Wolle mit Indigo und Indigotin (Indigocarmin)
Indigo verfügt über jeweils zwei transständige polare Carbonyl- und NH-Gruppen. Über diese Gruppen bildet Indigo sowohl intra- als auch intermolekulare Wasserstoffbrückenbindungen aus. Im festen Zustand besteht Indigo deshalb aus polymeren Aggregaten und ist kaum wasserlöslich. Da das Indigo-Molekül darüber hinaus über keine weiteren polaren oder sauren Gruppen verfügt, kann es sich nicht in Wasser lösen und auch nicht an eine Faser binden.
Indigotin hat zwar die gleiche Grundstruktur wie Indigo, verfügt aber darüber hinaus, ähnlich wie die in den Experimenten verwendeten Lebensmittelfarbstoffe, über zwei Sulfonsäure-Gruppen. Dadurch ist Indigotin wasserlöslich und in der Lage, mit den positiv geladenen Ammonium-Gruppen der Wollfaser eine Ionenbindung auszubilden. Deshalb kann Wolle mit Indigotin angefärbt werden, mit Indigo jedoch nicht.

5.5 L Benzol – ein Aromat mit vielen Rätseln

Thematik
Unterrichtsmethode

Grundlagen: Organische Substanzen (Alkane, Alkene, Alkine), organische Strukturen (C–C-Einfach- und Mehrfachbindungen), Benzol, Gesundheitsgefahren, molare Größen, Gasgesetze, Formelermittlung; historisches Vorgehen: *Kekulé, Schorlemmer, Mitscherlich/Liebig;* Recherche in (Fach-)Literatur und Internet

Zu wählende Themenbereiche:
A) Wissenschaftsgeschichte – Erste Untersuchungen zu Benzol (Text)
B) Chemisches Denken – Streit um die Strukturformel (Text)
C) Literatur – Benzol als Thema in einem deutschen Roman (Text)
D) Rechnen mit Größen – Zwei quantitative Analysen von Benzol (Rechnungen)
E) Biologie, Medizin und Recht – Benzolproblematik im Alltag (Recherche)

Methodischer Vorschlag: Gruppenpuzzle mit abschließender Concept Map

Durchführung: Kontext, M 1 (methodisches Vorgehen), M 2 (Aufgaben A–E), Materialien A–E, Concept Map (Diagnose)

Die Erarbeitung der Themenbereiche erfolgt in einem Gruppenpuzzle (M 1).
In einer ersten Runde werden Stammgruppen mit jeweils fünf Schüler/-innen gebildet. Jede(r) verschafft sich anhand des Kontextes und der Aufgabenübersicht (M 2) eine Gesamtsicht und handelt mit den anderen Gruppenmitgliedern einen Themenbereich mit dem zugehörigen Material A, B[1], C[2], D oder E für sich aus.
Nach Einarbeitung in die Texte bilden sich Expertengruppen zu jedem Thema A–E. Darin besprechen die Experten offene Fragen, recherchieren und bearbeiten die dazu gehörenden Aufgaben. Internet und Literatur sollen zur Verfügung stehen.
Für diese Arbeitsphasen darf nicht zu wenig Zeit eingeräumt werden. Experte zu werden ist anspruchsvoll und bedarf eventuell zusätzlicher häuslicher Arbeit.
Wieder zurück in den Stammgruppen, werden die Aufgaben erläutert, ihre Ergebnisse vorgestellt und in den Diskussionen zur gegenseitigen Vertiefung genutzt.
Zur Diagnose der Unterrichtseinheit erhält jede(r) Schüler(in) das Formblatt Concept Map zum Ausfüllen, gefolgt von Abgleich und Korrektur z. B. im Plenum.

Die Lehrkraft kann sich beim vorbereitenden Lesen der Erwartungshorizonte auf die wahrscheinlich bei ihren Schülern/-innen auftretenden Probleme und Wissenslücken einstellen und gezielt entsprechende Maßnahmen zur Unterstützung wie Info-Karten oder Literaturhinweise vorbereiten.

Alternativen:
- einen oder zwei Themenbereiche weniger anbieten,
- als Stationenlernen mit Wahlstation(en) einsetzen,
- als differenzierendes Wahlangebot nutzen: Jede(r) bearbeitet eines der Themen nach Neigung und steht im anschließenden Unterricht der Gesamtklasse als Experte zu bestimmten Einzelfragen zur Verfügung.

[1, 2] Etwas längere Textausschnitte stehen auf der beiliegenden CD-ROM bereit.

5.5 L Benzol – ein Aromat mit vielen Rätseln

Thematik
Unterrichtsmethode

Literaturangaben
Internetrecherche zur Gesundheitsgefährdung durch Benzol, *U. Bee*, in: Landesinstitut für Schulentwicklung, Stuttgart (Hrsg.): Methodenreichtum im Chemieunterricht, Chemie Kursstufe, Ch 1273, Stuttgart 2003, S. 57–61
Lexikon der Naturwissenschaftler, *D. Freudig* et al. (Red.); Spektrum Akademischer Verlag, Heidelberg 1996, S. 239, 271, 296, 367
Über das Benzol und die Säuren der Öl- und Talgarten, *E. Mitscherlich*, Annalen der Pharmacie, Band 9 (1843), S. 39-47
Anilin, *K. A. Schenzinger*, Zeitgeschichte, Verlag und Vertriebsgesellsch. Berlin 1937, S. 232-240
Ursprung und Entwicklung der organischen Chemie, *C. Schorlemmer*, Vieweg Braunschweig, 1889, zitiert nach *Ostwalds* Klassiker der exakten Wissenschaften; Band 259, Akademische Verlagsgesellschaft Geest & Portig Leipzig, 1984, 2. Auflage, S. 172-181
Internetseiten *Thomas Seilnacht*, http://www.seilnacht.com/

Zur Erweiterung
Materialien-Handbuch Kursunterricht Chemie (Aulis) Bd. 2: 4.4 (Benzol: Strukturen und Substituenten), 4.7 (Aromatisch – zur Geschichte), 4.8 (UV-Spektren)
Kekulés Traum, Begleitbuch zur Ausstellung, Deutsches Museum Bonn (Hrsg.), 2011

Konzepte
Stoff-Teilchen-, Struktur-Eigenschafts-, Größen-Konzept

Kompetenzbereiche
Experimente mit Benzol sind in der Schule nicht möglich. Deshalb wird für dieses Kapitel der Schwerpunkt Kommunikation und Bewertung im schüleraktivierenden Unterricht vorgeschlagen:
F, E, schwerpunktmäßig: K, B

Die Beschäftigung mit Fragestellungen und Irrtümern in der Wissenschaftsgeschichte kann die Einstellung zu eigenen Fehlern und Irrtümern positiv verändern.
Schüler/-innen mit Neigungen zu Geschichte, Literatur, Umwelt-/Gesundheitsproblemen oder Mathematik bekommen bei dieser Unterrichtseinheit Gelegenheit, ihre Stärken zu zeigen und mit motivierenden Sachverhalten umzugehen. Die Beschäftigung mit verschiedenen Arten, sich mit einer Problematik auseinanderzusetzen, soll einen Beitrag zur eigenen Berufsfindung leisten.

Beim Aushandeln des eigenen Themenbereichs in der Stammgruppe, bei der Arbeit in der Expertengruppe und beim Zusammentragen der Ergebnisse in der Stammgruppe stehen folgende *Kommunikations-Kompetenzen* im Zentrum:
Die Schülerinnen und Schüler
- tauschen sich aus über naturwissenschaftliche Inhalte unter Verwendung fachtypischer Darstellungen,
- planen, strukturieren, reflektieren und präsentieren ihre Arbeit als Team,
- recherchieren zu einem chemischen Sachverhalt in unterschiedlichen Quellen,
- wählen themenbezogene und aussagekräftige Informationen aus,
- prüfen Darstellungen in Medien hinsichtlich ihrer fachlichen Richtigkeit.

Bewertungskompetenzen werden in dieser Unterrichtseinheit ebenfalls gestärkt:
Die Schülerinnen und Schüler …
- erkennen Fragestellungen, die einen engen Bezug zu anderen Unterrichtsfächern aufweisen und zeigen diese Bezüge auf, wenn sie sich mit dem geschichtlichen Hintergrund eines „Forscherromans" aus den dreißiger Jahren des zwanzigsten Jahrhunderts auseinandersetzen,
- bewerten gesellschaftsrelevante Aussagen aus unterschiedlichen Perspektiven, wenn sie sich mit der Grenzwertproblematik bei Benzol beschäftigen,
- binden chemische Sachverhalte in Problemzusammenhänge ein, entwickeln Lösungsstrategien und wenden sie an, wenn sie bei der Formelermittlung von Benzol Rechenverfahren heranziehen.

Anforderungsbereiche: I, II

5.5 S Benzol – ein Aromat mit vielen Rätseln *Kontext*

Definition: Anfangs des vorletzten Jahrhunderts war „Aromaten" die Bezeichnung für angenehm riechende organische Verbindungen. Bei chemischen Reaktionen und Molekülstrukturen war der Begriff jedoch noch nicht zu fassen. Heute sind Aromaten definiert über besondere Elektronenverhältnisse in ihren Molekülen und Reaktionsmechanismen, besonders hilfreich beim Verstehen von Farbstoffen.

Benzol wird als die „einfachste aromatische Verbindung" bezeichnet.
Eigenschaften: farblose, aromatisch riechende Flüssigkeit, Schmelz-/Siedetemperatur: 5,5 °C / 80,1 °C, Dichte $\rho = 0{,}875\,g \cdot cm^{-3}$, in Wasser kaum löslich, in Benzin in jedem Verhältnis löslich, brennt mit stark rußender, heller Flamme, giftig, krebserregend.

Entdeckung: 1825 durch *Michael Faraday* aus Öl von komprimiertem Leuchtgas, das man ab 1814 in Großstädten zur Straßenbeleuchtung durch Gaslaternen einsetzte. 1843 von *Eilhard Mitscherlich* durch trockene Destillation eines organischen Calciumsalzes (Calciumbenzoat) gewonnen. 1865 veröffentlichte *August Kekulé* seine entscheidende Idee von einer „Ringstruktur" für das Benzol-Molekül – ursprünglich nur eine Vision im Traum!

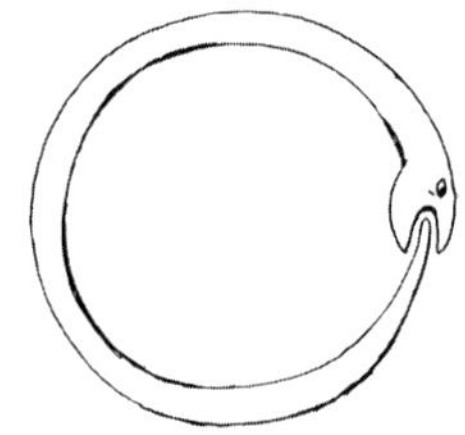

Verwendung: Heute stammt Benzol hauptsächlich aus der Aufarbeitung von Erdölfraktionen. Es ist eine wichtige Grundchemikalie: früher Extraktionsmittel (Lösungsmittel) für Fette und Wachse, heute durch weniger giftige Lösungsmittel ersetzt. Technisch wird es nahezu ausschließlich als Rohstoff zur Herstellung einiger Industriechemikalien eingesetzt, z. B. Cyclohexan, Nitrobenzol und Anilin, ferner als Benzin-Zusatz zum Klopfschutz, der aber weiter reduziert werden soll. In der EU ist derzeit bis zu 1 % des Volumens erlaubt, in den USA bis zu 5 %.

Geschichtliches: Während zu Beginn des 19. Jahrhunderts noch vieles völlig rätselhaft war – „Organische Chemie" als Chemie der Kohlenstoff-Verbindungen gab es überhaupt nicht – setzte nach der Veröffentlichung von *Kekulé* 1865 eine rasante Entwicklung von Wissenschaft und chemischer Industrie ein. 1831 hatte *Justus von Liebig* seine Apparatur zur Elementaranalyse organischer Verbindungen veröffentlicht, um so elementare Zusammensetzungen zu bestimmen. *Kekulé* war „Theoretiker" mit Mut zu eigenen Ideen. So stammten von ihm die uns geläufigen Vorstellungen von der 4-Bindigkeit der C-Atome (1858) und deren Fähigkeit, sich zu einer Kette zu verknüpfen, die er gegen viele Widerstände vertrat. Man war sich zwar klar darüber, dass sich „Valenzen" in einem Molekül gegenseitig „absättigen" müssen, hatte aber noch keine Vorstellung darüber, wie das „aussehen" sollte. *Kekulé* nannte die sich absättigenden Valenzen (heute „Bindungen") „Verwandtschaften".
Ein Symbol für „Bindungen" zwischen Atomen führte *Emil Erlenmeyer* in seinem Lehrbuch von 1867 ein, als er durchgängig alle Formeln mit „Valenzstrichen" schrieb, die heute noch als Symbole für Elektronenpaarbindungen benutzt werden.

Die rasante Entwicklung im Bereich der Forschung und Anwendung in der Chemie in der zweiten Hälfte des 19. Jahrhunderts zeigen beispielhaft folgende Daten:
- Zahl der jeweils bekannten organischen Verbindungen: 500 (1800), 1500 (1840), 3000 (1860), 15000 (1880).
- Gründungen in der chemischen Industrie: Fr. Bayer et Comp. (ein Kaufmann und ein Färber), später Bayer AG (1863), Höchst (1863), Badische Anilin- und Sodafabrik, heute BASF (1865).

5.5 S Benzol – ein Aromat mit vielen Rätseln *M 1*

Arbeitsaufträge für das Gruppenpuzzle

1. Erarbeiten Sie sich durch Lektüre der Materialien „Kontext“ und „Aufgaben-Übersicht“ (M 2) einen Gesamtüberblick zum Thema.

2. Bilden Sie Stammgruppen zu jeweils fünft.

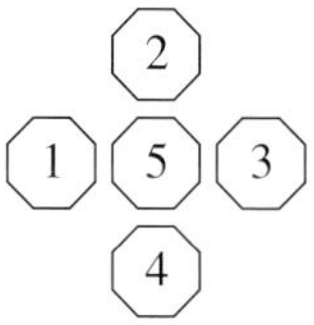

3. Überlegen und verhandeln Sie, welcher Themenbereich für Sie besonders interessant ist:

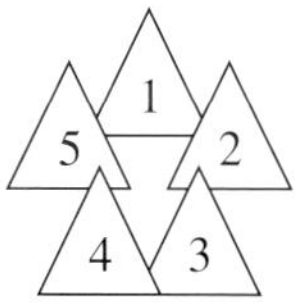

> A) Wissenschaftsgeschichte – Erste Untersuchungen zu Benzol (Text)
> B) Chemisches Denken – Streit um die Strukturformel (Text)
> C) Literatur – Benzol als Thema in einem deutschen Roman (Text)
> D) Rechnen mit Größen – Zwei quantitative Analysen von Benzol (Auswertung von Messergebnissen)
> E) Biologie, Medizin und Recht – Benzolproblematik im Alltag (Recherche)

Verteilen Sie in den Gruppen die Themenbereiche und die zugehörigen Materialien A bis E. Beschäftigen Sie sich zunächst alleine mit dem Material, ohne die Aufgaben zu lösen.

4. Zu jedem Themenbereich A – E treffen sich die Experten aus den Stammgruppen zu Expertengruppen und bearbeiten die Materialien anhand der jeweiligen Aufgaben. Zur Unterstützung liegt Literatur bereit, zur Recherche steht ein Internetzugang offen.

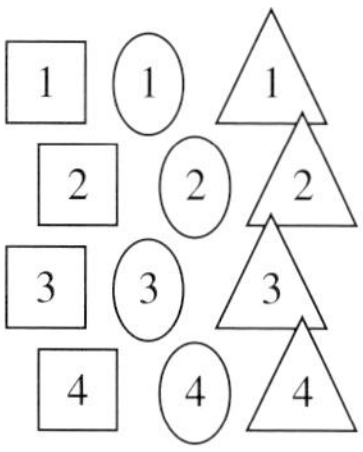

5. Die ursprünglichen Stammgruppen setzen sich wieder zusammen; jede(r) stellt die Bearbeitung seiner/ihrer Aufgaben vor. Nutzen Sie die Gelegenheit zur anregenden Diskussion beim Vergleich von Aufgabenergebnissen, z. B. zwischen A, B, C, zwischen B und D, zwischen C und E.

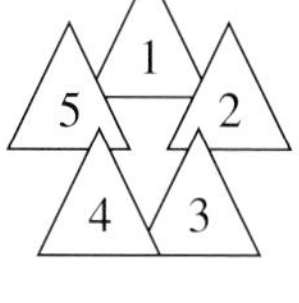

6. Jede(r) Schüler(in) erhält das Formblatt „Map“ mit Anleitungen zum Erstellen einer Concept Map über alle Themenbereiche und bearbeitet sie.

7. Die Kontrolle bzw. Ergänzung der Concept Maps können in der Abfolge „Partnerarbeit – Plenum“ vorgenommen werden. Es sollen noch mindestens vier Fragen zusammengestellt werden, die im folgenden Unterricht zum Thema „Benzol“ noch geklärt werden können.

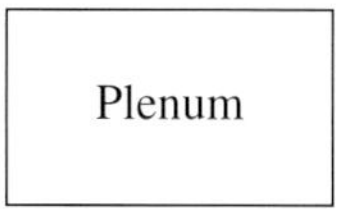

5.5 S Benzol – ein Aromat mit vielen Rätseln *M2*

Aufgaben für Expertengruppen

„Wissenschaftsgeschichte“ (Material A – *Mitscherlich*)
a) Stellen Sie Informationen über den Verfasser (Lebensdaten, wissenschaftliches Werk, politisches Umfeld) zusammen.
b) Beschreiben Sie im Text genannte Reaktionen und Eigenschaften von Benzol.
c) Stellen Sie die Aussagen des Textes über das Benzol-Molekül zusammen und erläutern Sie sie in der heutigen Fachsprache.
d) Beschreiben Sie, wie es zur Namensgebung „Benzol“ kam und nehmen Sie aus heutiger Sicht dazu Stellung. Berechnen Sie eine nach den Daten des Textes mögliche Summenformel.

„Chemisches Denken“ (Material B – *Schorlemmer*[1])
a)–c) siehe oben
d) Im Text wird ein Streit unter Chemikern der damaligen Zeit beschrieben. Skizzieren Sie, worüber die Wissenschaftler unterschiedlicher Ansicht waren und überprüfen Sie den Sachverhalt in eigenen Worten.

„Literatur“ (Material C – *Schenzinger*[2])
a)–c) siehe oben
d) Prüfen Sie, ob die Romanfiguren *Mansfield, Kekulé* und *Hofmann* historisch sind. Im Text werden unterschiedliche Auffassungen der Wissenschaft Chemie gegenüber gestellt. Beschreiben Sie sie in eigenen Worten und nehmen Sie Stellung dazu.

„Rechnen mit Größen“ (Material D – Quantitative Analysen)
a) Machen Sie sich für beide Verfahren klar, welche Schritte durchgeführt worden sind. Gegebenenfalls notieren Sie ein Reaktionsschema („Wortgleichung“).
b) Berechnen Sie aus den Messergebnissen jeweils die Summenformel von Benzol.
c) Stellen Sie möglichst viele Strukturformeln für Kohlenwasserstoffe mit der Summenformel C_6H_6 auf. Überlegen Sie, mit wie vielen Brom-Molekülen jedes dieser Moleküle bei Zugabe von Bromwasser (ohne Belichtung) reagieren würde.
d) Zur Aufklärung der Bindungsverhältnisse im Benzol-Molekül dient auch die Reaktion mit Wasserstoff (Hydrierung). Notieren Sie für zwei Beispiele aus c), welches Produkt dabei entstehen würde. Berechnen Sie aus angegebenen Messwerten die molare Hydrierungsenthalpie von Benzol.

„Biologie, Medizin, Recht“ (Material E – Gesundheitsaspekte)
a) Recherchieren Sie, wo und wie Menschen in ihrem Alltag auf Benzol stoßen.
b) Recherchieren Sie, wie Gefährdungen durch Chemikalien erfasst werden.
c) Beurteilen Sie die Gesundheitsgefährdung durch Benzol im Alltag.
d) Berechnen Sie mithilfe recherchierter Daten, wie durch Autoverkehr, Zigarettenkonsum oder Toner aus Laserdruckern der Arbeitsplatzgrenzwert AGW für Benzol in einem von Ihnen vorgegebenen Raum überschritten würde.

[1,2] Etwas längere Textausschnitte stehen auf der beiliegenden CD-ROM bereit.

5.5 S Benzol – ein Aromat mit vielen Rätseln *Material A*

Auszug aus einem Artikel von *Eilhard Mitscherlich* in der Zeitschrift
„Annalen der Pharmacie", Band 9 (1843), S. 39 ff.
Herausgeber der Zeitschrift: *Justus von Liebig* (J. L.)
Auslassungen und Ergänzungen durch den Herausgeber dieses Buches sind in eckigen Klammern [...] notiert.

Ueber das Benzol und die Säuren der Oel- und Talgarten,

E. Mitscherlich,
Von dem Verfasser gütigst mitgetheilt; mit Anmerkungen und einem Nachtrag von *J. L.*

[...]
Das Benzol (Benzin).[5]
Mengt man Benzoesäure [C_6H_5COOH] mit einer starken Base, wovon man mehr nimmt als hinreichend ist um die doppelte Menge Benzoesäure zu sättigen, mengt man z. B. 1 Th. Benzoesäure mit 3 Th. gelöschter Kalkerde [Calciumhydroxid], und unterwirft das Gemenge der Destillation, so geht zuerst Wasser und zuletzt eine dünnflüssige ölartige Flüssigkeit über, welche auf dem Wasser schwimmt. Wenn man das Gemenge sehr langsam erwärmt, so ist der Rückstand in der Retorte vollkommen farblos, und läßt beim Auflösen in Säure, wobei sich Kohlensäure entwickelt, keine Spur eines Rückstandes zurück; die Auflösung in der Säure ist farblos, und es wird keine Gasart bei der Destillation entwickelt. Die Benzoesäure zerlegt sich also in Kohlensäure und in die ölartige Flüssigkeit. Die ölartige Flüssigkeit kann man vom Wasser vollständig trennen, wenn man sie mit der Pipette abnimmt, dann mit etwas Kali schüttelt und destillirt. Läßt man Kalium lange Zeit mit dieser Flüssigkeit in Berührung, oder destillirt man sie damit, so bleibt die Oberfläche des Kaliums metallisch glänzend, so daß sie also keinen Sauerstoff enthält. Da diese Flüssigkeit aus der Benzoesäure gewonnen wird, und wahrscheinlich mit den Benzoylverbindungen [Moleküle mit der Atomgruppe $C_6H_5CO^-$] im Zusammenhang steht, so gibt man ihr am besten den Namen Benzol, da der Name Benzoin schon für die mit dem Bittermandelöl [Benzaldehyd C_6H_5CHO] isomerische Verbindung von Liebig und Wöhler gewählt worden ist.
Das Benzol ist klar, farblos, von einem eigenthümlichen Geruch, von 0,85 specifischem Gewicht, es kocht bei 86°, in Eis gestellt wird es fest und bildet eine krystallinische Masse, welche bei 7° flüssig wird, es ist leicht löslich in Alkohol und Aether, in Wasser nur sehr wenig, doch in solcher Menge, daß das Wasser stark darnach riecht.

[5] Wir haben den Namen Benz*in*, womit Herr Professor Mitscherlich das brenzliche Oel bezeichnet hat, welches durch trockene Destillation von benzoesaurem Kalk gebildet wird, in Benz*ol* verändert, weil die Endung auf *in* zu sehr an Strichnin, Chinin etc. erinnert, an Körper, mit denen es nicht die geringste Aehnlichkeit besitzt, und die Endung auf *ol* die Eigenschaften desselben und seine Entstehung viel schärfer bezeichnet. Am besten wäre es freilich gewesen, wenn diesem Körper der Name geblieben wäre, mit dem es der Entdecker desselben, Faraday, bezeichnet hat, da es mit der Benzoesäure und den Benzoylverbindungen in keiner näheren Beziehung steht, als mit Thran oder Steinkohlen, aus denen es ebenfalls erhalten werden kann.

5.5 S Benzol – ein Aromat mit vielen Rätseln *Material A*

Mitscherlich (Fortsetzung)

In Schwefelsäure löst es sich nicht auf und wird nicht davon verändert, man kann es damit destilliren; eben so verhalten sich Chlorwasserstoffsäure und andere starke Säuren.
In eine Flasche mit Chlor gegossen, findet ohne Sonnenlicht nur eine geringe Einwirkung statt, dem Sonnenlicht ausgesetzt, bilden sich sogleich dichte Nebel, Chlorwasserstoffsäure, eine krystallinische und eine zähe Substanz; diese beiden Substanzen backen zusammen, und lassen sich daher leicht aus den Gefäßen herausnehmen, und mit Wasser reinigen. Die zähe Substanz ist leicht in Aether löslich, die feste viel weniger; löst man daher das Ganze in Aether auf, so krystallisirt die feste heraus; diese zeichnet sich durch einen eigenthümlichen Geruch aus, verflüchtigt sich erst bei einer erhöhten Temperatur, und läßt sich alsdann unverändert überdestilliren. [...]
Brom zersetzt gleichfalls das Benzol, Jod löst sich etwas darin auf, ohne es zu zersetzen.

Die Untersuchung des Benzols [durch vollständige Verbrennung] gab folgende Resultate.
100 Theile Benzol bestehen nach der Analyse folglich aus:

[...] [Massenanteile:]	92,62	Kohlenstoff
	7,76	Wasserstoff
	1oo,38.	

Die Analyse gibt einen unbedeutenden Ueberschuß; Sauerstoff ist im Benzol also nicht enthalten. [...]
Die Untersuchung selbst stimmt mit diesem Resultat, welches außerdem durch andere Thatsachen, besonders durch die Bildung des Benzols bestätigt wird, so genau überein, daß diese Zusammensetzung als die richtige angenommen werden muß.

Die Bestimmung des specifischen Gewichts des Benzols gab folgendes Resultat.
[...] Nach diesem Versuch beträgt das specifische Gewicht des Benzolgases 2,77.
[Dies ist im Vergleich zu reiner Luft ermittelt.]
[...]
Vergleicht man die Zusammensetzung und die Eigenschaften des Benzols mit dem Bicarburet of Hydrogen von Faraday (mit der festen Substanz, welche Faraday in dem comprimirten Oelgase entdeckte), so wird man finden, daß beide Substanzen identisch sind. [...]
Sehr interessant ist das Verhalten der Salpetersäure [HNO_3] gegen Benzol. [...] mit rauchender Salpetersäure gemischt, findet in der Kälte wenig Einwirkung statt, kocht man es aber damit, so löst es sich allmählig darin auf; setzt man zu der Auflösung Wasser hinzu, so scheidet sich [...] ein ölartiger Körper aus, welcher zu Boden fällt und viele Aehnlichkeit mit dem Bittermandelöl besitzt; [...]

Text aus: *Mitscherlich, Eilhard.* Ueber das Benzol und die Säuren der Oel- und Talgarten.
In: Annalen der Pharmacie, Band 9 (1843), S. 39–47

5.5 S Benzol – ein Aromat mit vielen Rätseln *Material B*

Carl Schorlemmer: **Ursprung und Entwicklung der organischen Chemie**

Braunschweig, Druck und Verlag von Friedrich Vieweg und Sohn, 1889
Zitiert nach *Ostwalds* Klassiker der exakten Wissenschaften; Band 259, Akademische Verlagsgesellschaft Geest & Portig K.-G., Leipzig, 1984, 2. Auflage
Auslassungen und Ergänzungen durch den Herausgeber dieses Buches sind in eckigen Klammern [...] *notiert.*

[...]

IX

Aromatische Verbindungen – Kekulés Hypothese – Disubstitutionsprodukte des Benzols – Bestimmung des chemischen Orts – Ladenburgs Ansichten [...]

Unter dem Namen *aromatische* Verbindungen begreift man eine zweite, große Gruppe von Kohlenstoffverbindungen, welche so genannt wurde, weil viele ihrer Verbindungen, welche in der Natur vorkommen, aromatisch riechen und schmecken und sich in wohlriechenden ätherischen Ölen, Balsamen usw. finden. Von den Fettkörpern [Alkanen] unterscheiden sie sich dadurch, daß sie verhältnismäßig reicher an Kohlenstoff sind, weshalb Kekulé sie kohlenstoffreichere Verbindungen nannte.
Über ihre Konstitution wurde keine Meinung ausgesprochen, bis Kekulé 1865 eine Theorie aufstellte, welche ein unerwartetes Licht auf diese bis dahin ziemlich vernachlässigte Gruppe warf.[1]
Er sagt:
„Wenn man sich von der atomistischen Konstitution der aromatischen Verbindungen Rechenschaft geben will, so muß man zunächst wesentlich den folgenden Tatsachen Rechnung tragen:

1. Alle aromatischen Verbindungen, selbst die einfachsten, sind an Kohlenstoff verhältnismäßig reicher als entsprechende Verbindungen aus der Klasse der Fettkörper.
2. Unter den aromatischen Verbindungen gibt es, ebenso wie unter den Fettkörpern, zahlreiche homologe Substanzen.
3. Die einfachsten aromatischen Substanzen enthalten mindestens sechs Atome Kohlenstoff.
4. Alle Umwandlungsprodukte aromatischer Substanzen zeigen eine gewisse Familienähnlichkeit, sie gehören sämtlich der Gruppe der „aromatischen Verbindungen" an. Bei tiefer eingreifenden Reaktionen wird zwar häufig ein Teil des Kohlenstoffs eliminiert, aber das Hauptprodukt enthält mindestens sechs Atome Kohlenstoff. Die Zersetzung hält bei Bildung dieser Produkte ein, wenn nicht eine vollständige Zerstörung der organischen Gruppe eintritt.

Diese Tatsachen berechtigen zu der Annahme, daß in allen aromatischen Verbindungen ein und dieselbe Atomgruppe oder, wenn man will, ein gemeinschaftlicher Kern enthalten ist, der aus sechs Kohlenstoff-Atomen besteht. [...]"

[1] Bull. Soc. chim. France 1 (1865) S. 98; Ana. Chem. Pharm. 137 (1866), S. 129.

5.5 S Benzol – ein Aromat mit vielen Rätseln

Material B

Schorlemmer (Fortsetzung I)

Im aromatischen Kern sind nun nach Kekulé die sechs Kohlenstoff-Atome abwechselnd durch je eine oder zwei Verbindungseinheiten [C–C-Einfach- und Doppelbindungen] zu einem Ring verkettet, so daß, wenn man die sechs noch freien Verbindungseinheiten mit Wasserstoff sättigt, man Benzol, C_6H_6, die einfachste aromatische Verbindung, erhält, deren Konstitution daher die folgende ist:

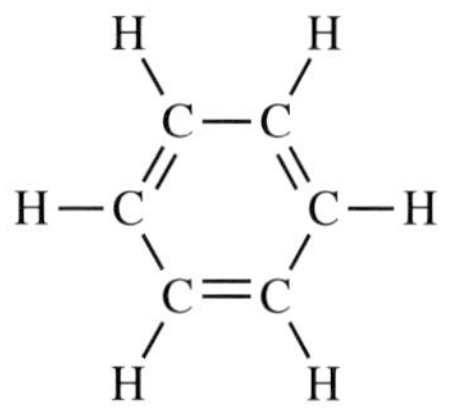

[…]

Kekulés Formel trägt auch den folgenden Tatsachen Rechnung:

1. Bei den Monosubstitutionsprodukten des Benzols kommen keine Fälle von Isomerie vor, da die sechs Wasserstoff-Atome dieses Kohlenwasserstoffs gleichwertig sind.
2. Werden zwei Wasserstoff-Atome durch Elemente oder Radikale, welche man *Seitenketten* nennt, ersetzt, so können, einerlei ob die eintretenden Elemente oder Seitenketten identisch oder verschieden sind, drei isomere Verbindungen entstehen, wie die Erfahrung gezeigt hat. Die Isomerie ist dadurch bedingt, daß die Körper, welche Wasserstoff[-Atome] ersetzen, verschiedene Stellungen einnehmen. Indem man das Benzol durch ein Sechseck darstellt, in dessen Ecken sich die Kohlenstoff-Atome befinden, und dieselben mit Zahlen bezeichnet, so sieht man leicht ein, daß z.B. drei Brombenzole existieren können, in welchen das Brom folgende Stellungen einnimmt:

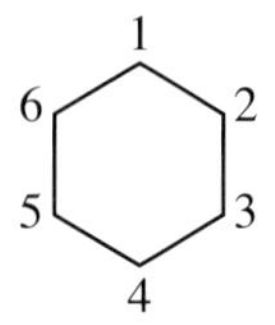

1 : 2   1 : 3   1 : 4

Jede andere Stellung ist mit einer derselben identisch. […]

[…]

Ladenburg machte jedoch gegen dieselbe [Kekulés Darstellung] den Einwand, daß sie nicht drei, sondern vier Disubstitutionsprodukte verlange, da die Stellungen 1 : 2 und 1 : 6 nicht identisch seien. Denn zwei Substituenten, welche sich in der Stellung 1 : 2 befinden,

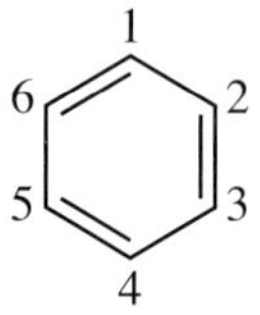

sind an zwei Kohlenstoff-Atome gebunden, die nur durch je eine Verbindungseinheit [C–C-Einfachbindung] aneinandergekettet sind, während, wenn sie in der Stellung 1 : 6 sind, sie an zweifach gebundene Kohlenstoff-Atome geknüpft sind. Die Frage, ob 1 : 3 = 1 : 5 ist, liegt einfacher und kann wohl bejaht werden.

[…]

V. Meyer trat Ladenburg entgegen, indem er hervorhob, daß der Unterschied zwischen den Stellungen 1: 2 und 1: 6 nicht durch eine verschiedene Stellung der Atome, sondern nur durch abweichende Anordnung der Verbindungseinheiten des Kohlenstoffs hervorgerufen werde, und er sei demnach von so subtiler Natur, daß es zweifelhaft erscheine, ob ein so feiner Unterschied einen merklichen Einfluß auf die Eigenschaften der Verbindung ausüben könne.[2]

[2] Ann. Chem. Pharm. 156 (1870) S. 265; 159 (1871) S 24.

5.5 S Benzol – ein Aromat mit vielen Rätseln *Material B*

Schorlemmer (Fortsetzung II)

K e k u l é ist anderer Ansicht; nach ihm wird auf die mögliche Verschiedenheit der Diderivate 1: 2 und 1: 6 wohl allzuviel Gewicht gelegt; dieselbe leite sich mehr von der Form ab, welcher wir uns bedienen, als aus dem Gedanken, welchen diese Form in etwas unvollkommener Weise ausdrückt. Um zu zeigen, daß keine Verschiedenheit zwischen 1 : 2 und 1 : 6 existiert, hat er folgende Hypothese aufgestellt[3]:
[...]
Stellt man nun das Benzol durch die bekannte Sechseckformel dar, und berücksichtigt man irgendeins der sechs Kohlenstoff-Atome, z. B. das mit 1 bezeichnete: [...]

erste Zeiteinheit [...]: 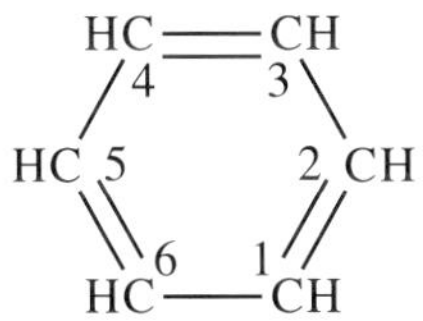 [...], zweite Zeiteinheit [...]: 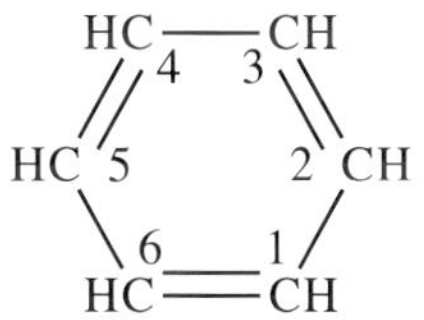

Dasselbe Kohlenstoff-Atom ist also in der ersten Zeiteinheit mit einem der beiden benachbarten, in der zweiten dagegen mit dem anderen der benachbarten Kohlenstoff-Atome in doppelter Bindung. [...]
[Stellt man das Benzol-Molekül nur durch eine einzige Formel dar], so ist man zu der Ansicht verleitet worden, Biderivate mit den Stellungen 1, 2 und 1, 6 müßten notwendig verschieden sein. Wenn die eben mitgeteilte Vorstellung oder eine ihr ähnliche für richtig gehalten werden darf, so folgt daraus, daß diese Verschiedenheit nur eine scheinbare, aber keine wirkliche ist.
Nach L a d e n b u r g erklärt sich die Konstitution am einfachsten, wenn man annimmt, daß die Kohlenstoff-Atome in den Ecken eines dreiseitigen Prismas liegen, woraus sich folgende grafische Formel ergibt:

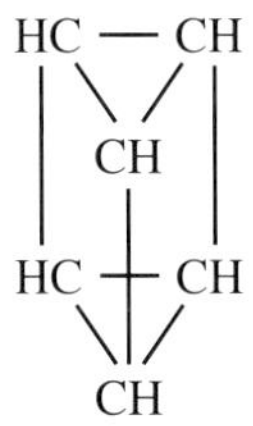

Dieselbe erklärt ebenso einfach wie die K e k u l é s die Bildung von drei isomeren Substitutionsprodukten, die von Additionsprodukten usw. [...]

Text aus: *Schorlemmer, Carl.* Der Ursprung und die Entwicklung der organischen Chemie. Braunschweig: Friedrich Vieweg und Sohn 1889

[3] Ibid. 162 (1872) S. 86.

5.5 S Benzol – ein Aromat mit vielen Rätseln *Material C*

Karl Aloys Schenzinger: Anilin

Roman

„Zeitgeschichte" Verlag und Vertriebsgesellschaft m. b. H. Berlin, 1937

Auslassungen und Ergänzungen des Herausgebers sind in eckigen Klammern [...] notiert.

[...]
Seit drei Tagen schon arbeitete Charley Mansfield im großen Labor. Er hatte sich Tag und Nacht keine Ruhe gegönnt. Kaum dass er sich einmal gegen Morgen für eine Stunde hingelegt hätte. Wüste Stoppeln bedeckten schon sein Gesicht. Seine Hände klebten und waren mit Seife nicht mehr sauber zu kriegen. Haare und Kleider rochen nach Teer. Er hatte sich nun einmal in den Kopf gesetzt, mit dieser Arbeit fertig zu sein, wenn Hofmann von seiner kurzen Erholungsreise zurückkommen würde. Die Arbeit an sich hätte ihm weiter nichts ausgemacht, wenn er nebenher seine Pfeife hätte rauchen können. Bei der hohen Feuersgefahr dieser Substanzen war aber an Rauchen nicht zu denken.

Mansfield stand an einem der Fenster [...]
Kurz darauf trat der Angemeldete [Dr. Kekulé] in den Raum. [...]
Der Besuch trat näher und fragte nach Professor Hofmann.
„Professor Hofmann ist leider verreist." [...]
Dr. Kekulé nahm ein Bündel Papiere aus seiner Tasche. „Ich wollte ihm eine Arbeit vorlegen, die ich dieser Tage fertiggestellt habe." [...]
Verdutzt sah Mansfield auf den Besucher.
„Sie sind es gewohnt, viel zu experimentieren", sagte Doktor Kekulé und lächelte. „Ich denke mehr nach."
Mansfields Gesicht wurde noch verlegener. „Ganz recht — doch, wie soll man das verstehen, Doktor?"
„Ganz einfach. Es kommt mir nicht so sehr darauf an, neue Stoffe zu finden, als die bereits gefundenen zu begreifen."
Mansfield begann in seiner Verlegenheit in dem Manuskript zu blättern. Sein Auge fiel auf eine unterstrichene Stelle. Er begann zu lesen, wurde gleich gepackt und las Seite um Seite.
Doktor Kekulé suchte sich inzwischen die Zeit zu vertreiben. Er sah sich flüchtig in dem Laboratorium um, trat aber bald an ein Fenster und sah hinaus. In Gedanken zog er seine Pfeife und begann sie zu stopfen.
Mansfield fuhr erschrocken hoch. „Um Gottes willen, rauchen Sie nicht! Wir destillieren Benzol."
Kekulé nickte und steckte seine Pfeife ruhig wieder ein. „Hofmanns neue Methode, nicht wahr?"
„Allerdings."
„Da haben Sie ein Beispiel aus nächster Nähe. Ob man Benzol auf komplizierte Weise aus der Benzolsäure gewinnt oder auf einfache — will sagen: billige — Weise aus dem Steinkohlenteer, ist eine Frage, die allenfalls die Industrie angeht. Die Wissenschaft fragt in erster Linie: Was ist Benzol? Oder sollte es wenigstens fragen."
„Das weiß man aber doch! Benzol ist ein Kohlenwasserstoff aus sechs Teilen Kohlenstoff und sechs Teilen Wasserstoff."
„Damit weiß man herzlich wenig, verehrter Kollege. [...]

5.5 S Benzol – ein Aromat mit vielen Rätseln *Material C*

Schenzinger (Fortsetzung)

Also brauchen die Benzol-Moleküle Raum. Wie sind nun in diesem Raum die Kohlenstoff- und Wasserstoff-Atome gelagert. Ein Molekül hat doch wie alles Räumliche ein Oben und ein Unten, wenn ich so sagen darf, ein Hinten und ein Vorn. Wie und wo sind die Atome innerhalb ihres Raumes aneinander gebunden? Diese Frage gilt für das Wasser genau so wie für das Benzol, für den Gips wie für die schwefelhaltigen organischen Säuren. Ich habe an dieser Arbeit, die, nebenbei bemerkt, meine erste ist, diese Frage angeschnitten. Sie zu beantworten ist vielleicht mehr Sache eines Dichters oder Philosophen als die eines Analytikers. Ich weiß es nicht. Was ist Benzol? frage ich Sie nochmal, Doktor Mansfield. Was ist Benzol? Leben Sie wohl für heute. Ich hoffe, bald von Ihnen zu hören."

Mansfield machte sich mit brennender Neugier über das Manuskript, während Doktor Kekulé auf der Oxfordstreet einen Omnibus bestieg, um nach seiner Bodenstube, draußen am Clapham Road, zu fahren. Er saß auf dem Dach des Wagens. Fassaden, Türme, Plakate zogen an ihm vorüber, Menschen, Auslagen, Brückenbogen. Das Schellen der Pferdebahnen klang zu ihm herauf, der betäubende Lärm der Straße, die Schreie der Zeitungsverkäufer. Vor seinen Augen aber tanzten die Atome. Schon immer hatte er die Atome in Bewegung gesehen, in einer Bewegung ohne Wahl und Ziel. Heute kam zum erstenmal Ordnung in diese Bewegung. Die Atome fügten sich zusammen, bildeten Paare, Reihen, Ketten. Noch schlossen sie sich nicht zum Ring.

Auf dieser Fahrt wurde der Gedanke geboren, der bald darauf der Schlüssel werden sollte zu einem der größten Rätsel der Natur.

[...]

Im Chelseakrankenhaus wurde [Prof. Hofmann] erklärt, daß der Verunglückte [Dr. Mansfield] ihn wohl kaum werde erkennen können. Die Verbrennungen seien entsetzlich. Man nehme an, daß Mister Mansfield am Tisch gelesen und dabei den Apparat für einige Zeit außer acht gelassen habe. In der Zeit sei dann wahrscheinlich der Inhalt der Retorte übergelaufen und in Brand geraten. Dafür spreche auch der Umstand, daß man neben Mister Mansfield halbverkohlte Blätter eines Manuskripts gefunden habe.

Hofmann wankte, als er das Krankenzimmer betrat. Auf dem Bett lag ein menschlicher Körper, der ganz in Watte eingepackt war. Nur der rechte Arm und das Gesicht waren frei.

„Mister Mansfield schläft", sagte der führende Arzt. „Er hat viel Morphium bekommen."

„Ist Hoffnung?"

„Kaum." [...]

Der Arzt kam mit der betäubenden Arznei. Aber Mansfield wehrte ab. „Die paar Stunden... laßt mich noch denken."

[...]

Jäh richtete Mansfield sich auf. Hofmann versuchte ihn zu stützen. Mit großen verträumten Augen sah der Kranke ins Leere. „Was ist Benzol?" stammelte sein Mund. Dann sank er kraftlos zurück. „Was ... ist ... Benzol?"

Text aus: *Schenzinger, Karl Aloys.* Anilin. Roman eines Farbstoffes. Berlin: Zeitgeschichte Verlag 1937, S. 232–240

5.5 S Benzol – ein Aromat mit vielen Rätseln *Material D*

Quantitative Analysen

Zwei Verfahren zur Formelermittlung von Benzol

Das Ergebnis der qualitativen Analyse ist jeweils bereits bekannt: Benzol ist ein reiner Kohlenwasserstoff.

Verfahren 1

1.1 136 mg Benzol nehmen nach dem vollständigen Verdunsten bei 20 °C und 1013 hPa ein Volumen von 42 mL ein.

1.2 Wird dieser Benzoldampf thermolytisch zersetzt, so entstehen neben Kohlenstoff 126 cm^3 Wasserstoff (bei den obigen Bedingungen).

Verfahren 2

2.1 Verdampft man 0,1 mL flüssiges Benzol bei Zimmertemperatur (24 °C) und 990 hPa Luftdruck, so erhält man 28 cm^3 Benzol-Dampf

2.2 Bei der quantitativen Oxidation dieser Benzol-Portion mit Kupfer(II)-oxid entstehen ungefähr 164 cm^3 Kohlenstoffdioxid.

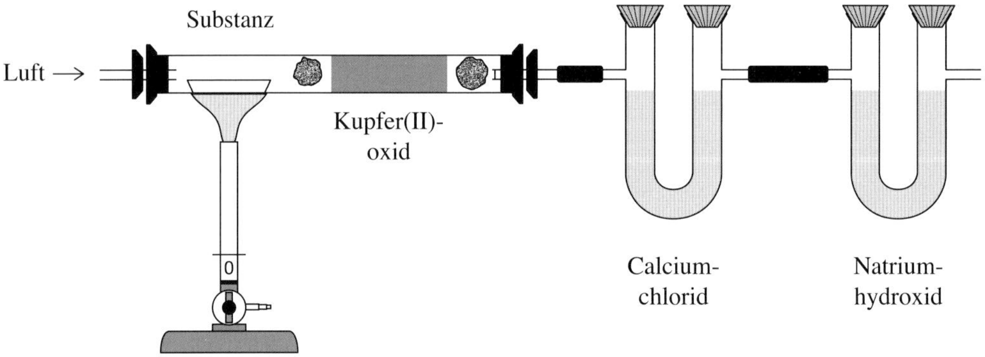

Die Hydrierung von Benzol

Experiment zur Ermittlung der molaren Hydrierungsenthalpie $\Delta_{Hydr}H$(Benzol):
Eine Benzolportion der Masse $m = 2\,g$ wird in einem geeigneten Kalorimeter vollständig hydriert. Dabei erwärmt sich das Wasser im Kalorimeter (m(Wasser) = 250 g) um 5,12 K. Die Erwärmung des Kalorimetergefäßes kann vernachlässigt werden.

Berechnen Sie mithilfe dieser Angaben die molare Hydrierungsenthalpie von Benzol $\Delta_{Hydr}H$(Benzol).

5.5 S Benzol – ein Aromat mit vielen Rätseln *Material E*

Gesundheitsaspekte

Die Recherche beschränkt sich nicht allein auf das Internet. Auch Fachliteratur (z. B. Schulbücher, Sicherheitsdatenblätter) sind zur Information geeignet.

Hinweise und Tipps

1. Die Universität Hannover bietet eine gute Metasuchmaschine an unter der Adresse http://www.metager.de .

2. Als Suchbegriffe eignen sich: Benzol, Benzol + Gesundheit, B.+ Krebs, B. + Umwelt, B. + Rauchen, B. + Verkehr, B. + Messwerte, B. + Luft .

3. Einige Internetseiten zum Thema (letzter Aufruf: 19. 10. 2012):

   http://www.upi-institut.de
   http://www.gifte.de/toxikologie.htm
   http://www.apug.de/archiv/pdf/scaling.pdf
   http://www.cytox.de/dienstleistungen/leuchtbakterientest/
   http://www.seilnacht.com/ > Chemielexika
   http://www.seilnacht.com/Chemie/recht.html
   http://www.zusatzstoffe-online.de/information/681.doku.html
   http://www.bfga.de/arbeitsschutz-lexikon-von-a-bis-z/
   http://www.deutscher-wetterdienst.de/lexikon/ > Benzol
   http://www.elkage.de/src/public/showterms.php?id=2469

4. Mögliche Aufgaben und Fragestellungen

   – Nennen Sie Einsatzgebiete von Benzol im Alltag. Schätzen Sie die Häufigkeit Ihres Körperkontakts mit Benzol ein!

   – Was versteht man unter „Toxikologie“?
   – Was bedeutet der LD50-Wert und wie wird er bestimmt?
   – Was ist chronische Toxizität?
   – Durch welche Ansätze versucht man die chronische Toxizität zu ermitteln?
   – Welche Bedeutung haben folgende Werte: AGW-, ADI-, MAK-, TRK-Wert?

   – Welche Gesundheitsschäden kann Benzol hervorrufen?
   – Welche Gefahrensymbole und -bezeichnungen sind für Benzol vorgeschrieben?
   – Welchen ADI-Wert schlägt die World Health Organisation (WHO) für Benzol vor?
   – Welcher AGW-Wert ist in Deutschland für Benzol am Arbeitsplatz festgelegt?

   – Recherchieren Sie den durchschnittlichen Benzolgehalt in Atemluft und im Rauch einer Zigarette.

5.5 S Benzol – ein Aromat mit vielen Rätseln

Concept Map

Diagnose-Aufgaben

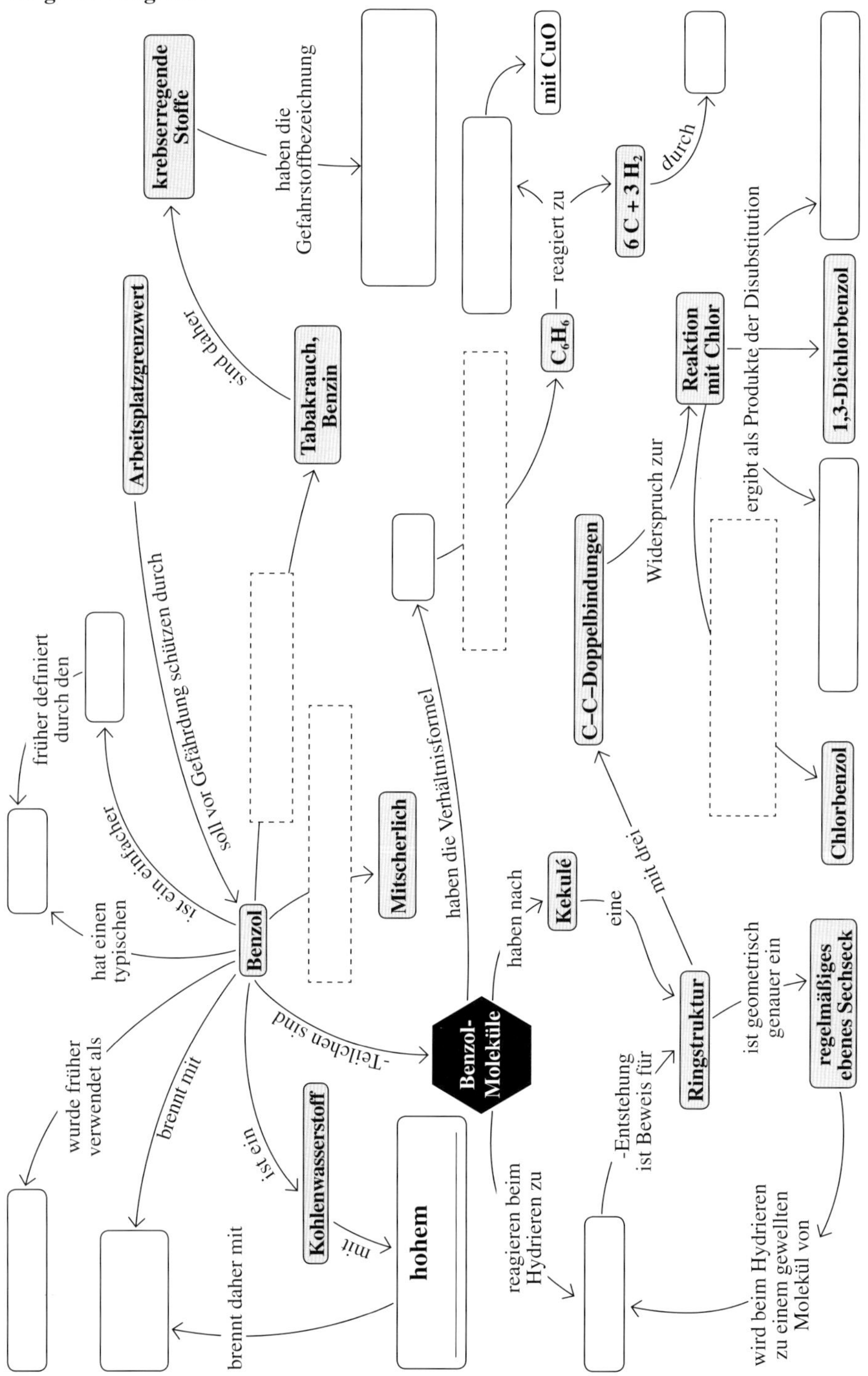

1. In einer Concept Map wird ein Thema mithilfe einiger wichtiger Begriffe dargestellt, die in Beziehung zueinander stehen. Die Begriffe werden miteinander durch beschriftete Pfeile verbunden, sodass in Pfeilrichtung gelesen ein sinnvoller Satz entsteht, der den Zusammenhang der beiden Begriffe zum Inhalt hat. Vervollständigen Sie die obige Concept Map zum Thema „Benzol".
2. Stellen Sie in Ihrer Gruppe mindestens vier Fragen zusammen, die im Unterricht zum Thema „Benzol" noch geklärt werden sollen.

5.5 L Benzol – ein Aromat mit vielen Rätseln *Erwartungshorizont*

Material A *Mitscherlich*
zu a)
Eilhard Mitscherlich, 7.1.1794 (Neuende, heute Stadtteil von Wilhelmshaven) – 28.08.1863 (Berlin), Sohn eines Pfarrers, Berufswunsch zunächst Orientalist, Studium in Heidelberg und Paris, 1814 Promotion zum Dr. phil., dann Studium der Medizin und der Naturwissenschaften in Göttingen, Hinwendung zur Chemie, 1822 Professor für Chemie in Berlin, später auch großes Interesse für Physik, Mineralogie und Geologie. Vater und Großvater berühmter Chemiker, Urgroßvater des Psychoanalytikers *Alexander Mitscherlich* (1908–1982).

Wissenschaftliches Werk: Kristallographische Arbeiten: 1819 Isomorphie, die Kristallisation von Salzen in derselben Kristallform, Voraussetzung für die Bildung von Mischkristallen, damals eine wichtige Grundlage für die Ermittlung der Systematik der Elemente und von Atommassen.
Organische Chemie: Ethersynthese aus Ethanol, Benzolgewinnung aus Calciumbenzoat, Arbeiten über Kohlenhydrate, Stärke und Gärungsprozess, Rohrzuckerspaltung, Strukturklärung u. a. von Milchsäure und Harnsäure.
Medizin und Kriminalistik: Nachweis geringer Phosphormengen
Experimentelle Chemie: *Mitscherlich* legte größten Wert auf genaue Messungen, feine Wägungen, entwarf eigene Instrumente.
Chemiedidaktik: sehr guter Lehrer, Verfasser von „Lehrbuch der Chemie“ (1829), nach *Liebig* „die Krone von allen, die mir je vorgekommen sind“, sehr gut besuchte sonntägliche experimentelle Übungen.
Fachübergreifendes: Anwendung von physikalischen Methoden auf chemische Untersuchungen, daher einer der ersten Physikochemiker.

Politisches Umfeld: In *Mitscherlichs* Jugend herrschte *Napoleon*; dessen Sturz 1814 verhinderte seine weitere Entwicklung zum Orientalisten, da die geplante Orientreise mit einer napoleonischen Gesandtschaft nicht mehr möglich war.
Zu Beginn des 19. Jahrhunderts wurden in England und Frankreich Naturwissenschaften und Technik bereits gefördert, während diese Entwicklung in Deutschland erst später einsetzte. So scheiterten *Alexander von Humboldts* Bemühungen, die 1810 gegründete Universität Berlin zu einem Anziehungspunkt für Studierende der Naturwissenschaften zu machen, unter anderem an der damals noch vorherrschenden Abneigung gegen die experimentellen Wissenschaften. *Mitscherlich* trug zum Aufschwung der Wissenschaft Chemie, einem Kennzeichen der Moderne, entscheidend bei.

zu b) Reaktionen und Eigenschaften des Stoffes Benzol
Eigenschaften: Benzol ist klar, farblos, riecht aromatisch („eigenthümlich“), geringere Dichte als Wasser, $\rho = 0{,}85$ g/cm³ („specifisches Gewicht 0,85“), Benzoldampf hat die Dichte 3,32 g/L (2,77-fache Dichte von Luft, bei Raumbedingungen also etwa $2{,}77 \cdot 1{,}2$ g/L), in Wasser nur sehr wenig löslich, leicht löslich in Alkohol und Ether, brennbar, Siedetemperatur 86 °C („es kocht bei 86 °“), Schmelztemperatur 7 °C („in Eis gestellt wird es fest und bildet eine krystallinische Masse, welche bei 7 ° flüssig wird“).
Reaktionen: Nicht mit Kalium, Schwefel-, Salz- und anderen starken Säuren sowie Iod. Mit Chlor entstehen unter Einwirkung von Sonnenlicht Chlorwasserstoff und zwei weitere Substanzen, entsprechende Reaktion mit Brom. Reaktion mit Sauerstoff zu Wasser und Kohlenstoffdioxid, sowie bei Erwärmung mit rauchender Salpetersäure zu einem „ölartigen“ Stoff.

5.5 L Benzol – ein Aromat mit vielen Rätseln *Erwartungshorizont*

Material A (Fortsetzung)
zu c) Aussagen über das Benzol-Molekül
Qualitativ: Aufgebaut aus C- und H-Atomen, keine O-Atome.
Quantitativ: $m(C) : m(H) = 92{,}62 : 7{,}76$
Also $n(C) : n(H) = (92{,}62 / 12) : (7{,}76 / 1) = 7{,}71 : 7{,}76 \approx 1 : 1$
Die Verhältnisformel lautet damit CH. Dies konnte *Mitscherlich* folgern.

zu d) Berechnung der Benzolformel, Namensgebung von Benzol
Aus der Dichte ρ des Benzoldampfes kann man mit heutigem Wissen über das molare Gasvolumen V_m die molare Masse M berechnen:

Dichte von Luft (Raumtemperatur angenommen):	ca. 1,2 g/L
Dichte von Benzoldampf laut *Mitscherlich*:	$2{,}77 \cdot 1{,}2$ g/L = 3,32 g/L
Molares Volumen (aller Gase, Raumtemperatur angenommen):	ca. 24 L/mol

Somit $M = \rho \cdot V_m = 3{,}32$ g/L $\cdot$ 24 L/mol $\approx$ 79,7 g/mol
Da M(CH) = 13 g/mol und 79,7 : 13= 6,13 $\approx$ 6, kann man für Benzol die **Summenformel C_6H_6** folgern.

Mitscherlich hatte den Namen Benzin vorgeschlagen. Dieser Name wurde in England als „benzene" adaptiert. Im gleichen Jahr hat *Justus von Liebig*, der Herausgeber der Zeitschrift, ihn in Benzol umgewandelt.
Die Silbe „Benz" soll auf den Stoff hinweisen, aus dem das Benzol gewonnen wurde, das Calciumsalz der Benzoesäure. Die Endung „in" erinnerte ihn zu sehr an andere Stoffe wie z. B. Strychnin, die nach den damaligen Kenntnissen keine Ähnlichkeit mit dem neuen Stoff aufwiesen. Die von *Liebig* bevorzugte Endung „ol" soll auf die ölähnlichen Eigenschaften, z. B. die schlechte Löslichkeit in Wasser, hinweisen.
Nach heutigem Wissen weist die Endung „ol" auf die Stoffgruppe der Alkohole hin, deren Moleküle Hydroxylgruppen (OH-Gruppen) aufweisen. Somit passt auch der Name Benzol nicht mehr. Die IUPAC (International Union of Pure and Applied Chemistry) hat daher international den Namen Benzen festgelegt.

Material B *Schorlemmer*

zu a)
Carl Schorlemmer, 30. 9. 1834 (Darmstadt) – 27. 6. 1892 (Manchester).
Lehre als Apotheker, Apothekengehilfe in Heidelberg, Studium der Chemie in Gießen und Manchester, 1874 erster Professor für organische Chemie in England; enge Verbindung zu *Marx* und *Engels*, aktiver Einsatz für die Ziele der Arbeiterbewegung; bescheidener und hilfsbereiter Mensch.
Wissenschaftliches Werk: Einer der großen Wegbereiter der modernen organischen Chemie: Alkane, Beweis der Existenz von vier gleichwertigen Bindungen des Kohlenstoff-Atoms, Gesetz über die Abhängigkeit der Siedetemperatur von der Anzahl der C-Atome im Molekül, Definition der organischen Chemie im heutigen Sinn; grundlegender Umbau des Systems der organischen Chemie, Verfasser des ersten Lehrbuchs der organischen Chemie.
Politisches Umfeld: Erlebnis der Revolution von 1848 (verfassungsgebende Nationalversammlung in der Paulskirche in Frankfurt am Main) als Jugendlicher; Freund und Kampfgefährte von

5.5 L Benzol – ein Aromat mit vielen Rätseln *Erwartungshorizont*

Material B (Fortsetzung)
Karl Marx und *Friedrich Engels*; Berater *Marx* in Fragen der Agrikulturchemie für die Arbeit am „Kapital", Unterstützung beim Ausbau der marxistischen Philosophie nach der naturwissenschaftlichen Seite hin.

zu b) Reaktionen und Eigenschaften des Stoffes Benzol
Der Stoff Benzol wird in diesem Text nicht weiter charakterisiert, außer einigen allgemeinen Angaben zu Aromaten: aromatisch riechend und schmeckend, Vorkommen in wohlriechenden ätherischen Ölen, Balsamen usw.

zu c) Aussagen des Textes über das Benzol-Molekül
- „Von den Fettkörpern [Alkanen] unterscheiden sie sich dadurch, daß sie verhältnismäßig reicher an Kohlenstoff sind."
  Heutige Fachsprache: Der Massenanteil an Kohlenstoff im Benzol ist höher als in Alkanen.
- „Die einfachsten aromatischen Substanzen enthalten mindestens sechs Atome Kohlenstoff."
  Heutige Fachsprache: Ein Molekül der einfachsten aromatischen Verbindung enthält sechs oder mehr C-Atome.
- „Im aromatischen Kern ... Konstitution die folgende ist" (s. Material B, Fortsetzung I, oben)
  Heutige Fachsprache: Benzol ist die einfachste aromatische Verbindung. Benzol hat die Molekülformel C_6H_6. Die Strukturformel entspricht Cyclohexa-1,3,5-trien. In dem ringförmigen Molekül wechseln sich C–C-Einfach- und -Doppelbindungen ab.
- „Die sechs Wasserstoff-Atome dieses Kohlenwasserstoffs (sind) gleichwertig."
  Dies ist auch nach heutiger Fachsprache korrekt; lediglich sollte der Bezug auf ein Molekül des Kohlenwasserstoffs hergestellt werden, nicht auf den Stoff allgemein.
- „Werden zwei Wasserstoff-Atome durch Elemente oder Radikale, welche man Seitenketten nennt, ersetzt, so können (...) drei isomere Verbindungen entstehen"
  Heutige Fachsprache: Werden zwei H-Atome eines Benzol-Moleküls durch andere Atome oder Atomgruppen ersetzt, gibt es in jedem Fall nur drei isomere Verbindungen: die 1,2-, die 1,3- und die 1,4-Verbindung.
- „Dasselbe Kohlenstoff-Atom ist also in der ersten Zeiteinheit mit einem der beiden benachbarten, in der zweiten dagegen mit dem anderen der benachbarten Kohlenstoff-Atome in doppelter Bindung." (s. Material B, Fortsetzung II, Mitte)
  Heutige Fachsprache: C-C-Doppel- und Einfachbindungen des Benzol-Moleküls wechseln in regelmäßigen Zeitabständen. Dies entspricht aber nicht der heutigen Vorstellung, wonach es sich hier um Grenzstrukturen im Mesomerie-Modell handelt.
- *Ladenburg*: „die Kohlenstoff-Atome in den Ecken eines dreiseitigen Prismas liegen"
  Heutige Fachsprache: Strukturformel von Benzol: dreiseitiges Prisma aus C-Atomen, alle verbunden mit einem H-Atom und miteinander durch Einfachbindungen.

Hinweis: Der längere Text auf der CD enthält noch einen Hinweis auf Hydrierungs- bzw. Dehydrierungsprodukte:
- „Benzol und die mit ihm homologen Kohlenwasserstoffe (...) mit dem Benzol nur isomer, aber nicht identisch sein wird."
  Heutige Fachsprache: Benzol kann man durch Dehydrieren aus entsprechenden Alkanen herstellen, wobei C-C-Mehrfachbindungen entstehen. *Schorlemmer* ist gegenteiliger Ansicht. Sollte sich aus einem Alkan mit der Formel C_6H_{12} ein Kohlenwasserstoff mit der Formel C_6H_6 herstellen lassen, wird es sich nicht um Benzol, sondern um einen dazu isomeren Kohlenwasserstoff handeln. Heute ist der Sachverhalt klar: Durch vollständiges Hydrieren von Benzol entsteht Cyclohexan (C_6H_{12}).

5.5 L Benzol – ein Aromat mit vielen Rätseln *Erwartungshorizont*

Material B (Fortsetzung)
zu d) Der Streit über die Strukturformel des Benzols in eigenen Worten
Ladenburg akzeptiert *Kekulés* Strukturformel des Benzols mit den drei Doppelbindungen nicht. Seine Begründung: Man müsste 4 Produkte finden, wenn man 2 H-Atome durch andere Atome ersetzt, da das 1,2-Produkt sich vom 1,6-Produkt dadurch unterscheidet, dass beim einen eine C–C-Einfach- und beim anderen eine C–C-Doppelbindung zwischen den substituierten C-Atomen vorliege. (Die anderen beiden Isomeren sind das 1,3- und das 1,4-Produkt.) Zwischen einem 1,3- und einem 1,5-Produkt kann kein Unterschied festgestellt werden, da jeweils eine C–C-Einfach- und -Doppelbindung zwischen den substituierten C-Atomen vorliegt.

V. Meyer wendet dagegen ein, die beiden Verbindungen (1,2- und 1,6-) würden sich ja nicht durch die Anordnung der Atome sondern nur durch unterschiedliche Bindungsverhältnisse unterscheiden. Dies sei so unerheblich, dass er sich nicht vorstellen könne, wie dieser Unterschied zu unterschiedlichen Stoffeigenschaften führen könne.

Kekulé verteidigt seine Formel, indem er erläutert, die Darstellung mithilfe von Einfach- und Doppelbindungen sei unvollkommen. Er versucht die Identität der 1,2- und der 1,6-Verbindung dadurch zu erklären, dass zwischen denselben C-Atomen einmal eine Einfach- und in der nächsten Zeiteinheit eine Doppelbindung vorliege.
Er „löst" das Problem, indem er die Verschiedenheit der beiden Verbindungen wegen der ständig wechselnden Bindungen als nur scheinbar bezeichnet.

Material C *Schenzinger*

zu a)
Karl Aloys Schenzinger, 28.5.1886 (Neu-Ulm) – 4.7.1962 (Prien, Chiemsee)
Apothekerlehre in Ravensburg, Medizinstudium, im 1. Weltkrieg Sanitätsoffizier, 1923 kurzfristige Emigration in die USA, dann Kassenarzt in Berlin, nebenbei Autor von Fortsetzungsromanen und Auftragsarbeiten der nationalsozialistischen Reichsregierung. Besonders erfolgreich war er mit Romanen, in denen er die Leistungen deutscher Wissenschaft und Industrie verklärte. Im 2. Weltkrieg Arzt bei der Luftwaffe in Wien, danach Verurteilung als „Mitläufer", ab 1950 praktizierender Arzt.

Literarisches Werk: Nach einigen Fortsetzungsromanen, z. B. „Abitur am Niagara" (1928), ideologische Annäherung an die Linie der NSDAP im Roman „Man will uns kündigen" (1931), schließlich Auftrag der Reichsführung zum Propagandaroman „Der Hitlerjunge Quex" (1932), später verfilmt unter dem Titel „Hitlerjunge Quex, Ein Film vom Opfergeist der deutschen Jugend", erfolgreichstes Jugendbuch des Dritten Reichs (Auflage 1942: 325000).
Schenzingers formale Innovation, die Verknüpfung der Romanhandlung mit sachlich-populärwissenschaftlicher Information, machte ihn noch erfolgreicher. Beispiele sind die Romane „Anilin, Roman der deutschen Farbenindustrie" (1936), „Metall, Roman des technischen Jahrhunderts" (1939) und „Atom" (1950), in denen er die Leistungen deutscher Wissenschaft und Industrie verklärte. Diese Romane prägten das naturwissenschaftliche Weltbild zahlreicher Leser bis in die 1960er Jahre.
Politisches Umfeld: *Schenzinger* war bei Beginn des Ersten Weltkriegs 28 Jahre alt, näherte sich der Ideologie der Nationalsozialisten an, ohne Parteimitglied der NSDAP zu sein. In dieser Gesinnung schrieb er seine Romane.

5.5 L Benzol – ein Aromat mit vielen Rätseln *Erwartungshorizont*

Material C (Fortsetzung)
zu b) Reaktionen und Eigenschaften des Stoffes Benzol
Benzol ist brennbar, Benzoldampf-Luft-Gemische sind explosiv. („Um Gottes willen, rauchen Sie nicht! Wir destillieren Benzol.")

zu c) Aussagen über das Benzol-Molekül
„Benzol ist ein Kohlenwasserstoff aus sechs Teilen Kohlenstoff und sechs Teilen Wasserstoff."
Heute: Benzol hat die Summenformel C_6H_6.
„Wie und wo sind die Atome innerhalb ihres Raumes aneinander gebunden? (...) Ich weiß es nicht. Was ist Benzol? frage ich Sie nochmal ..."
Heute: Wie lautet die Strukturformel von Benzol?

zu d) Romanfiguren
Alle drei Romanfiguren sind auch historisch.
August Wilhelm Hofmann (1818–1892), Untersuchung von Destillationsprodukten des Steinkohlenteers, 1845–1864 Tätigkeit in England, Einführung der Endungen „-an", „-en" und „-in", Entwicklung der Apparatur „Hofmanns Wasserzersetzer".
Charles B. Mansfield (1819–1855), Schüler von *A. W. Hofmann*, fand die technische Gewinnung von Benzol durch fraktionierte Destillation des Steinkohlenteers.
Friedrich August Kekulé von Stradonitz (1829–1896) postulierte die Kettenform der Kohlenstoffverbindungen, schuf 1865 die Benzoltheorie mit der Formel des Benzolrings, einem symmetrischen Ring aus 6 C-Atomen mit 6 gleichwertigen H-Atomen und alternierenden Doppel- und Einfachbindungen, 1872 ergänzt durch die Oszillationshypothese (ständiger Wechsel von Einfach- und Doppelbindung).

Unterschiedliche Auffassungen der Wissenschaft Chemie gegenüber
Erste Auffassung von Chemie: Aufgabe, technische Entwicklung voranzutreiben, um wirtschaftlichen Fortschritt zu erzielen; Kennzeichen: Experimente im Vordergrund, Suche nach neuen Stoffen und neuen, kostengünstigen Synthesen; mögliche Bezeichnung: Angewandte Chemie.
Zweite Auffassung von Chemie: Aufgabe, das Weltverständnis zu verbessern; Kennzeichen: Nachdenken über Prinzipien im Vordergrund, Suche nach Strukturen, Zusammenhang zwischen Struktur und Eigenschaften erforschen; mögliche Bezeichnung: Grundlagenforschung.
Stellungnahme für beide Sichtweisen von Chemie ist möglich.
Mögliche Begründungen für Angewandte Chemie: Streben nach umweltfreundlichen Verfahren, Schaffung besserer Lebensbedingungen für möglichst viele Menschen.
Mögliche Begründungen für Grundlagenforschung: Forschung aus Neugier ohne Rücksicht auf materielle Vorteile, Vermehrung des Wissens als Beitrag zur Kulturleistung der Menschheit.

Hinweis: Die Langfassung des Romanausschnitts (auf der CD-ROM) verdeutlicht den Stil *Schenzingers* und zeigt auf, mit welchen Mitteln er die historischen Personen lebendig werden lassen möchte.

5.5 L Benzol – ein Aromat mit vielen Rätseln *Erwartungshorizont*

Material D Quantitative Analysen

zu a) Verfahrensschritte, Reaktionsschemata
Verfahren 1

1.1 In einem geschlossenen Gefäß mit variablem Volumen (z. B. angeschlossener Kolbenprober) wird eine definierte Portion flüssiges Benzol in den gasförmigen Zustand versetzt und das Volumen des Benzoldampfes gemessen, wobei Temperatur und Druck ebenfalls bestimmt werden.

1.2 Die Verbindung Benzol wird in einer geschlossenen Apparatur mit variablem Volumen mittels Hitze in die Elemente Kohlenstoff und Wasserstoff zerlegt und das Volumen des entstandenen Wasserstoffs gemessen.

Benzol → Kohlenstoff + Wasserstoff

Verfahren 2

2.1 Identischer Schritt zu Verfahren 1.1.

2.2 Eine definierte Portion von Benzol wird verdampft, das Volumen gemessen und dann zu Kohlenstoffdioxid und Wasser oxidiert, wobei die dazu benötigten Sauerstoff-Atome aus dem Reaktionspartner Kupfer(II)-oxid stammen.

Benzol + Kupfer(II)-oxid → Kupfer + Kohlenstoffdioxid + Wasser

Der Vorgang muss in einem geschlossenen Gefäß mit variablem Volumen stattfinden, da nach der Abtrennung des entstandenen Wassers das Volumen des Kohlenstoffdioxids gemessen wird.

zu b) Berechnungen
Bei den Überlegungen ist von der Kenntnis der beiden beteiligten Atomarten (C und H) auszugehen. Weder ihr Anzahlverhältnis noch die molare Masse ist bekannt. Diese Daten sollen aus den Messergebnissen ermittelt werden.

Verfahren 1

1.1 Gegeben: m(Benzol) = 0,136 g, V_g(Benzol, 20 °C, 1013 hPa) = 0,042 L
V_m = 22,4 L · mol^{-1}, Umrechnungsfaktor für Gasvolumina in den Normzustand f = 0,932[1]
Gesucht: M(Benzol)
Es gilt: M(Benzol) = m(Benzol)/n(Benzol), n(Benzol) = V_{g_0}(Benzol)/V_m, $V_{g_0} = V_g \cdot f$

V_{g_0}(Benzol) = 0,042 L · 0,932 = 0,039 L
n(Benzol) = 0,039 L/22,4 L · mol^{-1} = 0,00175 mol
M(Benzol) = 0,136 g/0,00175 mol = 77,7 g · mol^{-1}

Damit ist beinahe schon sicher, dass ein Benzol-Molekül 6 C-Atome enthält. Wären es nur 5, müssten es 17 oder 18 H-Atome sein. Die genaue Anzahl der H-Atome muss durch ein zweites Experiment ermittelt werden.

[1] Falls der Umrechnungsfaktor nicht aus einer Tabelle entnommen werden kann, ist er aus der allgemeinen Gasgleichung wie folgt zu berechnen: Mit T_0 = (0 + 273) K = 273 K, T = (20 + 273) K = 293 K, p = 1013 hPa, p_0 = 1013 hPa erhält man f = (1013 · 273) / (1013 · 293) = 0,932.

5.5 L Benzol – ein Aromat mit vielen Rätseln *Erwartungshorizont*

Material D (Fortsetzung)

1.2 Berechnet man aus dem Volumen der Wasserstoff-Portion die Stoffmenge n(H), erhält man die Anzahl x der H-Atome eines Benzol-Moleküls aus x = n(H)/n(Benzol).
Da sich die molare Masse M des Benzols aus dem Wasserstoff- und Kohlenstoffanteil zusammensetzt, lässt sich aus dem in 1.1 ermittelten Wert $M = 77{,}7\,g \cdot mol^{-1}$ zur Kontrolle die Zahl der C-Atome rechnerisch ermitteln.

Gegeben: $V(H_2, 20\,°C, 1013\,hPa) = 0{,}126\,L$, $f = 0{,}932$, $V_m = 22{,}4\,L \cdot mol^{-1}$
Aus 1.1 bekannt: n(Benzol) = 0,00175 mol, M(Benzol) = $77{,}7\,g \cdot mol^{-1}$
Gesucht : $n(H) = 2 \cdot n(H_2)$

Es gilt: $n(H) = 2 \cdot n(H_2) = 2 \cdot V_0(H_2)/V_m$, $V_0(H_2) = V(H_2) \cdot f$
$n(H) = (2 \cdot 0{,}126\,L \cdot 0{,}932)/22{,}4\,L \cdot mol^{-1} = 0{,}01015\,mol$
x = n(H)/n(Benzol) = 0,01015 mol/0,00175 mol = 5,99 ≈ 6

Die Zahl der H-Atome eines Benzol-Moleküls beträgt 6.
Kontrollrechnung, ob die unter 1.1 ermittelte Zahl der C-Atome stimmt:
Anteil des Kohlenstoffs an der molaren Masse: 77,7 – 5,99 = 71,71
Anzahl der C-Atome im Benzol-Molekül: 71,71 : 12 = 5,98 ≈ 6
Somit ist die **Summenformel** von Benzol C_6H_6.

Verfahren 2

2.1 Gegeben: V_{fl}(Benzol) = 0,0001 L, V_g(Benzol, 24 °C, 990 hPa) = 0,028 L,
$V_m = 22{,}4\,L \cdot mol^{-1}$, f(24 °C, 990 hPa) = 0,898 (siehe Verfahren 1),
ρ(Benzol) = $0{,}875\,g \cdot mL^{-1}$ (siehe Kontext)
Gesucht: M(Benzol)

Es gilt: M(Benzol) = m(Benzol)/n(Benzol), n(Benzol) = V_0(Benzol)/V_m,
$V_0 = V_g \cdot f$, m(Benzol) = $\rho \cdot V_{fl}$(Benzol)
$V_0 = 0{,}028\,L \cdot 0{,}898 = 0{,}0252\,L$,
n(Benzol) = $0{,}0252\,L/22{,}4\,L \cdot mol^{-1} = 0{,}001125\,mol$
m(Benzol) = $0{,}875\,g \cdot mL^{-1} \cdot 0{,}1\,mL = 0{,}0875\,g$
M(Benzol) = $0{,}0875\,g/0{,}001125\,mol = 77{,}78\,g \cdot mol^{-1}$

2.2 Da gilt $n(C) = n(CO_2)$, kann man mit diesem Verfahren die Anzahl x der C-Atome pro Benzol-Molekül berechnen: x = n(C)/n(Benzol).
Gegeben: V_g(Benzol) = 15 cm³, $V(CO_2)$ = 88 cm³
Gesucht: $n(CO_2)$/n(Benzol)

Es gilt: $n(CO_2)$/n(Benzol) = $(V(CO_2)/V_m)/(V(\text{Benzol})/V_m)$ = 88 cm³/15 cm³ = 5,87 ≈ 6
Ergebnis: Ein Benzol-Molekül enthält 6 C-Atome.

Berechnung der Zahl der H-Atome eines Benzol-Moleküls:
Gegeben: M(Benzol) = $78\,g \cdot mol^{-1}$
Der auf C entfallende Anteil der molaren Masse ist $6 \cdot 12\,g \cdot mol^{-1} = 72\,g \cdot mol^{-1}$
Auf H entfallen damit $(77{,}78 - 72)\,g \cdot mol^{-1} = 5{,}78\,g \cdot mol^{-1} = 5{,}78 \cdot 1\,g \cdot mol^{-1}$.
Mit 5,78 ≈ 6 ist die Anzahl der H-Atome pro Benzol-Molekül ebenfalls 6.
Ergebnis: Die **Summenformel** des Benzols ist C_6H_6.

5.5 L Benzol – ein Aromat mit vielen Rätseln *Erwartungshorizont*

Material D (Fortsetzung)
zu c) Mögliche Strukturformeln zu der Summenformel C_6H_6
Es sei nur ein Beispiel von vielen möglichen cyclischen, linearen oder verzweigten Molekülen angegeben:

$$HC \equiv C - CH = C = CH - CH_3$$

An dieses Molekül könnten (ohne Belichtung) 4 Brom-Moleküle addiert werden.[2]

zu d) Hydrierung von Benzol
Bei vollständiger Hydrierung entsteht aus obigem Molekül ein Hexan-Molekül.
Berechnung der molaren Hydrierungsenthalpie von Benzol:

Gegeben: $m(\text{Benzol}) = 2\,\text{g}$, $M(\text{Benzol}) = 78\,\text{g} \cdot \text{mol}^{-1}$, $m(\text{Wasser}) = 250\,\text{g}$,
$c(\text{Wasser}) = 4{,}18\ \text{J}/(\text{g} \cdot \text{K})$, $\Delta T = 5{,}12\ \text{K}$
Gesucht: $\Delta_{\text{Hydr.}} H(\text{Benzol})$

Es gilt: $\Delta_{\text{Hydr.}} H(\text{Benzol}) = -\,Q/n(\text{Benzol})$,
$Q = m(\text{Wasser}) \cdot c(\text{Wasser}) \cdot \Delta T = 250\,\text{g} \cdot 4{,}18\ \text{J} \cdot (\text{g} \cdot \text{K})^{-1} \cdot 5{,}12\ \text{K} = 5350{,}4\ \text{J} \approx 5{,}35\ \text{kJ}$
$n(\text{Benzol}) = m/M = 2\,\text{g}/78\,\text{g} \cdot \text{mol}^{-1} \approx 0{,}0256\ \text{mol}$
$\Delta_{\text{Hydr.}} H(\text{Benzol}) = -5{,}35\ \text{kJ}/0{,}0256\ \text{mol} \approx -209\ \text{kJ} \cdot \text{mol}^{-1}$
Ergebnis: Molare Hydrierungsenthalpie $\Delta_{\text{Hydr.}} H(\text{Benzol}) = -209\ \text{kJ} \cdot \text{mol}^{-1}$.

Hinweis: Der Vergleich dieses Wertes mit der Hydrierungsenthalpie einer hypothetisch angenommenen Verbindung mit drei isoliert vorliegenden Doppelbindungen im cyclischen Molekül ($-360\ \text{kJ} \cdot \text{mol}^{-1}$) muss noch im Plenum als wichtiges Argument gegen die *Kekulé*'sche Benzolformel vorgenommen und erläutert werden.

Material E Gesundheitsaspekte

zu a)
Berührungspunkte mit Benzol im Alltag
Benzol trifft man vor allem an Tankstellen an, da es mit bis zu 2 % Anteil im Benzin enthalten ist. Durch die Verbrennung im Motor wird das Benzol aber kaum zerstört; es kann sogar zusätzlich gebildet werden. Außerdem ist es im Tabakrauch und in manchen Tonern von Laserdruckern enthalten. In der Industrie kann es noch als Extraktions- und Lösemittel eingesetzt sein.
Vor allem über die Autoabgase kommt man ständig mit Benzol in geringer Konzentration in Berührung.

zu b)
Bestimmung der Gesundheitsgefährdung durch Chemikalien
Toxikologie: Lehre von den Giften, ihren Wirkungen und ihren Behandlungen. Solche Probleme erkannte bereits *Paracelsus* (1493–1541):
„Alle Dinge sind Gift, und nichts ist ohne Gift; allein die Dosis macht, dass ein Ding kein Gift ist."

[2] Weitere Beispiele: Nr. 4.7 in Materialien-Handbuch Kursunterricht Chemie Bd. 2, Aulis Verlag 1991

5.5 L Benzol – ein Aromat mit vielen Rätseln *Erwartungshorizont*

Material E (Fortsetzung)
LD50-Wert: Dosis letalis für 50 % der Versuchstiere. Das ist diejenige Dosis, durch die die Hälfte der Versuchsobjekte, die die Substanz auf eine bestimmte Art und Weise (z. B. oral, intravenös) innerhalb von 24 Stunden aufnehmen, spätestens nach fünf Tagen stirbt. Als Versuchstiere werden üblicherweise Mäuse, Ratten, Affen oder Hunde eingesetzt.
Um die dabei ermittelten Werte für Menschen aussagekräftig zu machen, wird die ermittelte Dosierung in Relation zum Körpergewicht gesetzt (mg/kg). Der LD50-Wert ist ein Maß für die akute Toxizität.

Chronische Toxizität: Umweltschadstoffe werden über einen langen Zeitraum hinweg in kleinsten Mengen kontinuierlich aufgenommen (chronische Aufnahme). Der Entstehungszeitpunkt einer Krankheit und einer Ursache dafür sind oft schwer auszumachen, da die Symptome meist allmählich beginnen und sich verstärken. Bei einigen Stoffen treten solche Wirkungen durch Anreicherung in den inneren Organen ein (Akkumulation). Eine chronische Vergiftungserscheinung zu diagnostizieren ist meist schwierig.

Ermittlung chronischer Toxizität: Seit langem werden akute, chronische, embryonale/fötale Toxizität, Mutagenität (Erbgutveränderungen) und Cancerogenität (Krebserregung) durch Tierversuche ermittelt. Ein anderes Screeningverfahren ist der so genannte „Leuchtbakterientest“. Werden Leuchtbakterien mit toxischen Stoffen konfrontiert, kommt es zu einer Verminderung der Leuchtintensität in Abhängigkeit von der toxischen Potenz dieser Stoffe. Die Leuchtintensität wird mit einem Luminometer gemessen.

AGW: Arbeitsplatzgrenzwert und MAK: maximale Arbeitsplatzkonzentration
Bei Einhaltung dieses Grenzwertes ist eine akute oder chronische Schädigung der Gesundheit am Arbeitsplatz bei einer zeitlich durchschnittlichen Konzentration des Stoffes in der Luft nicht zu erwarten. Es erscheint sinnvoll, bei Feststoffen die Angaben in mg/m^3 anzugeben, bei Flüssigkeiten und Gasen in mL/m^3.
Mit dem Inkrafttreten der neuen Gefahrstoffverordnung 2005 in Deutschland wurden alte Bezeichnungen wie MAK (maximale Arbeitsplatzkonzentration) aufgegeben, können aber bis zur vollständigen Umsetzung der Neuerungen noch verwendet werden.

ADI-Wert: acceptable daily intake (duldbare tägliche Aufnahme)
Er gibt die Menge eines Stoffes an, die über die gesamte Lebenszeit täglich gegessen werden kann, ohne dass dadurch gesundheitliche Gefahren zu erwarten wären. Er wird in Milligramm pro Kilogramm Körpergewicht und Tag (mg/(kg Körpergewicht x d)) oder verkürzt als mg/kg Körpergewicht angegeben.

TRK-Wert: Technische Richt-Konzentration
TRK-Werte geben die Konzentration eines Stoffs in der Luft am Arbeitsplatz an, die nach dem Stand der Technik erreicht werden kann. Der TRK-Wert ist ein Richtwert; seine Einhaltung soll das Risiko einer gesundheitlichen Beeinträchtigung vermindern, ausschließen kann er es nicht. TRK-Werte werden für krebserzeugende oder erbgutverändernde Arbeitsstoffe festgelegt, für die keine toxikologisch-arbeitsmedizinisch begründeten maximalen Arbeitsplatzkonzentrationen (MAK) aufgestellt werden können, weil sie technisch unvermeidlich sind oder natürlich vorkommen und eine Exposition nicht ausgeschlossen werden kann.

5.5 L Benzol – ein Aromat mit vielen Rätseln *Erwartungshorizont*

Material E (Fortsetzung)
zu c)
Aus dem Sicherheitsdatenblatt zu Benzol der Firma Carl Roth GmbH + Co. KG, http://www.carlroth.com/media/_de-ch/sdpdf/4898.PDF (19. 10. 2012):

„Einstufung gemäß Richtlinie 67/548/EWG oder Richtlinie 1999/45/EG

T: Giftig	
Carc. Cat. 1, Mat. Cat. 2	
R45-46-48/23/24/25:	Kann Krebs erzeugen. Kann vererbbare Schäden verursachen. Giftig: Gefahr ernster Gesundheitsschäden bei längerer Exposition durch Einatmen, Berührung mit der Haut und durch Verschlucken.
Xn: Gesundheitsschädlich	
R65:	Gesundheitsschädlich: kann beim Verschlucken Lungenschäden verursachen.
Xi: Reizend	
R36/38	Reizt die Augen und die Haut.
F: Leichtentzündlich	
R11:	Leichtentzündlich.“

„Kennzeichnung gemäß Verordnung (EG) Nr. Nr. 1272/2008
Der Stoff ist gemäß CLP-Verordnung eingestuft und gekennzeichnet.

Gefahrenpiktogramme

GHS02

GHS07

GHS08

Signalwort Gefahr
Gefahrenhinweise

H225	Flüssigkeit und Dampf leicht entzündbar
H315	Verursacht Hautreizungen
H319	Verursacht schwere Augenreizung
H340	Kann genetische Defekte verursachen.
H350	Kann Krebs erzeugen.
H372	Schädigt die Organe bei längerer oder wiederholter Exposition.
H304	Kann bei Verschlucken und Eindringen in die Atemwege tödlich sein.

Sicherheitshinweise

P201	Vor Gebrauch besondere Anweisungen einholen.
P301+310	BEI VERSCHLUCKEN: Sofort GIFTINFORMATIONSZENTRUM oder Arzt anrufen.
P331	KEIN Erbrechen herbeiführen.
P3402+P352	BEI KONTAKT MIT DER HAUT: Mit viel Wasser und Seife waschen.
P305+P351+P338	BEI KONTAKT MIT DEN AUGEN: Einige Minuten lang behutsam mit Wasser spülen. Vorhandene Kontaktlinsen nach Möglichkeit entfernen. Weiter spülen.
P308+P313	BEI EXPOSITION oder falls betroffen: Ärztlichen Rat einholen/ärztliche Hilfe hinzuziehen.“

5.5 L Benzol – ein Aromat mit vielen Rätseln *Erwartungshorizont*

Material E (Fortsetzung)
Gesundheitsgefährdung durch Benzol im Alltag
Benzol ist gesundheitsschädlich beim Einatmen: Euphorie und Krämpfe bis zur tödlichen Narkose; 20 000 ppm in der Luft wirken in 5 –10 Minuten tödlich. Benzol wird als fettlöslicher Stoff sehr rasch über die Haut aufgenommen; es ist ein krebserregender und erbgutverändernder Stoff. Benzol ist beim Menschen eindeutig krebserregend, blutschädigend und chromosomenschädigend. Unbedenkliche Konzentrationen können nicht angegeben werden. Die Weltgesundheitsorganisation (WHO) rechnet mit vier zusätzlichen Leukämien auf 100.000 Einwohner bei Benzolbelastungen von 1 µg/m^3.

Ein MAK- oder ADI-Wert kann nicht angegeben werden, aber ein TRK-Wert. Er orientiert sich an der Möglichkeit der technischen Prophylaxe unter Heranziehung arbeitsmedizinischer Erfahrungen im Umgang mit dem gefährlichen Stoff und toxikologischen Erkenntnissen.

Der TRK-Wert (technischer Richtwert am Arbeitsplatz) beträgt je nach Arbeitsplatz zwischen 1 und 2,5 ppm (z. B. Tankstelle); der AGW von Benzol wurde auf 3,25 mg/m^3 festgelegt.

zu d)
Berechnung einer Benzolkonzentration
Es soll berechnet werden, wie viele Zigaretten ungefähr geraucht werden müssen, um in einem Chemieraum mit dem Volumen V = 200 m^3 den AGW zu überschreiten.
Die eingesetzten Daten sind auf verschiedenen Internetseiten recherchierbar.
Es sind einige vereinfachende Annahmen vorzunehmen:
- Jeglicher Luftaustausch sei ausgeschlossen, der Rauch werde jederzeit gleichmäßig im Raum verteilt.
- Der Rauch einer Zigarette enthalte 100 µg Benzol, wobei 20 µg im Körper des Rauchers verbleiben.
- Die vorhandene Luft enthalte durch den Autoverkehr und die Ausdünstungen des Laserdruckers bereits eine Benzol-Massenkonzentration von β = 0,003 mg/m^3.

Vorgabe: AGW (Benzol) = 3,25 mg/m^3

Maximale Masse an Benzol im Raum (nach AGW):
m_{max} = 200 m^3 · 3,25 mg/m^3 = 650 mg
Bereits vorliegende Benzol-Masse:
m_{vorher} = 200 m^3 · 0,003 mg/m^3 = 0,6 mg
Masse an Benzol, die durch die Zigaretten freigesetzt werden müsste:
m_{Zig} = 650 mg – 0,6 mg = 649,4 mg
Zahl an Zigaretten, die dafür benötigt werden:
N_{Zig} = 649,4 mg / (100 – 20) µg = 649,4 mg / 0,080 mg = 8117,5

Ergebnis: Um den AGW für Benzol in einem 200 m^3 großen Chemiesaal zu erreichen, müssten über 8000 Zigaretten geraucht werden. Dabei wären die anderen Schadstoffe des Zigarettenrauches auf jeden Fall zusätzlich zu beachten.

Zusatzfrage: Wie sieht die Rechnung für das Rauchen in einem geschlossenen Auto aus?

5.5 L Benzol – ein Aromat mit vielen Rätseln *Erwartungshorizont*

Concept Map (Diagnose)

zu 1.

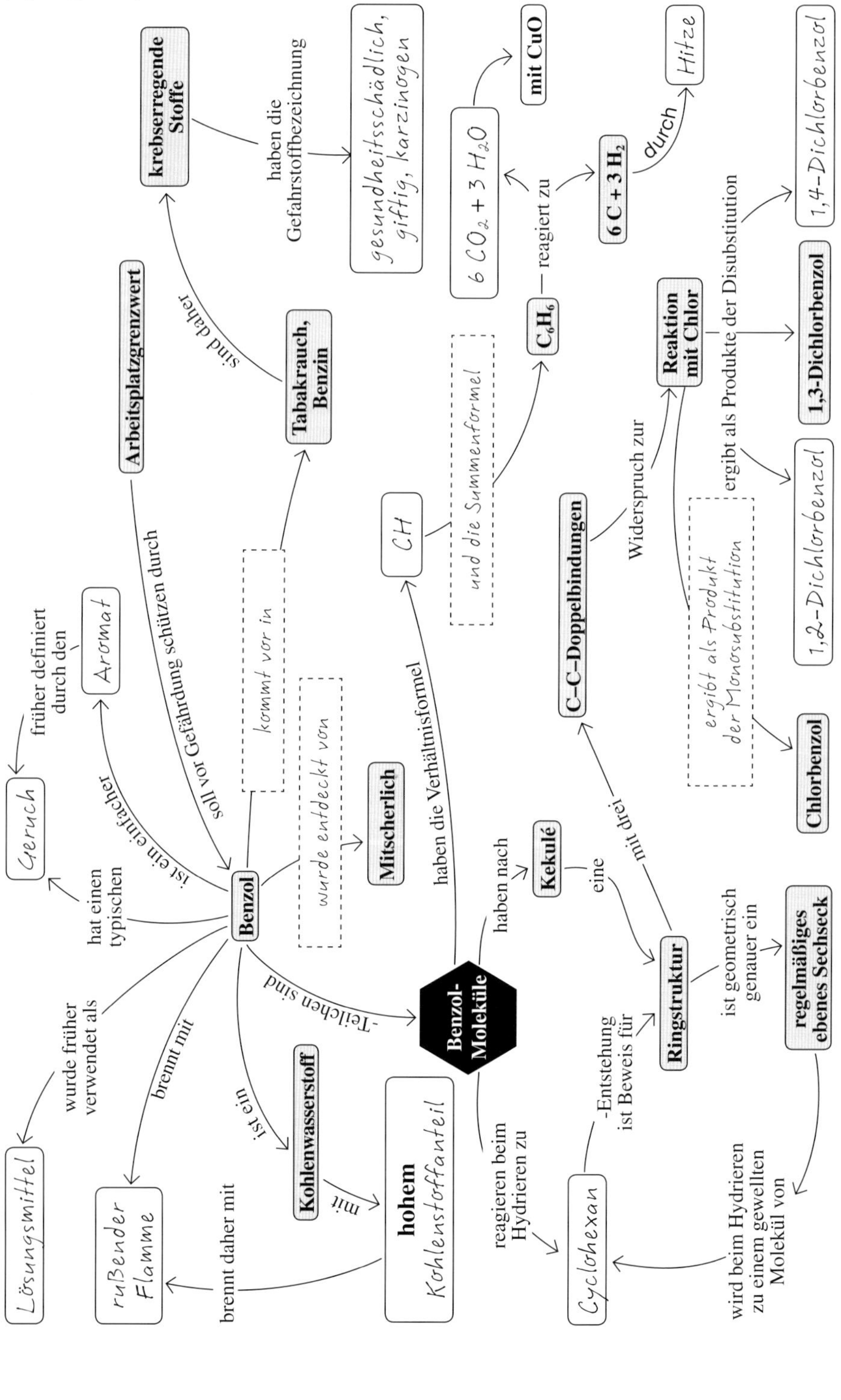

5.5 L Benzol – ein Aromat mit vielen Rätseln *Erwartungshorizont*

Diagnose-Aufgaben (Fortsetzung)

zu 2.

Mögliche Fragen zum Thema „Benzol“ für den weiteren Unterricht:

A) Wie werden die Bindungsverhältnisse im Benzol-Molekül heute beschrieben und erklärt?
B) Gibt es experimentelle Beweise für die räumliche Form des Benzol-Moleküls?
C) Wie läuft die Reaktion mit Chlor oder Brom ab? Welche Produkte entstehen dabei?
D) Wird Benzol heute noch in der Industrie verwendet?
E) Warum wird Benzol im Benzin nicht verboten?

5.6 L Sonnenschutz durch Push-Pull-Effekt

Thematik
Unterrichtsmethode

Grundlagen: Benzol, aromatische Ringe, Substituenten, *Lewis*-Schreibweise, π-Elektronensystem, I-Effekt, Elektronegativität, Oktettregel, kein M-Effekt (Mesomerie-Effekt, wird hier eingeführt)

Methodischer Vorschlag: Streichholzmodell zum M-Effekt, Gruppenpuzzle

Durchführung: Infotexte + Aufgaben (Kontext, M1, M2, M3, M4, M5, M6, M7)
Das Arbeitsmaterial zielt darauf ab, den M-Effekt bei aromatischen Systemen aus empirischen Daten (UV-Spektren) abzuleiten und ihn durch das sowohl einfache wie anschauliche Streichholzmodell (*M4.2*) im Gruppenpuzzle zu visualisieren. Als *Kontext* dient die Suche nach einem Wirkstoff für Sonnenschutzmittel, d. h. einem Stoff, der Licht im UVB-Bereich absorbiert. Ob ein Stoff UVB-Strahlung absorbiert, kann man UV-Spektren entnehmen.
Auf dem Weg zu diesem Wirkstoff wird zuerst der Zusammenhang zwischen Absorptionsbereich und Molekülstruktur bei zyklischen Molekülen vorgestellt (*M1*): Je mehr Doppelbindungen im Ring vorhanden sind, desto langwelliger ist die Absorption. Anschließend wird der Einfluss des I-Effekts auf den Absorptionsbereich untersucht (+I-Effekt: bathochrome, –I-Effekt: hypsochrome Verschiebung) (*M2*). Bei Bedarf helfen Info-Karten *(M3)*, um fachliche Grundlagen aufzufrischen.
Da sich die relativ langwelligen Absorptionsmaxima der Halogenbenzole aber so nicht erklären lassen, muss ein anderer Effekt existieren: der M-Effekt (*M4*). In einem Gruppenpuzzle I (*M5*) werden verschiedene Benzolderivate mithilfe des Streichholzmodells auf ihren + oder –M-Effekt hin untersucht. Für den Sonnenschutzmittel-Wirkstoff wird eine stärker bathochrome Verschiebung bis in den UVB-Bereich benötigt. Dazu sind zwei Substituenten nötig, und zwar solche, bei denen sich + und –M-Effekt ergänzen (Push-Pull-Effekt). Ein Gruppenpuzzle II liefert anhand des Streichholzmodells diese Erkenntnis *(M6)*.
Eine abschließende angeleitete Recherche einschlägiger Push-Pull-Benzolderivate (*M7*) führt zur *p*-Aminobenzoesäure, dem „Klassiker“ unter den Sonnenschutzmittel-Wirkstoffen.

Literaturangaben
Aromaten- und Farbstoffchemie am Beispiel von Sonnenschutzmitteln, *von Bülow, B., Piechocki, A.*, in: Material der Lehrerfortbildung, Bezirksregierungen Köln und Düsseldorf, 2011
webbook.nist.gov/chemistry (letzter Zugriff: 03.04.2012)
www.eusdb.de (letzter Zugriff: 03.04.2012)
www.dguv.de/ifa/stoffdatenbank (letzter Zugriff: 03.04.2012)

5.6 L Sonnenschutz durch Push-Pull-Effekt

Thematik
Unterrichtsmethode

Konzepte
Struktur – Eigenschaft, aromatische Systeme, chromophore Systeme

Kompetenzbereiche
Fachwissen: Sch'/Sch
- erkennen den Zusammenhang zwischen empirischen Daten (Spektren), chemischen Sachverhalten (Molekülbau), Alltagsbedürfnissen (Sonnenschutz) und industrieller Verwendung (Sonnencreme).

Erkenntnisgewinnung: Sch'/Sch
- interpretieren Daten, Trends, Strukturen und Beziehungen, erklären sie und ziehen geeignete Schlussfolgerungen.
- erkennen und entwickeln Fragestellungen, die mithilfe chemischer Kenntnisse und Untersuchungen zu beantworten sind.
- stellen Zusammenhänge zwischen chemischen Sachverhalten und Alltagserscheinungen her.

Kommunikation: Sch'/Sch
- beschreiben, veranschaulichen oder erklären chemische Sachverhalte unter Verwendung der Fachsprache und mithilfe von Modellen.
- recherchieren zu chemischen Sachverhalten in unterschiedlichen Quellen und wählen themenbezogene und aussagekräftige Informationen aus.
- vertreten ihre Standpunkte zu chemischen Sachverhalten und reflektieren Einwände selbstkritisch.

Anforderungsbereiche: I, II, III

5.6 S Sonnenschutz durch Push-Pull-Effekt *Kontext*

Information

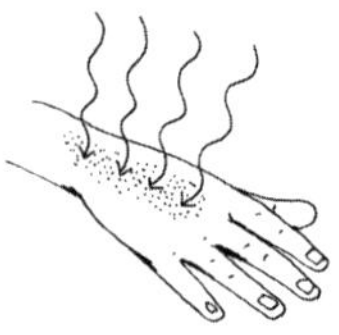

Die menschliche Haut ist ein wirkungsvolles, aber auch empfindliches Organ. Setzt man sich zu lange der Sonne aus, so bezahlt man dies mit Hautrötung oder Sonnenbrand. Neben den unangenehmen Begleiterscheinungen dieses Verbrennens sind in Abhängigkeit von Veranlagung u. a. schlimmere Folgen wie verschiedene Formen von Hautkrebs möglich.

Verantwortlich für die Schädigungen der Haut durch Sonne ist ultraviolette Strahlung (UV) mit einer Wellenlänge zwischen 100 und 400 nm. Im elektromagnetischen Spektrum schließt sich der UV-Bereich an den Bereich des sichtbaren Lichtes (400–700 nm) an.

Die UV-Strahlung wird in drei Wellenlängenbereiche eingeteilt:

λ/m	Strahlungsart	λ/nm	Strahlungsart
10^{-15}			
10^{-14}		100	
10^{-13}			
10^{-12}	Gammastrahlung		UV-C (100–280 nm)
10^{-11}		200	
10^{-10}	Röntgenstrahlung		
10^{-9}			
10^{-8}		300	UV-B (280–320 nm)
10^{-7}	Ultraviolettstrahlung		UV-A (320–400 nm)
10^{-6}	sichtbares Licht		
10^{-5}		400	violett
10^{-4}	Infrarotstrahlung		blau
10^{-3}			
10^{-2}	Mikrowellen	500	cyan
10^{-1}			grün
10^{0}			gelb
10^{1}	Radiowellen	600	orange
10^{2}			
10^{3}			rot
10^{4}		700	magenta

Das elektromagnetische Spektrum

UVA-Strahlung ist die energieärmste Strahlung im UV-Bereich. Sie wird nur geringfügig von der Atmosphäre absorbiert, d. h., sie erreicht fast ungehindert die Erdoberfläche. Allerdings bedarf es einer hohen Dosis, um Schädigungen der Haut, wie Hautalterung (-verhärtung) und allergische Reaktionen, zu bewirken. Seltenere Schädigungen sind Veränderungen an der DNA, die überwiegend indirekt über UVA-induzierte Zwischenprodukte erfolgen.

UVB-Strahlung kann direkt mit der DNA in Wechselwirkung treten und ist somit potenziell ein Auslöser von Mutationen und Hautkrebs. Deshalb schädigt dieser Wellenlängenbereich die Haut am stärksten, obwohl er durch die Atmosphäre stärker gefiltert wird.

UVC-Strahlung wird in unseren Breiten (noch) vollständig von der Atmosphäre (Ozon-Schicht) absorbiert und ist deshalb – trotz des hohen DNA-Schädigungspotenzials – für die Fragestellung uninteressant.

Stoffe aus der Klasse der Aromaten sind gekennzeichnet durch die Ringstruktur und das konjugierte π-Elektronensystem. Die π-Elektronen sind delokalisiert und damit leicht anzuregen. Dadurch absorbieren sie Strahlung mit einer relativ großen Wellenlänge (λ), die langwelliger ist als bei vergleichbaren gestreckten Molekülen bzw. Molekülen ohne konjugierte Doppelbindungen. Den relativ langwelligsten Absorptionspeak eines Stoffes bezeichnet man als λ_{max} (für Benzol beträgt $\lambda_{max.} \sim 250$ nm). Je größer das π-Elektronensystem ist, desto langwelliger ist die Absorption. Dies zeigt sich bei Farbstoffen, die Energie im Bereich des sichtbaren Lichts absorbieren und dadurch für unser Auge farbig erscheinen.

5.6 S Sonnenschutz durch Push-Pull-Effekt *Kontext*

Kontext (Fortsetzung)
Bei Sonnenschutzmitteln macht man sich dies zunutze. Die enthaltenen Wirkstoffe sind so gebaut, dass sie die potenziell schädigende UVB-Strahlung (und oft zusätzlich UVA) absorbieren. Der Lichtschutzfaktor ist dabei ein Anhaltspunkt für die Dauer der Schutzwirkung. Er gibt an, wie viel länger als ohne Sonnenschutzmittel man sich eingecremt in der Sonne aufhalten kann, ohne einen Sonnenbrand zu bekommen.

Was bedeutet der Lichtschutzfaktor (LSF)?

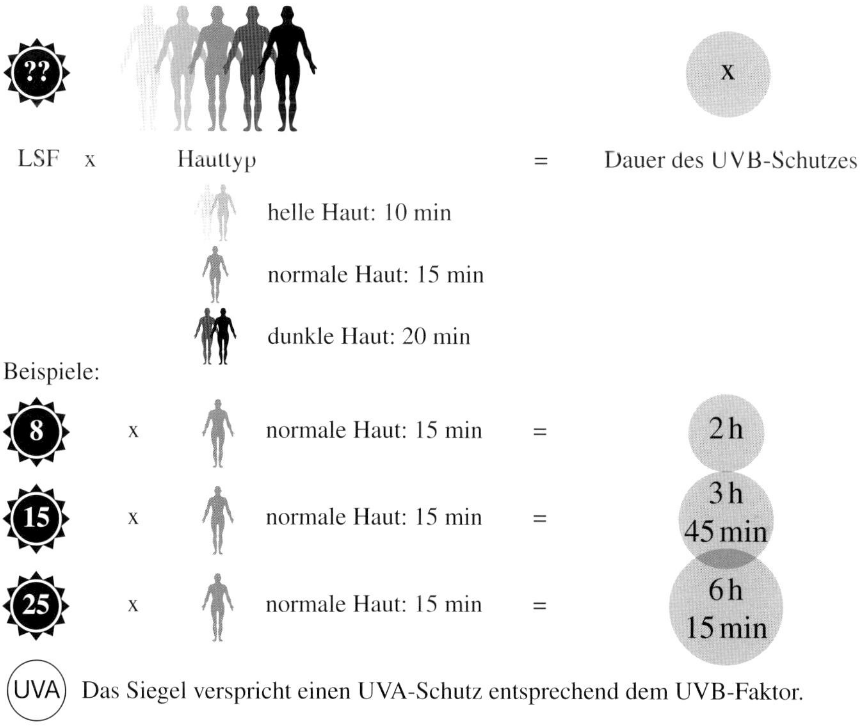

Anwendung des Lichtschutzfaktors für verschiedene Hauttypen. Quelle: DIE ZEIT, 21. Juli 2011, S. 33

Aufgaben

a) Charakterisieren Sie die drei UV-Bereiche in Form einer Tabelle hinsichtlich ihres genauen Wellenlängenbereichs, ihrer auf der Erde eintreffenden Intensität und ihrer schädigenden Wirkung.

b) Viele Hautcremes, Make-ups und vor allem Anti-Falten-Cremes absorbieren Strahlung im UV-Bereich, ohne auf der Verpackung mit Sonnenschutz zu werben. Erläutern Sie, warum eine UV-Absorption für diese Produkte sinnvoll ist und in welchem Wellenlängenbereich genau die Absorption stattfindet.

c) Benzol ist allein wegen seiner Giftigkeit und krebserzeugenden Wirkung, aber auch wegen seines Absorptionsbereichs kein geeigneter Wirkstoff für Sonnenschutzmittel. Nennen Sie den Absorptionsbereich, den ein geeigneter Wirkstoff haben muss, und geben Sie an, wie sich das π-Elektronensystem eines Wirkstoffs von dem des Benzols unterscheiden muss.

d) Berechnen Sie die Zeitdauer für UVB-Schutz in Abhängigkeit vom Lichtschutzfaktor LSF 20, 30 und 50 für Ihren Hauttyp.

5.6 S Sonnenschutz durch Push-Pull-Effekt *M1*

Zusammenhang Absorption – Molekülstruktur

Die unter Abb. A und B aufgeführten Spektren stammen aus zwei unterschiedlichen Quellen und stellen die Absorption (y-Achse) mit unterschiedlichen Größen dar – sie sind deshalb streng genommen nur innerhalb ihrer Gruppe vergleichbar. Die y-Achsenbeschriftungen „Logarithmus epsilon“ bzw. „Extinktion“ können beide vereinfacht durch „Absorption“ ersetzt werden, da das absolute Maß, die Amplitude der Kurve, uninteressant für unsere Fragestellung ist. Wichtig für die Suche nach einem geeigneten Sonnenschutzmittelwirkstoff ist die Frage, in welchem Wellenlängenbereich eine relativ hohe Absorption festzustellen ist. Zeigt eine Kurve mehrere Maxima, so betrachtet man nur das langwelligste, da es dem gewünschten Zielbereich (UVB: 280–320 nm) am nächsten kommt.

Abb. A: Absorption verschiedener cyclischer Kohlenwasserstoffe

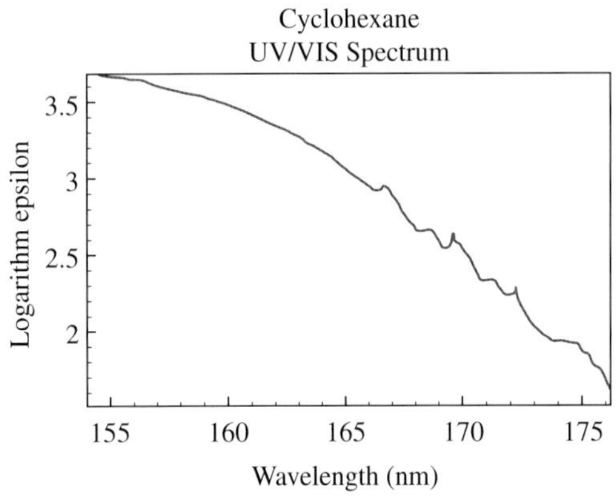

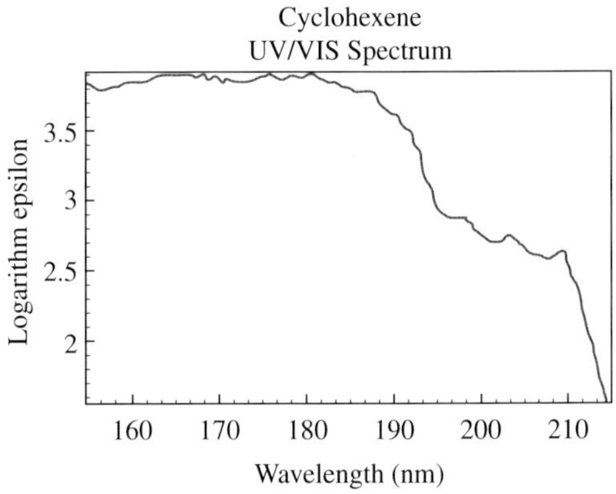

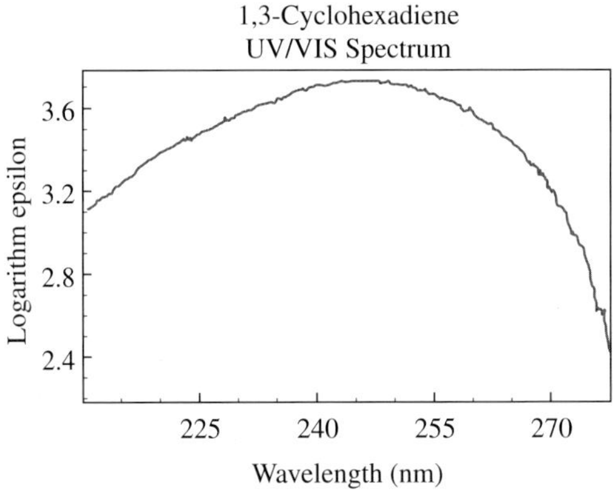

5.6 S Sonnenschutz durch Push-Pull-Effekt *M1*

Zusammenhang Absorption – Molekülstruktur (Fortsetzung)

Abb. B: Absorption verschiedener cyclischer Kohlenwasserstoffe

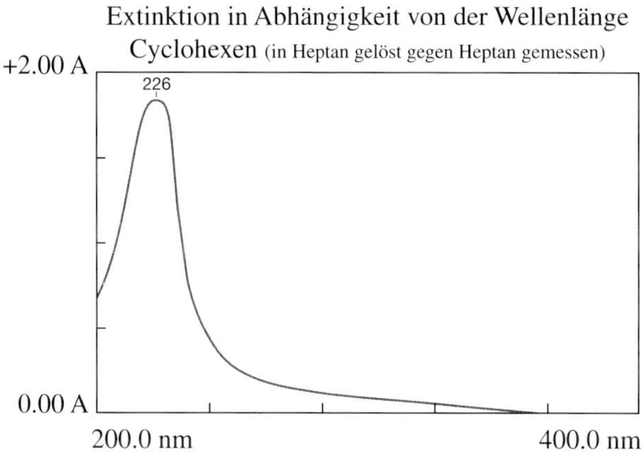

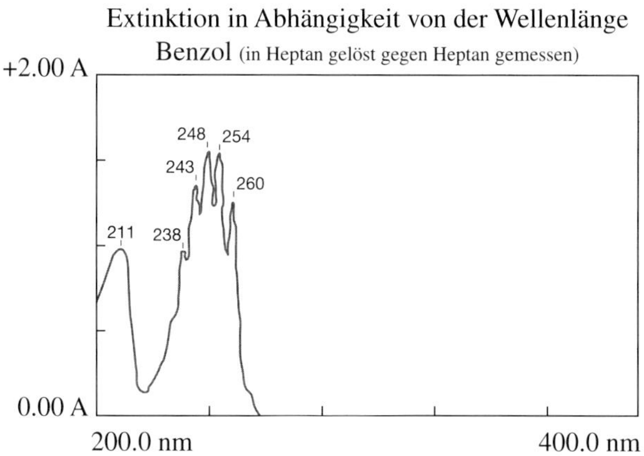

Aufgaben

a) Beschreiben Sie die Diagramme aus Abb. A bezüglich der Wellenlänge des Absorptionsmaximums (λ_{max}). (Eine genaue Diskussion der Kurvenverläufe ist nicht erforderlich). Benennen Sie die Tendenz, die diesbezüglich in den drei Diagrammen erkennbar ist. Erklären Sie diese Tendenz mithilfe der im *Kontext* genannten Fakten.

b) Beschreiben und erklären Sie analog zu Aufgabe a) die beiden Diagramme in Abb. B. Benennen Sie ein ungefähres λ_{max} für 1,3-Cyclohexadien innerhalb dieser Messreihe und begründen Sie Ihre Entscheidung.

c) Geben Sie mithilfe des *Kontextes* an, in welchem Wellenlängenbereich Sonnenschutzmittel-Wirkstoffe und farbige Stoffe absorbieren. Im Kontext werden Konsequenzen für den Bau solcher Moleküle genannt. Inwiefern decken sie sich mit den Tendenzen, die in den Aufgaben a) und b) beobachtet wurden?

5.6 S Sonnenschutz durch Push-Pull-Effekt *M2*

Einfluss des Substituenten auf die Absorption

Wie aus der Betrachtung z. B. von Substitutionsreaktionen bekannt, begünstigen oder behindern benachbarte Gruppen am C_6-Ring den Verlauf von Reaktionen. Dies gilt auch für die Anregbarkeit eines π-Elektronensystems. Bewirken Substituenten (an den Ring gebundene Gruppen) eine erhöhte Elektronendichte im Ring, so führt dies zu einer langwelligeren Absorption.

Abb. C: Absorption von Benzol und Methylbenzol (= Toluol)

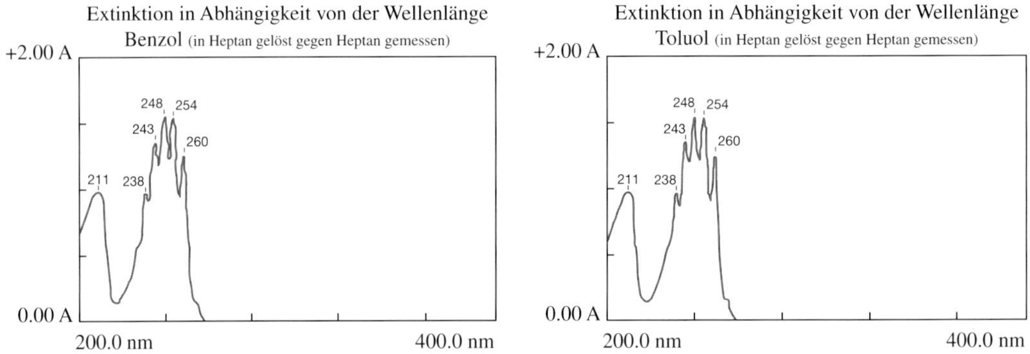

Abb. D: Absorption von Chlor- und Brom-Benzol

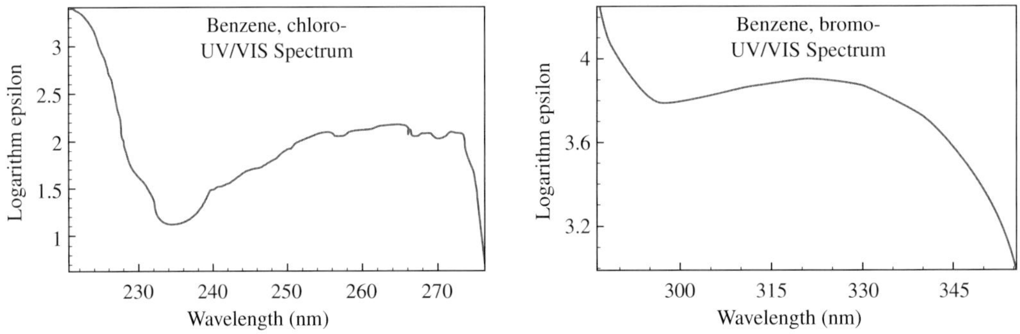

Aufgaben

a) Vergleichen Sie die Diagramme in Abb. C bezüglich ihrer Lage des λ_{max}. (Eine genaue Diskussion der Kurvenverläufe ist nicht erforderlich). Begründen Sie mithilfe der bisherigen Materialien und der Info-Karten die unterschiedliche Lage des jeweiligen λ_{max}.

b) Vergleichen Sie die Diagramme in Abb. D bezüglich ihrer Lage des λ_{max} (unabhängig von Abb. C) und begründen Sie mithilfe der Elektronegativität (EN) der Substituenten (Chlor und Brom) die unterschiedliche Lage des jeweiligen λ_{max}.

c) Vergleichen Sie Abb. C und D. Benennen Sie die Diskrepanz, die sich bezüglich der λ_{max} zeigt. (Aufgrund der großen Differenz der λ_{max} ist hier ein Vergleich zwischen den Messreihen erlaubt – entgegen der Information in M 1.)

5.6 S Sonnenschutz durch Push-Pull-Effekt *M3*

Info-Karten (Die Karten 1 – 7 mit ihren Rückseiten für Nummer und Überschrift sind auf der CD.)

Info-Karte 1: π-Elektronensysteme

π-Elektronensysteme nennt man „**konjugiert**", wenn sich innerhalb des Moleküls oder Molekülteils Doppel- und Einfachbindungen in einer lückenlosen Abfolge abwechseln (**konjugierte Doppelbindungen**).

Bsp.: Heptatrien

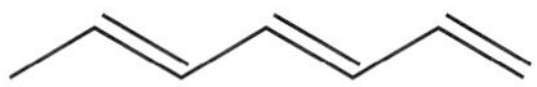

Auch ein **freies Elektronenpaar**, das mit einem Abstand von einer Einfachbindung an konjugierte Doppelbindungen grenzt, kann in das π-Elektronensystem einbezogen sein.

Bsp.: Chlorheptatrien

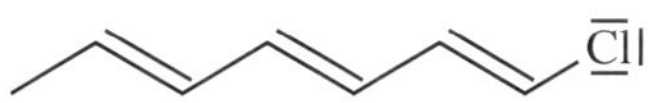

π-Elektronen verlagern sich ständig innerhalb eines solchen Systems. Sie sind nicht lokal fixiert, d. h., sie sind „**delokalisiert**". Diese Verlagerung erfordert nur sehr geringe Energie. Dies gilt besonders für ringförmige π-Elektronensysteme (Aromaten), in denen die π-Elektronen ringförmig delokalisiert sind.

Bsp.: Benzol

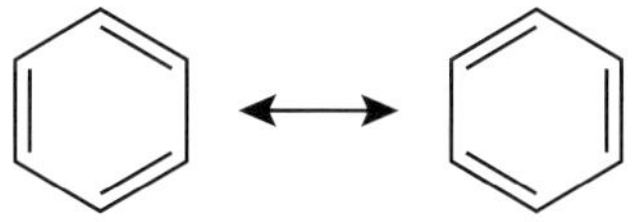

Info-Karte 2: Mesomerie, Grenzstrukturen, Absorption

Mesomerie liegt vor, wenn sich ein Molekül oder Molekül-Ion aufgrund von konjugierten π-Elektronensystemen (siehe Karte 1) nicht mehr durch eine einzige Strukturformel befriedigend beschreiben lässt, sondern eingrenzend durch zwei oder mehr Grenzstrukturen wiedergegeben wird. Der dazwischen stehende Doppelpfeil $\longleftrightarrow$ (Mesomeriepfeil) darf nicht mit dem Gleichgewichtspfeil in Reaktionsgleichungen ($\rightleftharpoons$) verwechselt werden. Mesomere Systeme sind energieärmer und damit stabiler als die entsprechenden hypothetischen Grenzstrukturen.

Die Grenzstrukturen sind untereinander oft unterschiedlich stabil, d. h., sie sind energetisch unterschiedlich günstig. Hat aufgrund der mesomeren Elektronenpaar-Verlagerung eine Ladungstrennung stattgefunden – existieren also formale Ladungen innerhalb des Moleküls (siehe Karte 4) –, so ist diese Grenzstruktur energetisch ungünstiger als die ungeladene Struktur.

Je geringer die energetische Differenz zwischen den Grenzstrukturen ist, desto leichter lässt sich ein Molekül anregen. Grenzstrukturen großer aromatischer Systeme liegen energetisch dichter beieinander als bei kleinen Systemen. Eine leichte Anregbarkeit entspricht einer Absorption im relativ langwelligen Bereich, da nur energiearme Strahlung mit einer großen Wellenlänge zur Anregung benötigt wird.

5.6 S Sonnenschutz durch Push-Pull-Effekt *M3*

Info-Karten (Fortsetzung)

Info-Karte 3: Anzahl möglicher Elektronenpaar-Bindungen

Wie viele Elektronenpaar-Bindungen ein Atom eingehen kann, ist dem Periodensystem zu entnehmen. Ergänzt man die Hauptgruppenzahl eines Nichtmetalls der IV. bis VII. Hauptgruppe (HG), so entspricht die Differenz zur Zahl 8 der Anzahl an Bindungen (8 – HG = Anzahl der Bindungen).

Beispiel: Ein Kohlenstoff-Atom (IV. HG) hat 4 ungepaarte Außen-(Valenz-)Elektronen. Das Atom kann 4 Elektronenpaar-Bindungen eingehen und erreicht so den Edelgaszustand. Diese 4 Bindungen können als 4 Einfachbindungen oder 2 Doppelbindungen oder 2 Einfachbindungen mit einer Doppelbindung existieren.
Ein Sauerstoff-Atom (VI. HG) hat 6 Valenzelektronen, wobei 4 als freie Elektronenpaare und die restlichen 2 als ungepaarte Elektronen vorliegen. Sauerstoff kann also folglich nur noch 2 Bindungen (als 2 Einfachbindungen oder 1 Doppelbindung) eingehen.

Info-Karte 4: Formale Ladungen

Die **formale Ladung** berechnet man, indem man die freien Elektronenpaare vollständig und die Bindungselektronenpaare zur Hälfte einem Atom zurechnet. Stimmt die Anzahl dieser Elektronen mit der Hauptgruppenzahl überein, ist das Atom ungeladen.

Z. B.: Kohlenstoffdioxid

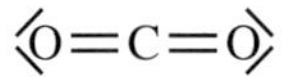

Ansonsten ergibt ein Elektronenüberschuss negative Ladungen und ein Elektronenmangel positive Ladungen.

Z. B.:

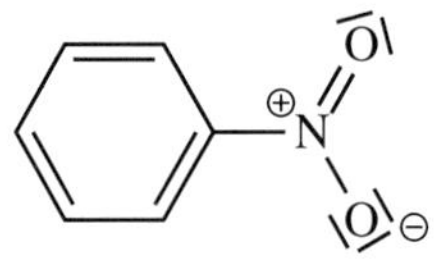

Info-Karte 5: Polare Bindung

Unterscheiden sich die Bindungspartner einer Elektronenpaar-Bindung in ihrer Elektronegativität (EN, siehe Karte 6), so sind die Elektronen nicht gleichmäßig verteilt. Die Aufenthaltswahrscheinlichkeit der Elektronen (Elektronendichte) ist dann beim elektronegativeren Bindungspartner größer. Der elektronegativere Partner ist negativ (δ–), der andere positiv (δ+) teilgeladen. Bis zu einer Elektronegativitätsdifferenz (ΔEN) von 0,5 spricht man von einer unpolaren Elektronenpaar-Bindung. Zwischen 0,5 und 1,7 handelt es sich um eine polare Bindung. Bei einer ΔEN von über 1,7 liegt eine Ionenbindung vor, d. h. die Bindungselektronen sind vollständig auf den elektronegativeren Partner übergegangen.

Z. B.:	ΔEN (C, H) = 0,4 (unpolare Bindung)	z. B.: Methan CH_4	
	ΔEN (O, H) = 1,4 (polare Bindung)	z. B.: Wasser H_2O	(Sauerstoff: δ–, Wasserstoff: δ+)
	ΔEN (Na, Cl) = 2,1 (Ionenbindung)	z. B.: Kochsalz NaCl	(Na^+, Cl^-)

5.6 S Sonnenschutz durch Push-Pull-Effekt M3

Info-Karten (Fortsetzung)

Info-Karte 6: Elektronegativität (EN)

Unter der EN versteht man die Eigenschaft eines Atoms, die Elektronen innerhalb einer Bindung zu sich zu ziehen. Daraus resultiert die Art der Bindung (siehe Karte 5).
Die EN resultiert aus den Eigenschaften der Atome eines Elements und wird seit *Pauling* mit einer Skala von 0 bis 4 beschrieben.

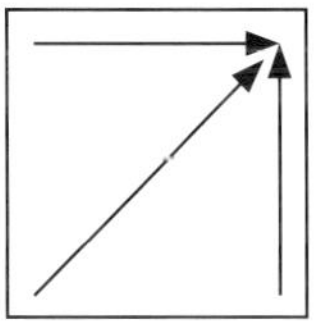

Die EN steigt bei den Atomen im Periodensystem von links unten nach rechts oben, d. h., innerhalb einer Hauptgruppe von unten nach oben und innerhalb einer Periode von links nach rechts.

Info-Karte 7: I-Effekt

Aufgrund einer polaren Bindung (siehe Karte 5) entstehen Teilladungen. Das führt zu der Erhöhung der Elektronendichte beim elektronegativeren Partner.

Folglich erhöhen Alkyl- (Methyl-, Ethyl-, Propyl-, …) Gruppen die Elektronendichte, Halogen-Atome reduzieren die Elektronendichte im restlichen Molekül. Dies hat Einfluss auf die Reaktivität des Moleküls, den Ort möglicher Substitutionen (S_N-, S_R-Reaktionen) und die Elektronendichte von π-Elektronensystemen. So ist die Elektronendichte des Rings bei Ethylbenzol höher als bei Benzol und bei Fluorbenzol niedriger als bei Chlorbenzol.

5.6 S Sonnenschutz durch Push-Pull-Effekt *M4.1*

Einführung des M-Effektes

Das delokalisierte π-Elektronensystem des Benzols wird üblicherweise durch zwei Grenzstrukturen beschrieben, die die Extrempositionen der π-Elektronen beschreiben.
Am einfachen Doppelpfeil ist erkennbar, dass es sich nicht um eine Gleichgewichtsreaktion (Gleichgewichtspfeil), sondern um mesomere Strukturen handelt. Die beiden dargestellten Strukturen sind nicht durch Drehung auseinander hervorgegangen. Die Atome bleiben an Ort und Stelle, nur die Elektronenpaare verlagern sich. Die Grenzstrukturen beschreiben alternierend hohe und geringe Elektronendichte an verschiedenen Positionen. Sie helfen uns bei der Vorstellung; es sind jedoch zusätzlich alle Zustände dazwischen existent, auch wenn sie nicht so eindeutig darstellbar sind.

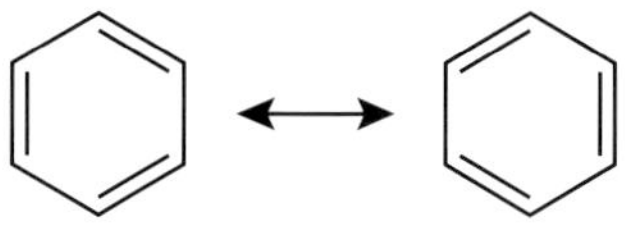

Theoretisch sind solche Grenzstrukturen denkbar, aber da eine energetisch ungünstige Ladungstrennung stattfindet und die Oktettregel für das positiv geladene C-Atom nicht erfüllt ist, sind sie nicht realistisch.

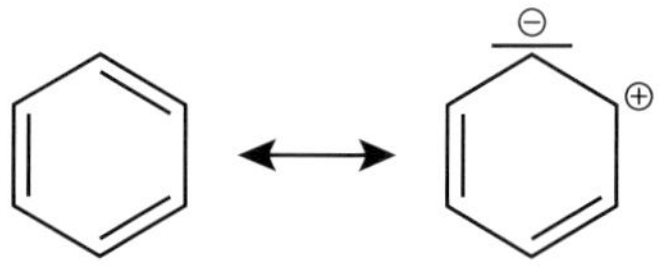

Beim Chlorbenzol sieht das anders aus. Findet hier eine Elektronenverschiebung vom Chlor-Atom in Richtung des aromatischen Rings statt, so entsteht eine realistische Grenzstruktur, da die Oktettregel für alle Atome erfüllt ist. Diese Grenzstruktur ist allerdings aufgrund der Ladungstrennung energetisch ungünstiger als der Grundzustand. Die Eigenschaft des Substituenten (hier: Chlor), ein freies Elektronenpaar in das π-Elektronensystem einzubringen, nennt man **„mesomeren Effekt“** oder kurz **„M-Effekt“**. Da in diesem Fall die Elektronen in Richtung des Rings verlagert werden und der Substituent positiv wird, handelt es sich um einen **+M-Effekt**. Da das π-Elektronensystem durch die Einbeziehung von Elektronen des Chlor-Atoms vergrößert wird, absorbiert Chlorbenzol in einem langwelligeren Bereich als Benzol (**bathochrome Verschiebung**). Hinzu kommt, dass die Elektronendichte im aromatischen Ring zunimmt.

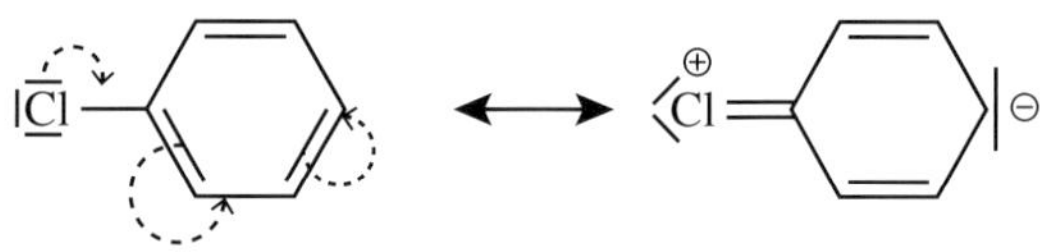

Werden Elektronenpaare aus dem Ring in Richtung eines Substituenten herausgezogen, so handelt es sich um einen **–M-Effekt**. Zugleich stellt man aufgrund der π-Elektronensystem-Vergrößerung eine langwelligere Absorption fest. Da die π-Elektronen jedoch aus dem Ring herausgezogen werden, die Elektronendichte im Ring also abnimmt, fällt die bathochrome Verschiebung geringer aus als bei einem +M-Effekt.

Aufgaben

a) Visualisieren Sie mithilfe des Streichholzmodells (M4.2, M4.3, M4.4) die Grenzzustände des Chlorbenzols.

b) Überprüfen Sie anhand der Spektren von Benzol und Chlorbenzol (M2) die im Informationstext genannten Informationen zum M-Effekt.

c) I-Effekte und M-Effekte können gleich oder entgegengesetzt wirken. Erläutern Sie dies anhand der Spektren von Benzol, Toluol, Chlor- und Brombenzol (M2).

d) Entscheiden Sie, welcher der beiden Effekte größeren Einfluss auf die Wellenlänge der Absorption hat.

5.6 S Sonnenschutz durch Push-Pull-Effekt *M4.2*

Visualisierung der M-Effekte mit einem Streichholzmodell

Material (für 5 Gruppen)

unvollständige Strukturformeln:
5 x 7 identische Kopien
Doppelbindungen und freie Elektronenpaare fehlen – z. B. Chlorbenzol

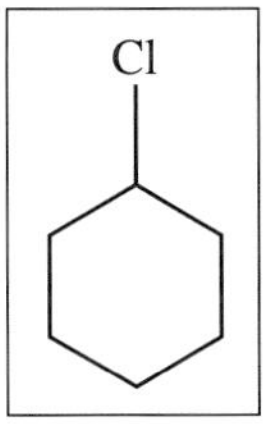

5 Schachteln Streichhölzer

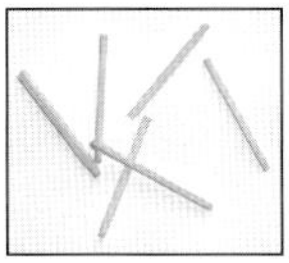

Ladungskärtchen
ca. 5 x 20 Stück

Durchführung

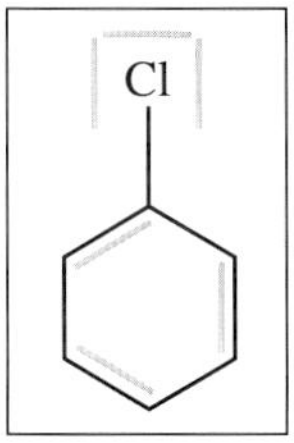

Bilden Sie 5 Gruppen. Je nach Aufgabenstellung wird arbeitsteilig an verschiedenen Molekülen oder im ganzen Kurs einheitlich an einem Molekül gearbeitet. Jede Gruppe bearbeitet aber zu einem Zeitpunkt immer nur ein Molekül.
Legen Sie 5 identische Kopien der unvollständigen Strukturformeln nebeneinander auf eine Tischreihe und ergänzen Sie in den ersten beiden Kopien mit Streichhölzern die freien und die π-Elektronenpaare.

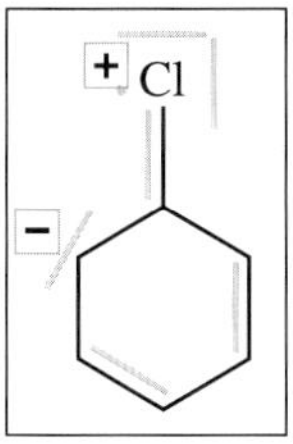

Verschieben Sie nun in der zweiten Kopie von einem Substituenten ausgehend ein bis zwei Elektronenpaare, bis eine neue Grenzstruktur entsteht.
Vergessen Sie dabei nicht die am Ring gebundenen H-Atome, die nicht eingezeichnet sind, denn 5-bindige C-Atome sind nicht existent! So dürfen z. B. keine zwei Doppelbindungen aneinander stoßen. Freie Elektronenpaare an einem Ring-C-Atom (siehe Abb.) sind erlaubt, ebenso positiv geladenen C-Atome. Entstandene Ladungen kennzeichnen Sie mit den Ladungskärtchen.

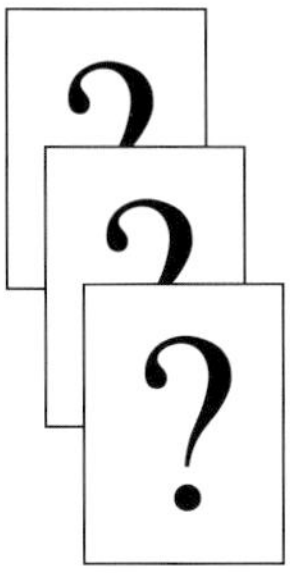

Der Substituent (insbesondere seine EN) bestimmt, ob die Elektronenpaare in Richtung des Rings oder aus dem Ring heraus gezogen werden. Hat ein Substituent jedoch schon drei freie Elektronenpaare (z. B. Chlor-Atom), so können Elektronenpaare nur in Richtung des Rings verschoben werden. Dagegen kann ein Carbonyl-Sauerstoff-Atom durch ein aus dem Ring herausgezogenes Elektronenpaar zu O^- werden. Handelt es sich um ein Molekül mit zwei Substituenten, so beginnt man zuerst an einem Ende, dann in einem zweiten Durchgang am anderen.

Legen Sie nun auf die dritte Kopie die Streichhölzer wie bei der zweiten Kopie. Verschieben Sie wiederum ein bis zwei Elektronenpaare, bis eine sinnvolle Grenzstruktur entsteht, d. h., für alle Atome muss die Oktettregel erfüllt sein (s.o.).

Auf das vierte Blatt kopieren Sie die Situation des dritten und gehen weiter vor wie beschrieben, bis der Grundzustand wieder erreicht ist. (Es müssen nicht immer alle Kopien verwendet werden.) …

Dokumentieren Sie diese „Filmsequenz" der mesomeren Verschiebung von Elektronenpaaren mithilfe der folgenden unvollständigen Strukturformeln.

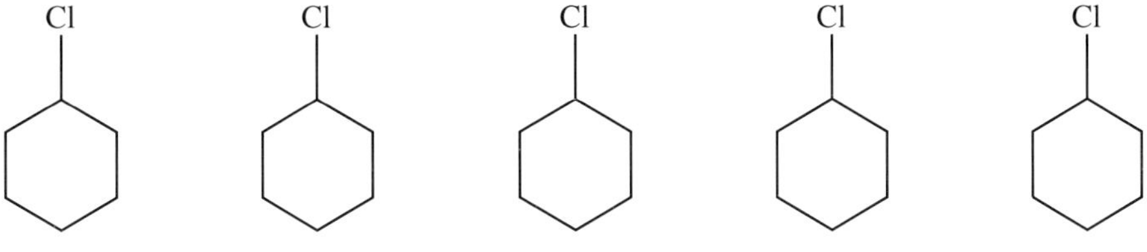

5.6 S Sonnenschutz durch Push-Pull-Effekt M4.3

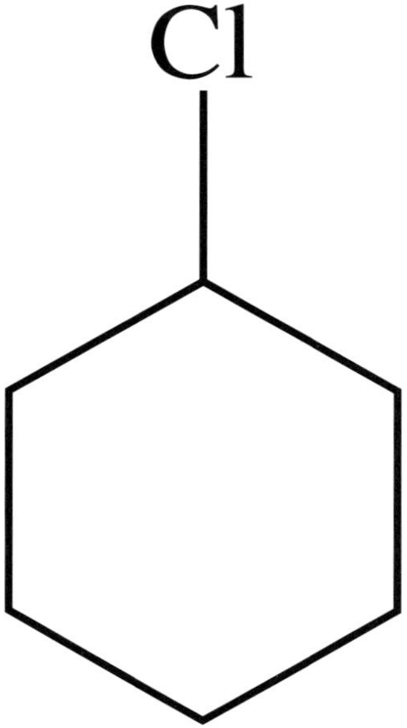

5.6 S Sonnenschutz durch Push-Pull-Effekt M4.4

Kopiervorlagen für Ladungskärtchen (ca. 1 Blatt pro Gruppe)
Als Aufbewahrung eignen sich mit „+“ und „–“ gekennzeichnete leere Streichholzschachteln.

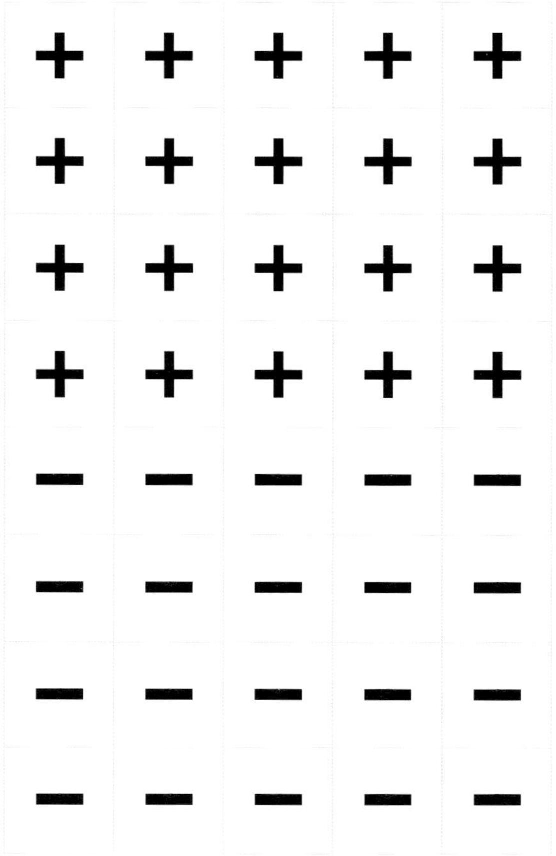

Hinweis: M4.3 und M4.4 können von der CD in DIN-A4-Größe ausgedruckt werden.

5.6 S Sonnenschutz durch Push-Pull-Effekt *M5.1*

Gruppenpuzzle I: M-Effekt verschiedener Substituenten

Für Wirkstoffe von Sonnenschutzmitteln benötigt man Substanzen, die im Bereich von UVB-Licht (280–320 nm) absorbieren, da Bestrahlung mit UVB-Licht möglicherweise eine Schädigung der Haut bewirken kann. Die π-Elektronensysteme der gesuchten Substanzen müssen also langwelliger als Benzol absorbieren und dürfen nicht gesundheitsschädlich und schon gar nicht giftig oder krebserregend sein.

Einzelatome (wie die betrachteten Chlor- und Brom-Atome), aber auch kleine Molekülgruppen (wie eine Hydroxyl-Gruppe im Hydroxybenzol, auch Phenol genannt) können das π-Elektronensystem des Benzols vergrößern.

Um solche Substanzen im Hinblick auf die Verwendung als Absorptionsmittel zu beurteilen, ist es sinnvoll zu erfahren, welche Molekülgruppen (Substituenten) M-Effekte ausüben. Zusätzlich ist es für eine Abschätzung des Absorptionsbereichs interessant zu wissen, welches Vorzeichen der M-Effekt hat.

Erarbeiten Sie sich die Verhältnisse bei verschiedenen Benzolderivaten (Benzol-Moleküle mit unterschiedlichen Substituenten) wie in M 5.9 beschrieben in einem Gruppenpuzzle.

Aufgaben *Innerhalb der Experten-Gruppen zu bearbeiten (s. M 5.9)*

a) Visualisieren Sie mithilfe des Streichholzmodells (M 4.2) arbeitsteilig in 5 Gruppen die Grenzzustände verschiedener Benzolderivate. Jede Gruppe untersucht ein Molekül der Materialien M 5.2 bis M 5.6. (Hinweis: Nitrobenzol zeigt schon in der Grundform eine Ladungstrennung.)

b) Entscheiden Sie, ob es sich bei dem vorliegenden Substituenten um einen Molekülteil handelt, der wie Chlor- und Brom-Atome einen +M-Effekt ausübt, oder ob es sich um den entgegengesetzten –M-Effekt handelt.

c) Diskutieren Sie die Stabilität und den Energiegehalt der einzelnen Grenzstrukturen, die durch die Streichholzanordnungen dargestellt werden. Fixieren Sie Ihre Ergebnisse auf M 5.7 oder 5.8.

Innerhalb der Austausch-Gruppen zu bearbeiten (s. M 5.9)

d) Informieren Sie sich gegenseitig über die M-Effekte anderer Benzolderivate. Bilden Sie dazu wie in M 5.9 beschrieben Austauschgruppen. Jede dieser Gruppen begibt sich zu einer der Tischreihen/einem Molekül. Der Experte für dieses Molekül referiert die dort dargestellten Verhältnisse und moderiert eine kurze Aussprache darüber. Anschließend wandern alle Gruppen im Uhrzeigersinn zum nächsten Tisch usw. Fixieren Sie ihre Ergebnisse auf M 5.7 und 5.8.

e) Diskutieren Sie anschließend die unten angegebenen λ_{max}-Werte in Relation zueinander. Nehmen Sie sich dazu jeweils zwei Substanzen heraus und entscheiden Sie, welches Kriterium/welche Kriterien für die unterschiedliche Absorption der beiden Stoffe hauptsächlich verantwortlich sind: die unterschiedliche Größe des π-Elektronensystems, M-Effekte oder I-Effekte (ΔEN).

λ_{max}	**Substanzname**	λ_{max}	**Substanzname**	λ_{max}	**Substanzname**
248	Benzol	274	Chlorbenzol	288	Benzaldehyd
259	Toluol	275	Benzoesäure	330	Brombenzol
250	Nitrobenzol	275	Phenol	350	Aminobenzol

Hinweis: Nachfolgende Formelvorlagen M 5.2 bis M 5.8 können von der CD in DIN-A4-Größe ausgedruckt werden.

5.6 S Sonnenschutz durch Push-Pull-Effekt *M5.2*

Aminobenzol (Anilin)

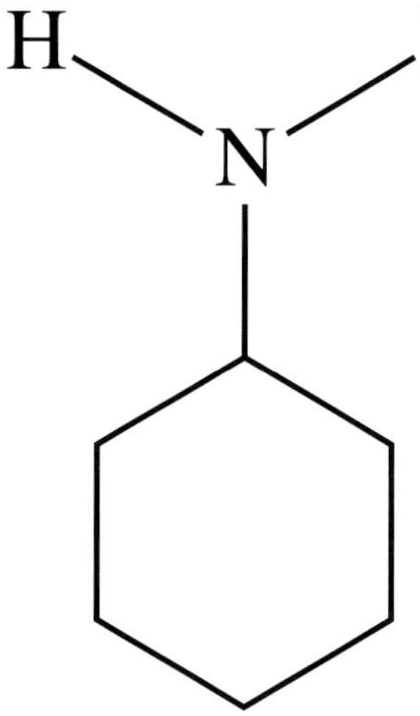

5.6 S Sonnenschutz durch Push-Pull-Effekt *M5.3*

Nitrobenzol (Hinweis: In der Nitro-Gruppe treten bereits in der Grundform Ladungen auf.)

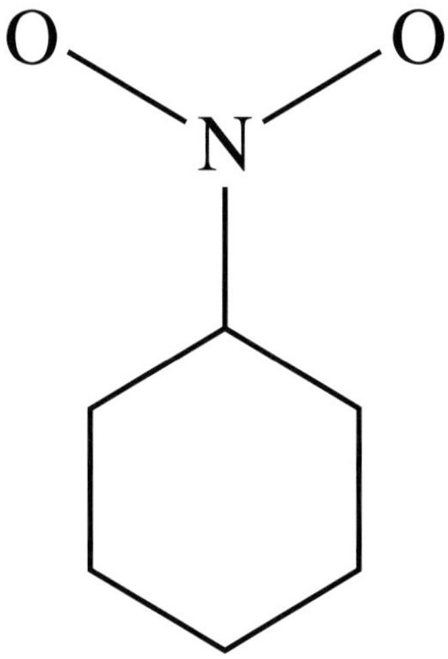

5.6 S Sonnenschutz durch Push-Pull-Effekt *M5.4*

Phenol

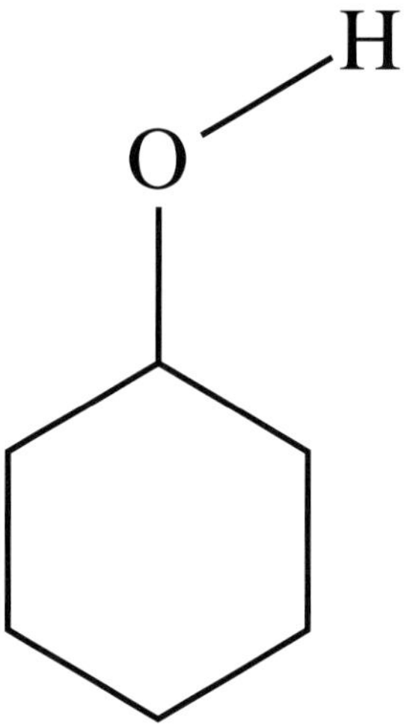

5.6 S Sonnenschutz durch Push-Pull-Effekt *M5.5*

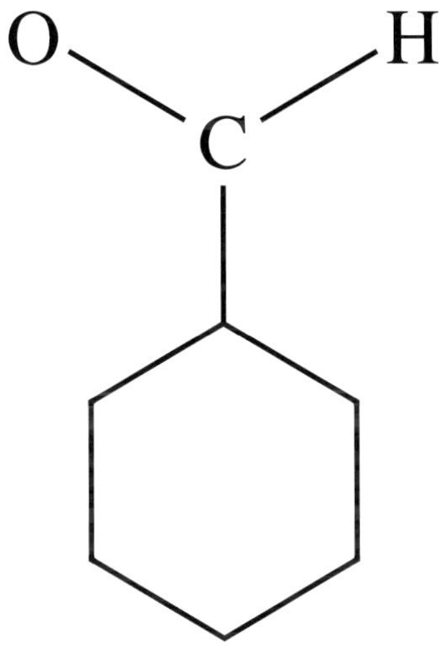

5.6 S Sonnenschutz durch Push-Pull-Effekt *M5.6*

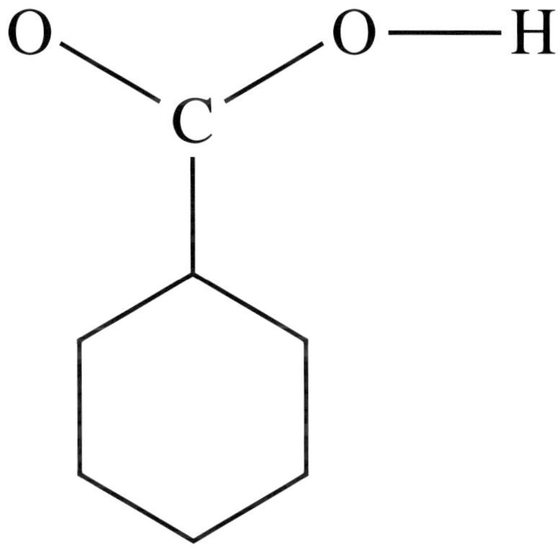

5.6 S Sonnenschutz durch Push-Pull-Effekt *M5.7*

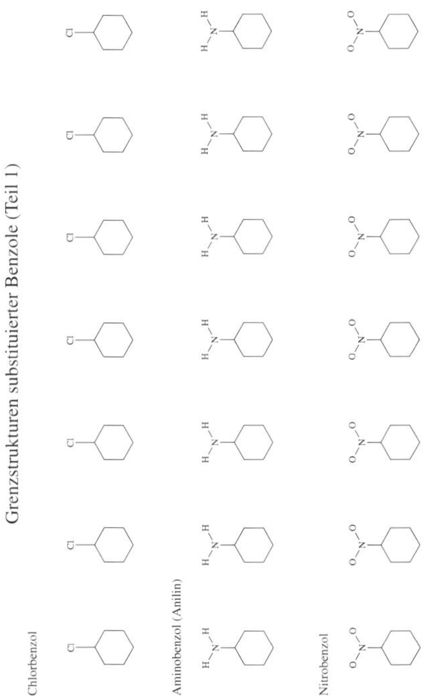

5.6 S Sonnenschutz durch Push-Pull-Effekt *M5.8*

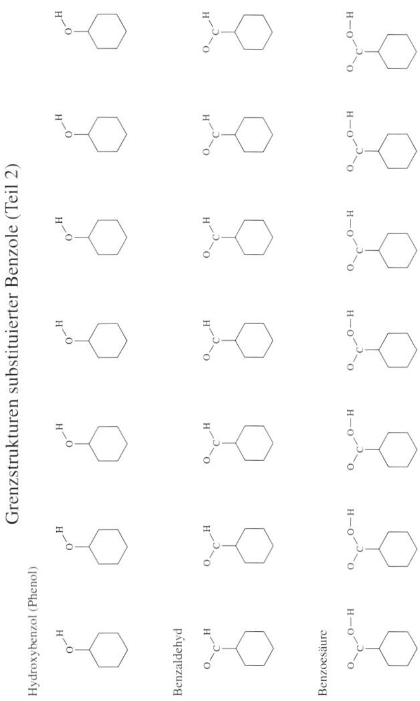

5.6 S Sonnenschutz durch Push-Pull-Effekt *M5.9*

Information: Durchführung des Gruppenpuzzles I in M 5.1
(in einer möglichen Tischanordnung bei 20 Schülerinnen und Schülern)

Expertenrunde
- Bildung von 5 möglichst gleichgroßen Gruppen
- Zuordnung jeder Gruppe zu einem Tisch und Molekül
- Bearbeitung der Aufgaben a) – c) (jede Gruppe arbeitet nur an diesem einen Molekül)

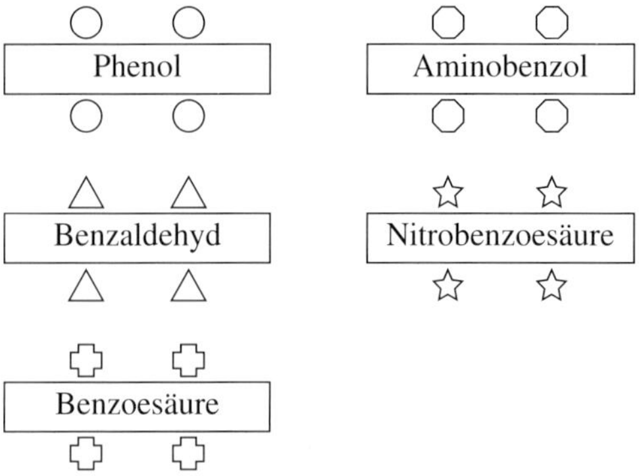

Austauschrunde
- Neue Gruppenbildung, sodass in jeder Gruppe ein Experte zu jedem Molekül sitzt. Beispiel unten: 20 Schülerinnen und Schüler ergeben 4 Gruppen, bei 25 ergeben sich 5 Gruppen, bei 15 nur 3. (Bei einer Anzahl, die nicht durch 5 teilbar ist, werden überzählige Schülerinnen und Schüler gleichmäßig auf die Gruppen verteilt – dort sind dann zu einzelnen Molekülen zwei Experten vertreten.)

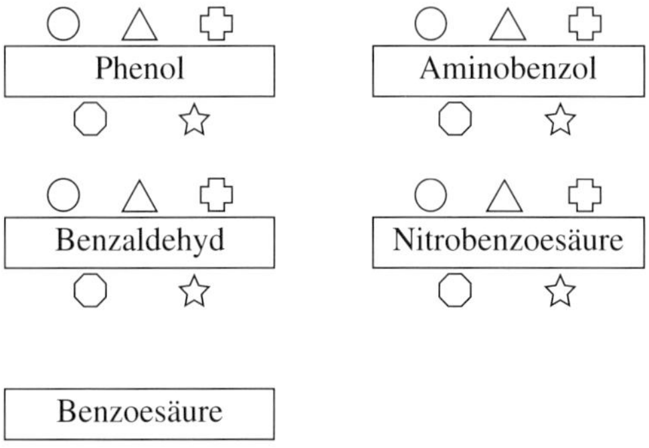

- Bearbeitung der Aufgabe d) unter Leitung des Experten für dieses Molekül
- Alle Gruppen wandern im Uhrzeigersinn unter Einbeziehung eventuell leerer Tische weiter und bearbeiten am nächsten Tisch und Molekül Aufgabe d). Dies wird so lange wiederholt, bis alle Gruppen alle Moleküle nach Aufgabe d) bearbeitet haben.
- Zum Abschluss bearbeiten alle Gruppen an dem jeweiligen Standort Aufgabe e).

5.6 S Sonnenschutz durch Push-Pull-Effekt *M6.1*

Gruppenpuzzle II: M-Effekte bei zwei Substituenten

Die untersuchten Substanzen absorbieren noch nicht im gewünschten UVB-Bereich, sondern kurzwelliger. Im Folgenden soll der Einfluss von zwei Substituenten am Benzolring untersucht werden, mit der Zielrichtung, größere π-Elektronensysteme und damit langwelliger absorbierende Moleküle zu erhalten. Die Bearbeitung findet wieder in Form eines Gruppenpuzzles statt (Anleitung siehe M5.9). Bei ca. 20 Schülerinnen und Schülern ist es sinnvoll, in der Expertenrunde für jedes Molekül zwei Gruppen zu bilden (3 Moleküle in je 2 Gruppen = 6 Gruppen). In der Austauschrunde verteilen sich dann alle Schülerinnen und Schüler so auf die sechs Tische, dass 1 – 2 Experten jedes Moleküls an jedem Tisch sind und die Experten des gleichen Moleküls aus verschiedenen Expertengruppen stammen.

Aufgaben: *Innerhalb der Experten-Gruppen zu bearbeiten*

a) Verfahren Sie mit den Kopien Ihres Moleküls wie in M4 beschrieben. Beginnen Sie bei der Streichholzverschiebung zuerst bei dem einen Substituenten, dann – in einem zweiten Anlauf – mit dem anderen.

b) Diskutieren Sie den Einfluss von zwei Substituenten an Ihrem konkreten Beispiel. Können beide Substituenten gleichzeitig das π-Elektronensystem des Rings vergrößern?

c) Stellen Sie eine Hypothese über das zu erwartende λ_{max} auf.

Innerhalb der Austausch-Gruppen zu bearbeiten

d) Informieren Sie sich gegenseitig über die M-Effekte der 3 Benzolderivate. Dazu wandern die Gruppen im Uhrzeigersinn, bis alle Gruppen die 3 Moleküle bearbeitet haben.

e) Ordnen Sie vorgegebene λ_{max}-Werte nach Diskussion in der Gruppe den verschiedenen Stoffen zu.

λ_{max}	**Substanzname**
287	
306	
312	

f) Begründen Sie, warum der Fachbegriff „push-pull"-Molekül für Moleküle wie Aminobenzoesäure verwendet wird.

5.6 S Sonnenschutz durch Push-Pull-Effekt *M6.2*

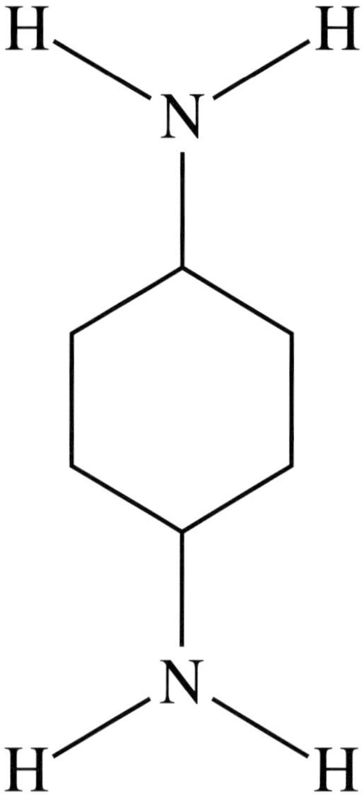

5.6 S Sonnenschutz durch Push-Pull-Effekt *M6.3*

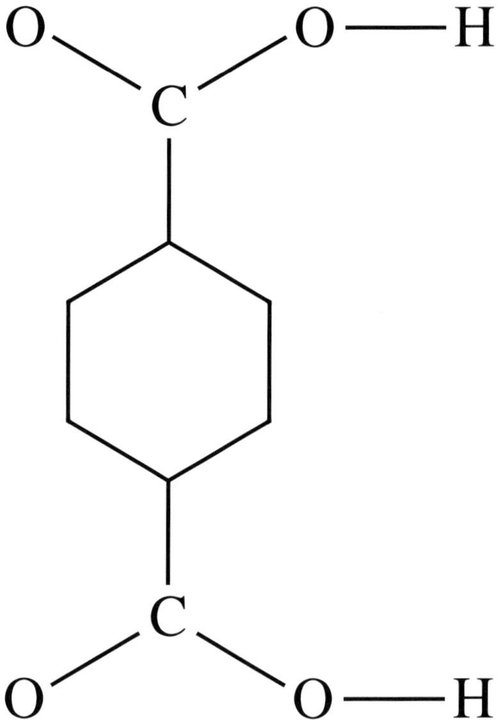

5.6 S Sonnenschutz durch Push-Pull-Effekt *M6.4*

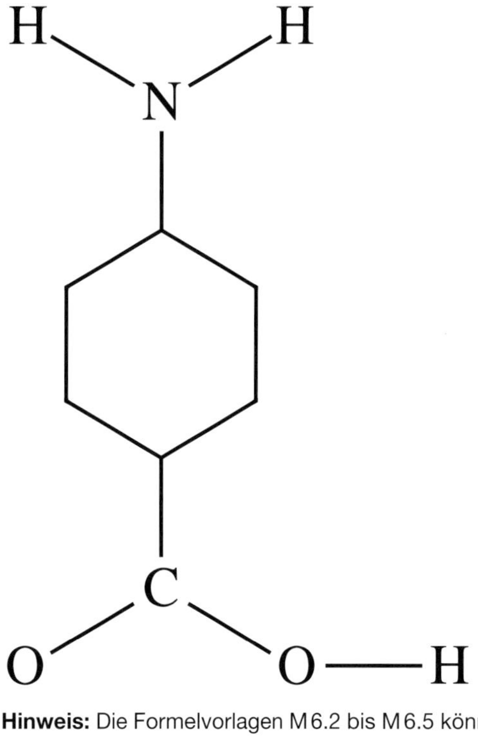

5.6 S Sonnenschutz durch Push-Pull-Effekt *M6.5*

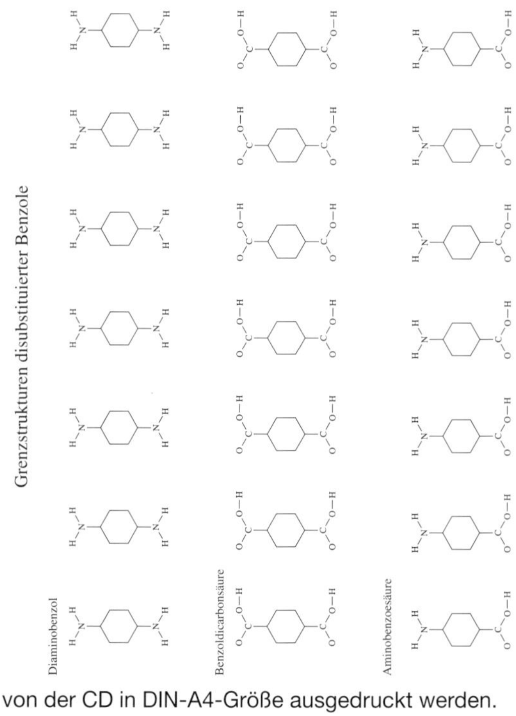

Hinweis: Die Formelvorlagen M 6.2 bis M 6.5 können von der CD in DIN-A4-Größe ausgedruckt werden.

5.6 S Sonnenschutz durch Push-Pull-Effekt *M7*

Arbeitsblatt: Push-Pull-Moleküle und ihre Eigenschaften

	–M / +M	NO_2	CHO	COOH
Name	NH_2			
CAS-Nr.				
λ_{max}/nm				
Gefahrstoff				
Name	OH			
CAS-Nr.				
λ_{max}/nm				
Gefahrstoff				
Name	Br			
CAS-Nr.				
λ_{max}/nm				
Gefahrstoff				
Name	Cl			
CAS-Nr.				
λ_{max}/nm				
Gefahrstoff				

Aufgaben

a) Kombinieren Sie mithilfe der oben angegebenen +M und –M-Substituenten alle möglichen Benzolderivate in *para*-Stellung (d. h., die Substituenten binden am Benzolring an gegenüberliegenden C-Atomen).

b) Recherchieren Sie Name, CAS-Nummer, das Absorptionsmaximum (λ_{max}) und die Gefahrstoff-Einstufung für disubstituierte Benzole. Die CAS-Nummer ist eine Identifikations-Nummer für Reinstoffe, die die Recherche von Daten erleichtert, da sie – im Gegensatz zu den Stoffnamen – von Landessprachen unabhängig ist.

Datenbanken:

webbook.nist.gov/chemistry/

Diese Seite liefert für viele (nicht für alle) Stoffe UV-Spektren und damit λ_{max}-Werte. Zuerst entscheidet man sich, ob man den englischsprachigen Stoffnamen, die Formel oder die CAS-Nr. als Suchkriterium eingeben will (Recherche der CAS-Nr., siehe unten). Anschließend wählt man „UV/Vis spectrum" aus.

www.dguv.de/ifa/stoffdatenbank
www.brd.nrw.de/lerntreffs/chemie/structure/gefahrstoff/recherchen.php

Bei diesen Links erhält man Informationen zur Gefahrstoffeinstufung, und man erfährt dort die CAS-Nummer, die die Spektrensuche im „Webbook" (siehe oben) vereinfacht.

c) Entscheiden Sie nach Ihrer Recherche, welche der untersuchten Substanzen tatsächlich in der Kosmetikindustrie für Sonnenschutzmittel verwendet werden.

5.6 L Sonnenschutz durch Push-Pull-Effekt *Erwartungshorizont*

Kontext

zu a)

	UVA	UVB	UVC
Wellenlängenbereich in nm	320–400	280–320	100–280
Intensität auf der Erdoberfläche	relativ hoch, da geringe Absorption durch Atmosphäre	geringer, relativ hohe Absorption durch Atmosphäre (durch O_2 und O_3)	nicht vorhanden, vollständige Absorption durch Atmosphäre
schädigende Wirkung	relativ gering, Hautalterung und allergene Wirkung (indirekt cancerogen)	hoch, cancerogen	potenziell hoch, aber wegen Ozonschicht (noch) irrelevant

zu b) Da UVA-Strahlung Hautalterung bewirkt, ist es unabhängig vom Sonnenschutz sinnvoll, dass Cremes, die genau dieser Hautalterung vorbeugen sollen, UVA-absorbierende Substanzen enthalten (320–400 nm).

zu c) UVB-Strahlungsbereich (280–320 nm)
Ein geeigneter Wirkstoff muss ein größeres π-Elektronensystem aufweisen als Benzol.

M1

zu a)

Cyclohexan	λ_{max}	< 155 nm
Cyclohexen	λ_{max}	ca. 210 nm
1,3-Cyclohexadien	λ_{max}	ca. 245 nm

Je mehr Doppelbindungen im Molekül vorhanden sind, desto langwelliger ist λ_{max}.

zu b)

Cyclohexen	λ_{max}	226 nm
Benzol	λ_{max}	248 nm (bei so dicht beieinanderliegenden Peaks nimmt man den höchsten)
Annahme 1,3-Cyclohexadien	λ_{max}	zwischen 226 und 248 nm

Begründung siehe a).

zu c)

Sonnenschutzmittelwirkstoffe	λ_{max}	280–320 (-400) nm
Farbstoffe	λ_{max}	400–700 nm

Je langwelliger das λ_{max}, desto größer muss das π-Elektronensystem sein.

Diese Tendenzen, die sich bei Sonnenschutzwirkstoffen und Farbstoffen im Großen zeigen, sind im Kleinen auch bei den abgebildeten Spektren festzustellen.

5.6 L Sonnenschutz durch Push-Pull-Effekt *Erwartungshorizont*

M 2

zu a)

Benzol	λ_{max}	248 nm (bei so dicht beieinanderliegenden Peaks nimmt man den höchsten)
Toluol	λ_{max}	259 nm

Aufgrund des +I-Effekts erhöht sich die Elektronendichte im Ring bei Toluol gegenüber Benzol; folglich wird das π-Elektronensystem bei Toluol leichter anregbar und das λ_{max} langwelliger.

zu b)

Chlorbenzol	λ_{max}	ca. 274 nm
Brombenzol	λ_{max}	ca. 320 nm

Aufgrund des –I-Effekts verringert sich die Elektronendichte im Ring bei Chlorbenzol mehr als bei Brombenzol; folglich ist das λ_{max} bei Chlorbenzol kurzwelliger als bei Brombenzol.

zu c) Innerhalb der Abbildungen zu C und D ist die Verschiebung des λ_{max} zu erklären. Es ist aber nicht zu begründen, warum die Halogenalkane gemeinsam eine langwelligere Absorption zeigen als Benzol und Toluol. Es muss also einen weiteren Effekt geben, der den –I-Effekt hier überlagert.

M 4

zu a) **Chlorbenzol** +M-Effekt

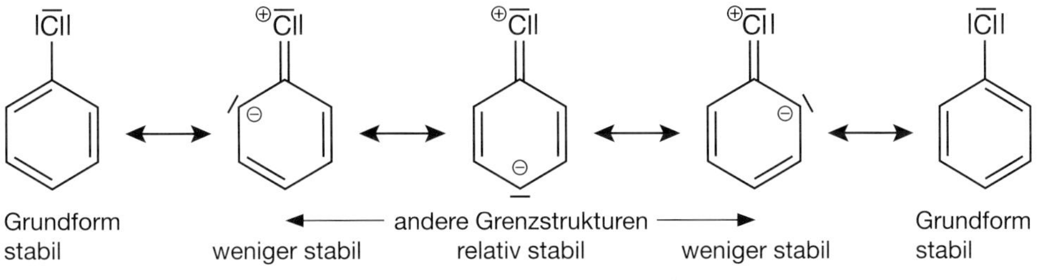

zu b) Bei Chlorbenzol ist ein freies Elektronenpaar des Chlors in das π-Elektronensystem einbezogen; dadurch vergrößert sich π-Elektronensystem gegenüber Benzol. Zusätzlich zeigt das Chlorbenzol gegenüber Benzol aufgrund des +M-Effekts eine erhöhte Elektronendichte im Ring. Damit ist das größere λ_{max} der Halogenbenzole gegenüber Benzol zu erklären.

zu c) Bei Chlor- und Brombenzol wirken I- und M-Effekt entgegengesetzt (–I und +M). Bei Chlorbenzol ist dies aber aufgrund des größeren –I-Effekts stärker ausgeprägt. Deshalb hat Chlorbenzol ein kürzeres λ_{max} als Brombenzol. Bei Toluol ist kein M-Effekt vorhanden, deshalb wirkt nur der I-Effekt.

zu d) Der –I-Effekt wird vom +M-Effekt überkompensiert. Daraus ist ersichtlich, dass der M-Effekt einen viel größeren Einfluss auf das λ_{max} hat als der I-Effekt.

5.6 L Sonnenschutz durch Push-Pull-Effekt *Erwartungshorizont*

M 5 zu a) und b)

Grenzstrukturen substituierter Benzole (Teil 1)

Chlorbenzol +M-Effekt

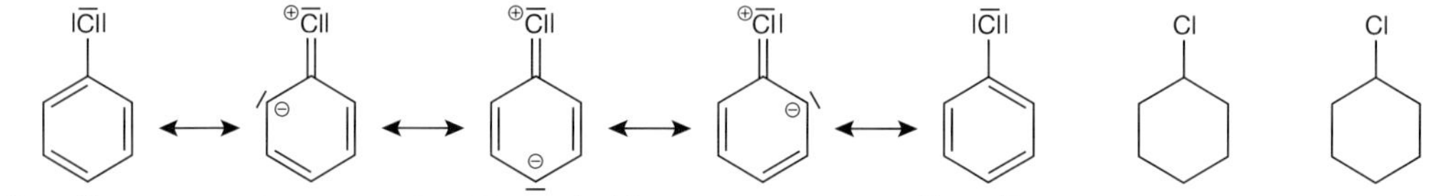

Grundform stabil ← andere Grenzstrukturen → Grundform stabil

weniger stabil relativ stabil weniger stabil

Aminobenzol (Anilin) +M-Effekt

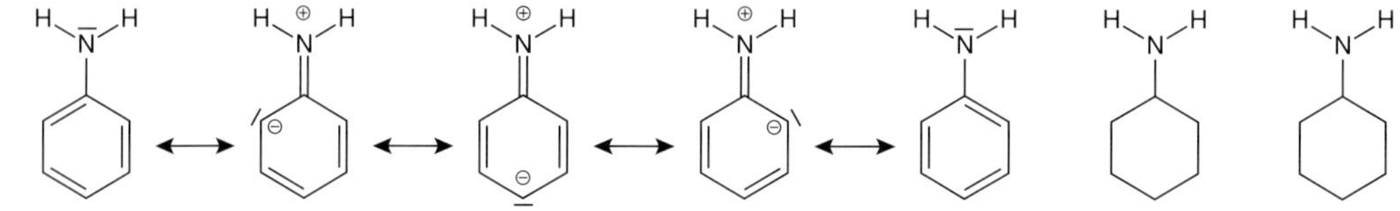

Nitrobenzol –M-Effekt

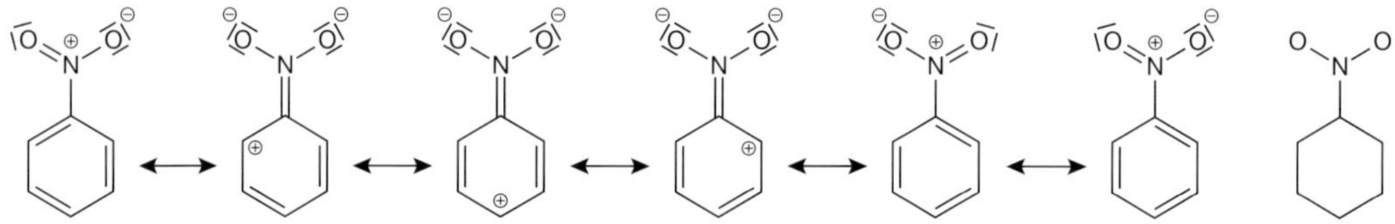

Grenzstrukturen substituierter Benzole (Teil 2)

Hydroxybenzol (Phenol) +M-Effekt

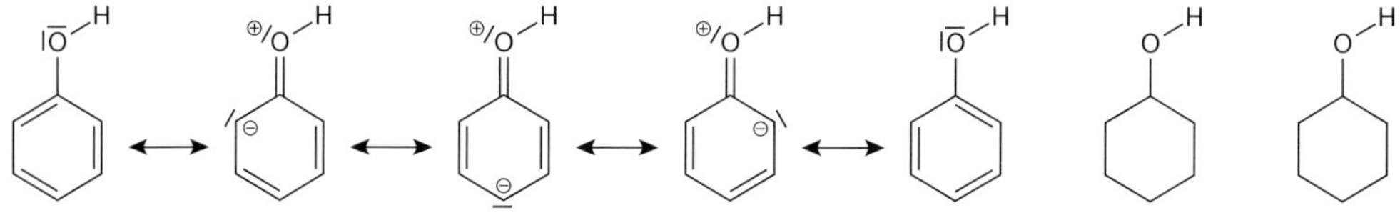

Benzaldehyd –M-Effekt

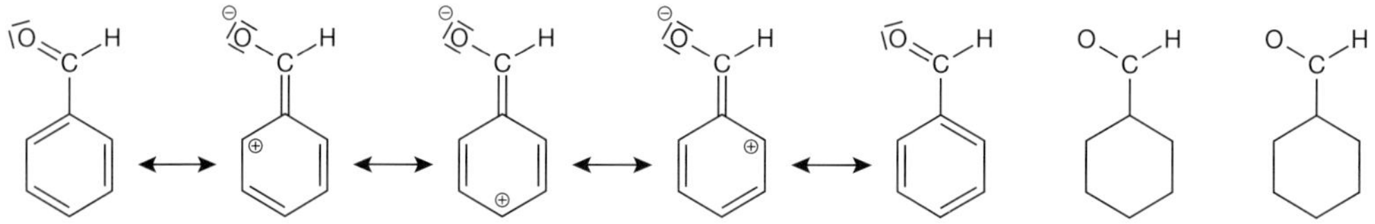

Benzoesäure –M-Effekt

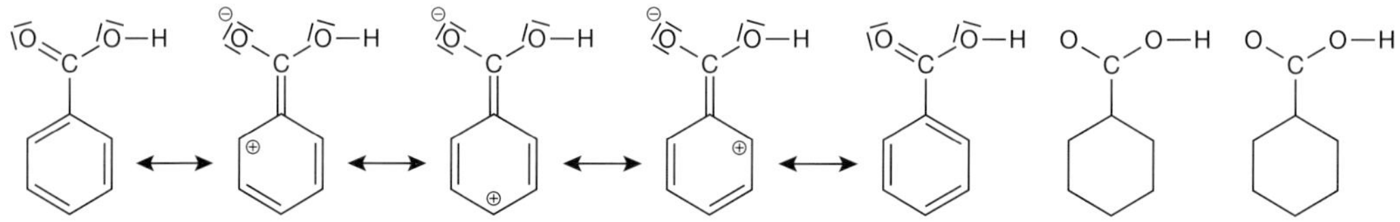

5.6 L Sonnenschutz durch Push-Pull-Effekt *Erwartungshorizont*

M 5 (Fortsetzung)

zu c) Analog zur Darstellung bei Chlorbenzol: Die Grundzustände haben die größte Stabilität und geringsten Energiegehalt. Die Anregungszustände mit der stärksten Ladungstrennung sind stabiler als die restlichen Anregungszustände.

zu d) siehe zu a und b.

zu e)

λ_{max}	**Substanzname**	**Begründung des λ_{max}-Unterschieds gegenüber Benzol**
248	Benzol	– – –
259	Toluol	+I-Effekt
250	Nitrobenzol	deutliche Vergrößerung des π-Elektronensystems, trotz –M-Effekt, trotz –I-Effekt
274	Chlorbenzol	Vergrößerung des π-Elektronensystems, +M-Effekt, trotz –I-Effekt
275	Benzoesäure	deutliche Vergrößerung des π-Elektronensystems, trotz –M-Effekt, trotz –I-Effekt
275	Phenol	Vergrößerung des π-Elektronensystems, +M-Effekt
288	Benzaldehyd	Vergrößerung des π-Elektronensystems, trotz –M-Effekt, trotz –I-Effekt
330	Brombenzol	Vergrößerung des π-Elektronensystems, +M-Effekt, trotz geringem –I-Effekt
350	Aminobenzol	Vergrößerung des π-Elektronensystems, +M-Effekt, trotz geringem–I-Effekt

M 6

zu a) – d) Bei 1,4-Diaminobenzol sind zwei +M-Substituenten am Benzolring gebunden. Es ist nur jeweils einer der Substituenten in das mesomere System einbezogen, da sonst die Elektronendichte im Ring zu groß würde.
Bei 1,4-Benzoldicarbonsäure sind zwei –M-Substituenten am Benzolring gebunden. Es ist nur jeweils einer der Substituenten in das mesomere System einbezogen, da sonst die Elektronendichte im Ring zu gering würde.
Bei 4-Aminobenzoesäure sind je ein +M- und –M-Substituent am Benzolring gebunden. Beide Substituenten sind in das mesomere System einbezogen, das π-Elektronensystem ist deutlich vergrößert. Das Absorptionsmaximum liegt bei einer größeren Wellenlänge.

zu e)

λ_{max}	**Substanzname**	**Begründung des λ_{max}-Unterschieds**
287	1,4-Benzol-dicarbonsäure	sich gegenseitig behindernde –M-Effekte, Verringerung der Elektronendichte im Ring
306	1,4-Diamino-benzol	sich gegenseitig behindernde +M-Effekte, Erhöhung der Elektronendichte im Ring
312	4-Aminobenzoe-säure	sich gegenseitig ergänzende +M- und –M-Effekte, deutliche Vergrößerung des π-Elektronensystems

5.6 L Sonnenschutz durch Push-Pull-Effekt *Erwartungshorizont*

M 6 (Fortsetzung)

zu e) In den Schülermaterialien wurden die Positionsbezeichnungen (1,4 oder *p* für *para* usw.) zur Vereinfachung weggelassen. Ebenso wird nicht thematisiert, dass Push-Pull-Effekte nicht nur von den Substituenten, sondern auch von deren Stellung abhängen. So zeigt 3- (*m*-)Aminobenzoesäure z. B. keinen Push-Pull-Effekt.

zu f) Der Begriff „Push-Pull-Effekt“ drückt aus, dass ein Substituent die Elektronen in Richtung des Rings „drückt“, der andere sie aus dem Ring „zieht“.

M 7
Push-Pull-Moleküle und ihre Eigenschaften

zu a) und b)

	–M / +M	NO_2	CHO	COOH
Name	NH_2	4-Nitroanilin	4-Aminobenzaldehyd	4-Aminobenzoesäure
CAS-Nr.		100-01-6	556-18-3	150-13-0
λ_{max}/nm		369		312
Gefahrstoff		T	Xi	-
Name	OH	4-Nitrophenol	4-Hydroxybenzaldehyd	4-Hydroxybenzoesäure
CAS-Nr.		100-02-7	123-08-0	99-96-7
λ_{max}/nm		326	326	300
Gefahrstoff		Xn	Xi	Xi
Name	Br	1-Brom-4-nitrobenzol	4-Brombenzaldehyd	4-Brombenzoesäure
CAS-Nr.		586-78-7	1122-91-4	586-76-5
λ_{max}/nm				245
Gefahrstoff		S22-24/25	Xi	Xi
Name	Cl	1-Chlor-4-nitrobenzol	4-Chlorbenzaldehyd	4-Chlorbenzoesäure
CAS-Nr.		100-00-5	104-88-1	74-11-3
λ_{max}/nm		370	266	241
Gefahrstoff		T, N	Xn, N	Xn

zu c) Aufgrund des Absorptionsmaximums und des Gefährdungspotenzials kommt nur 4-Aminobenzoesäure (= *para*-Aminobenzoesäure, kurz: PABA) in Frage. Bei PABA handelt es sich tatsächlich um den „Klassiker“ der Wirkstoffe, der lange in Sonnenschutzmitteln enthalten war.

6.3 L Das Geheimnis der Konfitürenherstellung

Thematik
Unterrichtsmethode

Grundlagen: Zucker (Hexosen), Di- und Polysaccharide, Citronensäure, Calciumcitrat, Säure-Basen-Reaktionen, Bildung polymerer Aggregate, Gelbildung, zwischenmolekulare Wechselwirkungen (Wasserstoffbrückenbindungen, Dipol-Wechselwirkungen, Ionenbindungen, hydrophobe Wechselwirkungen)

Methodischer Vorschlag: Arbeitsteilige Gruppenarbeit mit Hausexperimenten

Durchführung: Kontext mit Aufgaben, M 1, M 2, M 3, M 4, M 5, M 6
Zur Einführung in die Grundlagen der Gelbildung bearbeitet jede Schülerin und jeder Schüler den Kontext mit den Aufgaben a) und b).
Dann wählen die Schülerinnen/Schüler eine Partnerin/einen Partner für die weitere Arbeit. Im Kurs werden die Arbeitsaufträge anhand von M 1 besprochen. Jede Zweiergruppe bearbeitet die Aufgaben zur Gelbildung auf M 2. Hilfestellung bieten ein Infoblatt (M 5) und eine Vorlage (M 6) mit Strukturen. Sie unterstützen die abschließende Präsentation der Ergebnisse mit einem Poster im Plenum.
Mit dem so erarbeiteten theoretischen Hintergrund werden die Schülerexperimente (M 3) zu den Eigenschaften von Pektin durchgeführt und ausgewertet. In einer offenen Plenumsphase können die Schülerinnen und Schüler ihre Erfahrungen rund um das Pektin austauschen und dabei die Hausexperimente (M 4) inhaltlich und organisatorisch vorbereiten. Materialien, die üblicherweise nicht im Haushalt zur Verfügung stehen, wie Pektin, Calciumcitrat, pH-Streifen, werden zur Verfügung gestellt. Reinstoffe und Gemische, die nur in kleineren Mengen benötigt und genau abgewogen werden müssen, werden in der Schule vorbereitet. Die Versuchsreihen VR1, VR2 und VR3 werden jeweils in Partnerarbeit als Hausexperimente durchgeführt und so auf die Gruppen des Kurses verteilt, dass jede Versuchsreihe von zwei bis drei Kleingruppen bearbeitet wird. Für die Durchführung der Hausexperimente steht eine Woche zur Verfügung.
Die Gruppen mit derselben Versuchsreihe tauschen ihre Ergebnisse der Hausexperimente untereinander aus und präsentieren sie im Plenum unter Verwendung eines selbst gewählten Mediums.
In der letzten Phase werden Dreier-Gruppen (Punkt 5 in M 1) aus je einer Expertin/einem Experten der Versuchsreihen VR1, VR2 und VR3 gebildet, die ein optimales Rezept für eine Konfitüre und einen Vorschlag für eine kalorienreduzierte Konfitüre erarbeiten. Die Gruppenergebnisse werden auf Plakaten übersichtlich und werbend dem Plenum präsentiert.
Die Ergebnisse dieses Konfitürenprojektes sind gut geeignet, um während eines Schulfestes oder eines Tages der Offenen Tür in einer Ausstellung präsentiert zu werden.

Literaturangaben
Das Geliermittel Pektin, Nr. 3.1, Gelee-Bildung, Nr. 3.2, Kalorienreduzierte Marmelade, Nr. 3.3., Geheimnis der Marmeladenherstellung, Nr. 3.4 in Materialien-Handbuch Kursunterricht Chemie Bd. 10/II, Aulis Verlag Köln 2002
„Konfitüren und andere Fruchtaufstriche“, „Die Spezialisten für Pektin“, Broschüren der Firma Herbstreith & Fox KG, Turnstraße 37, 75305 Neuenbürg / Württemberg,
On Food and Cooking: The Science and Lore of the Kitchen, *Harold McGee*, Charles Scribner's Sons, New York, Ausgabe 1984, S. 171–172 und Ausgabe 2004, S. 296–298
Heimexperimente – Ein erprobtes Projekt zum Thema Elektrochemie in der Sek II, *T. de Vries u.a.*, **CHEM**KON 13 / 4 (2006) 171–177

6.3 L Das Geheimnis der Konfitürenherstellung

Thematik
Unterrichtsmethode

Teilaufträge
Theoretische Grundlagen (EA), Schülerexperimente mit Präsentation (PA), Hausexperimente (PA), Rezeptentwicklung und Ausstellung (Dreier-Gruppen)

Konzepte
Struktur – Eigenschaften, chemische Bindungen, Donator-Akzeptor-Prinzip, Makro-Moleküle

Kompetenzbereiche
Fachwissen: Schülerinnen und Schüler
- beschreiben, erklären und erläutern chemische Sachverhalte unter Verwendung der Fachsprache,
- analysieren und untersuchen Zusammenhänge zwischen Eigenschaften und Strukturen.

Erkenntnisgewinnung: Schülerinnen und Schüler
- führen Experimente durch,
- beobachten und dokumentieren die Beobachtungen,
- werten ihre Ergebnisse aus und benutzen hierfür Modelle und Formeln.

Kommunikation: Schülerinnen und Schüler
- diskutieren und argumentieren über chemische Sachverhalte,
- erarbeiten gemeinsam Präsentationen.

Anforderungsbereiche
Zum Anforderungsbereich I gehören
- die Durchführung von Experimenten entsprechend der Vorgaben mit bekannten Methoden,
- die Zerlegung von Strukturen in bekannte Einheiten und funktionelle Gruppen.

Zum Anforderungsbereich II gehören
- die Auswertung der Experimente,
- die Präsentation von Ergebnissen mit unterschiedlichen Medien.

Zum Anforderungsbereich III gehören
- die Erklärung des Verhaltens von Pektin und Pektin-Zucker-Gemischen gegenüber Wasser,
- die Erklärung der Funktion von Zucker, Pektin und Säure sowie deren Zusammenwirken für die Gelbildung bei der Herstellung von Konfitüren.

6.3 S Das Geheimnis der Konfitürenherstellung *Kontext*

Konfitüre gehört wohl in jeder Familie auf den Frühstückstisch, sei sie nun gekauft oder selbst hergestellt. Aber wie wird aus Früchten eine gelartige Masse – eine wohlschmeckende Konfitüre? In einem Koch-, Back- und Konfitürenbuch aus dem Jahr 1786 heißt es:
„Marmelade ist ein von allerley Baumfrüchten mit Zucker und Gewürz zu einer starken Gallerte gekochter Saft oder halb angemachter Teig."

Bei der Herstellung von Konfitüre aus Früchten und Zucker kommt es darauf an, eine streichbare, geschmeidige und gleichzeitig feste Masse – ein Gel – zu erhalten.

Für die Gelbildung, dem wichtigsten Prozess bei der Konfitürenherstellung, sind vor allem die Pektine verantwortlich. **Pektine** sind Polymere aus α-D-Galacturonsäure-Einheiten (Pektinsäure), die aus etwa 100 bis 400 Monomeren bestehen. Ein Teil der Carboxyl-Gruppen ist mit Methanol verestert. Man unterscheidet zwischen niedrig veresterten Pektinen – Veresterungsgrad kleiner als 50 % – und hoch veresterten Pektinen – Veresterungsgrad größer als 50 %.

Die qualitätsbestimmenden Zutaten einer Konfitüre

Ausschnitt aus einer Pektinkette

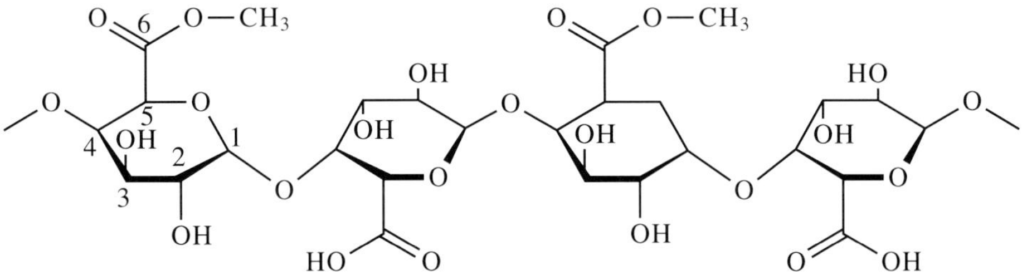

Saccharose

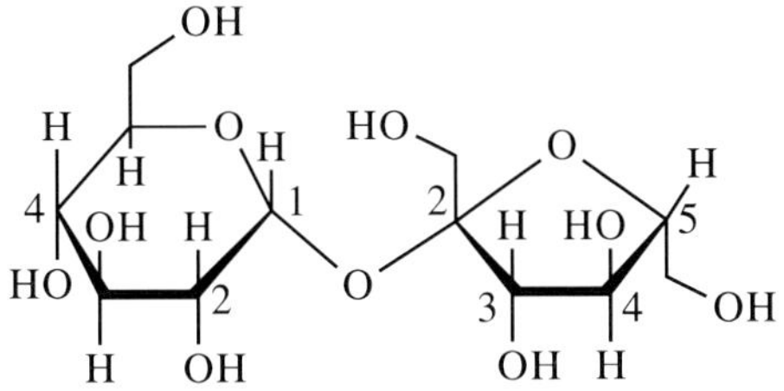

Aufgaben

a) Zerlegen Sie das Pektin-Polymer und das Saccharose-Molekül jeweils in ihre Monomere und beschreiben Sie die Bindungen zwischen den Monomeren.

b) Ermitteln und beschreiben Sie Möglichkeiten für Wechselwirkungen
   – zwischen Saccharose-Molekülen bzw. Saccharose- und Wasser-Molekülen jeweils in wässriger Lösung,
   – zwischen Pektin- und Wasser-Molekülen bzw. zwei Pektinketten in einer wässrigen Umgebung unter verschiedenen Bedingungen: sauer bzw. neutral; mit bzw. ohne die Anwesenheit von zweifach geladenen Kationen wie Calcium-Ionen.

6.3 S Das Geheimnis der Konfitürenherstellung *M 1*

Arbeitsaufträge im Projekt

Ausgehend von den Angaben auf dem Etikett eines Konfitürenglases erarbeiten Sie sich die Funktion der einzelnen Zutaten beim Herstellungsprozess der Konfitüre und entwickeln Rezepte, die Sie schließlich ausprobieren können.

1. **Einzelarbeit:** Informieren Sie sich über den Kontext und bearbeiten Sie die Aufgaben a) und b).
2. **Partnerarbeit:** Besprechen Sie mit Ihrer Partnerin / Ihrem Partner die bisher erarbeiteten Vorstellungen und Erklärungen (Kontext) und erarbeiten Sie nach M 2 ein gemeinsames Ergebnis über die Möglichkeit zur Gelbildung. Zur Unterstützung können ein Infoblatt und eine Vorlage mit Strukturformeln benutzt werden. Übertragen Sie Ihre Ergebnisse auf ein Poster (Format A0), das Sie im Plenum präsentieren können.
3. a) **Partnerarbeit:** Untersuchen Sie experimentell die Wirkung von Wasser auf Pektin und Pektin-Zucker-Gemische (Arbeitsblatt M 3), und bearbeiten Sie die Aufgaben a) bis c).
   b) **Plenum:** Arbeiten Sie im Plenum mit Blick auf die nachfolgenden Hausexperimente Ihre Erfahrungen im Umgang mit Pektin auf und klären Sie offene Fragen.
4. a) **Vorbereitung der Hausexperimente (M 4):** Materialien, die üblicherweise nicht im Haushalt zur Verfügung stehen, wie Pektin, Calciumcitrat, pH-Streifen, werden ausgeteilt. Reinstoffe und Gemische, die nur in kleineren Mengen benötigt und genau abgewogen werden müssen, werden in der Schule vorbereitet.
   b) Die **Hausexperimente** werden jeweils in **Partnerarbeit** durchgeführt. Jede Kleingruppe führt jeweils eine Versuchsreihe des Arbeitsblatts M 4 durch. Je nach Größe der Lerngruppe sollte jede Versuchsreihe von zwei bis drei Kleingruppen bearbeitet werden.
   c) **Hausexperimente:** Jede Kleingruppe führt die ihr zugewiesene Versuchsreihe entsprechend der Versuchsanleitung M 4 zu Hause durch, schreibt ein Versuchsprotokoll und bearbeitet die Aufgaben. Zeit: 1 Woche
   d) **Auswertung der Hausexperimente (M 4):** Die Gruppen jeweils einer Versuchsreihe fassen ihre Ergebnisse zusammen und präsentieren sie dem Plenum unter Verwendung eines selbst gewählten Mediums.
5. **Dreier-Gruppen:** Aus je einer Schülerin / einem Schüler mit Erfahrung zur Versuchsreihe VR1, VR2 und VR3 des Arbeitsblattes M 4 (Experten) wird eine Dreier-Gruppe gebildet, die folgende Aufträge bearbeitet:
   a) Erarbeiten Sie auf der Grundlage Ihrer Ergebnisse in den Versuchsreihen VR1, VR2 und VR3 eine optimale Rezeptur zur Herstellung einer konventionellen Konfitüre; geben Sie ein passendes Rezept für eine herkömmliche Früchte-Konfitüre an.
   b) Erarbeiten Sie auf der Grundlage Ihrer experimentellen Erfahrungen ein Rezept für eine kalorienreduzierte Konfitüre und suchen Sie nach einem passenden Rezept für eine kalorienreduzierte Früchte-Konfitüre.
   c) Präsentieren Sie Ihre Ergebnisse übersichtlich und werbend auf einem Plakat dem Plenum.

Hinweis auf Quellen: www.nordzucker.de, www.zentis.de, www.oetker.de

6.3 S Das Geheimnis der Konfitürenherstellung *M2*

Arbeitsblatt Gelbildung mit Pektinen

Pektin-Moleküle binden gerne Wasser, wodurch eine Annäherung der Ketten und damit auch eine Bindung zwischen den Molekülen verhindert wird. Durch die Zugabe von Zucker, meist Saccharose, wird das Wasser gebunden, und so eine Annäherung der Pektin-Moleküle und die Vernetzung durch Wasserstoffbrückenbindungen ermöglicht.

Gelbildung bedeutet, dass die langen Pektinketten durch chemische Bindungen miteinander verbunden werden, wobei sich ein dreidimensionales Netz ausbildet. Die einzelnen Pektin-Moleküle können sich nicht mehr unabhängig voneinander bewegen, sodass der zuvor flüssige Fruchtsaft sehr zähflüssig und gallertartig wird.

Ein Blick auf das Etikett eines Konfitürenglases liefert entscheidende Hinweise auf weitere Faktoren, die zur Gelbildung beitragen.

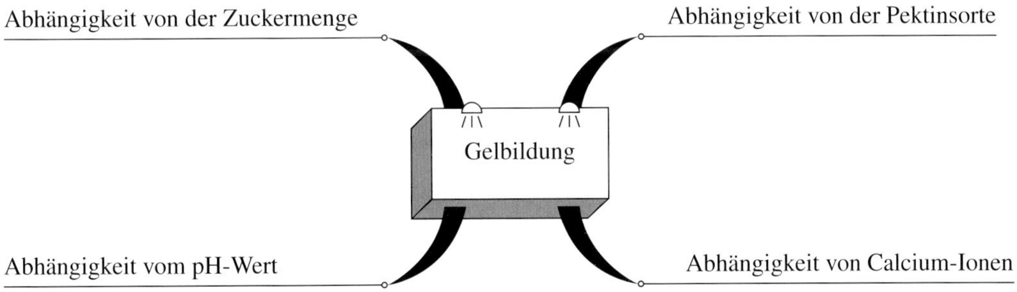

Aufgaben

a) Beschreiben und erklären Sie mit Ihrer Partnerin / Ihrem Partner die Funktion der Stoffe in der Mind Map sowie ihr Zusammenwirken für die Gelbildung bei der Herstellung von Konfitüren.
Hilfestellung: Infoblatt „Pectin Gels“ (M 5) und Vorlage Pektinketten (M 6)
Broschüren von Herbstreith & Fox KG, *http://www.herbstreith-fox.de*

b) Präsentieren Sie dem Plenum Ihre Ergebnisse auf **einem** Poster der Größe A0.

6.3 S Das Geheimnis der Konfitürenherstellung M3

Schülerexperimente: Eigenschaften des Geliermittels Pektin

Auf jedem Etikett eines Marmeladenglases wird Pektin als Geliermittel angegeben. In den folgenden Experimenten werden Eigenschaften des Pektins, bezogen auf den Gelierprozess, experimentell untersucht.

Geräte
Elektrische Heizplatte, Bechergläser (weite Form, 200 mL oder 250 mL), große Reagenzgläser oder Bechergläser (hohe Form, 150 mL), Waage, pH-Papier

Stoffe
Zucker (Saccharose), hoch verestertes Pektin (z. B. Classic AF 202 von Herbstreith & Fox), Citronensäure (Xi, reizend)

Sicherheitsmaßnahmen
Achten Sie darauf, dass beim Erhitzen keine Siedeverzüge auftreten. Bei allen Experimenten müssen Schutzkleidung (Kittel) und eine Schutzbrille getragen werden.

Entsorgung
Die entstandenen Produkte können mit viel Wasser in das Abwasser gegeben werden. Entsorgen Sie die Produkte möglichst unmittelbar nach Abschluss der Experimente und spülen Sie die Geräte nach Abschluss der Experimente sorgfältig aus.

Versuche: **Pektin und Wasser**
Drei Bechergläser (200 mL) werden jeweils mit etwa 100 mL Wasser gefüllt.
Becherglas 1: Unter Rühren Zugabe von etwa 1 g Pektin.
Becherglas 2: Unter Rühren Zugabe eines **trockenen** Gemisches aus etwa 1 g Pektin und 1 g Zucker.
Becherglas 3: Unter Rühren Zugabe eines **trockenen** Gemisches aus etwa 1 g Pektin und 15 g Zucker.

Aufgaben

a) Führen Sie die Versuche sorgfältig durch und notieren Sie Ihre Beobachtungen. Achten Sie dabei genau auf das Verhalten des Pektins bzw. der Pektin-Zuckergemische beim Vermischen mit Wasser.

b) Beschreiben und erklären Sie, was mit dem reinen Pektin beim Kontakt mit Wasser geschieht.

c) Erklären Sie, warum man das Pektin mit Zucker vermischt, bevor es einer wässrigen Lösung – beispielsweise einem Apfelsaft-Zucker-Gemisch – hinzugefügt wird.

6.3 S Das Geheimnis der Konfitürenherstellung M4

Hausexperimente

„Konfitüre selbst machen ist im Grunde ein Kinderspiel: Man vermischt Zucker und Früchte, kocht sie eine Weile und füllt die erhaltene Masse ab."
Zitiert nach *H. This-Benckhard*, Rätsel der Kochkunst, Springer Verlag, Berlin Heidelberg 1996, S. 205.

Damit aus Erdbeeren, Himbeeren, Johannisbeeren oder anderen Früchten eine gute Konfitüre wird, müssen verschiedene Parameter genau eingestellt werden. In den nachfolgenden Experimenten wird der Einfluss verschiedener Parameter auf die Gelbildung, dem wichtigsten Prozess bei der Herstellung von Konfitüren, untersucht.

Geräte
Elektrische Heizplatten, Bechergläser (weite Form, 400 mL und 600 mL) oder kleine Töpfe, große Reagenzgläser oder Bechergläser (hohe Form, 150 mL), Waage, pH-Meter oder pH-Papier, Glasstäbe, Löffel

Stoffe
Apfelsaft, Saccharose (Haushaltszucker), niedrig verestertes Pektin (z. B. Classic AF 703 von Herbstreith & Fox), hoch verestertes Pektin (z. B. Classic AF 202 von Herbstreith & Fox), Calciumcitrat, Citronensäure (Xi, reizend)
Alle Stoffe außer den Pektinen und Calciumcitrat können im Lebensmittelhandel gekauft werden.

Sicherheitsmaßnahmen
Achten Sie darauf, dass beim Erhitzen keine Siedeverzüge auftreten und stellen Sie dazu jeweils einen Glasstab in das Becherglas. Bei allen Experimenten müssen Schutzkleidung (Kittel) und eine Schutzbrille getragen werden.

Entsorgung
Die entstandenen Produkte können mit viel Wasser in das Abwasser gegeben werden. Entsorgen Sie die Produkte möglichst unmittelbar nach Abschluss der Experimente. Bei längerer Lagerung können sich Schimmelpilze bilden.

Versuche: **Grundrezept** (gültig für die Versuchsreihen VR 1 bis VR 3)
In einem Becherglas (400 mL) werden 100 mL Apfelsaft gut mit der jeweils angegebenen Menge an Zucker vermischt. Wenn mehr als 150 g Zucker verwendet werden müssen, sollte ein größeres Becherglas (600 mL) benutzt werden, da die Lösung sonst leicht überkochen kann (Schaumbildung). 15 g Zucker werden in einem großen Reagenzglas oder einem Becherglas (150 mL) gründlich mit der jeweils angegebenen Menge an Pektin vermischt. **Achten Sie darauf, dass das Becherglas und die Stoffe trocken sind.** Fügen Sie das Zucker-Pektin-Gemisch unter ständigem Rühren zum Apfelsaft-Zucker-Gemisch hinzu. Messen Sie den pH-Wert der Lösung und stellen Sie ihn ggf. mit Citronensäure auf den gewünschten pH-Wert ein. Je nach verwendetem Apfelsaft und gewünschtem pH-Wert sind hierfür etwa 5,5 bis 7 g Citronensäure notwendig.

6.3 S Das Geheimnis der Konfitürenherstellung *M4*

Hausexperimente (Fortsetzung)

Hinweis: Die nachfolgenden Mengenangaben in Prozent beziehen sich immer auf die Summe der Massen des Apfelsafts (Dichte näherungsweise 1g/mL) und des Zuckers. Diese Gesamtmasse enthält auch die 15 g Zucker des Zucker-Pektin-Gemisches.

VR1 Variation der Zuckermenge (Saccharose): 25 %, 35 %, 45 %, 55 %, 65 %

a) 0,4 % hoch verestertes Pektin (bezogen auf die Gesamtmasse an Apfelsaft und Zucker), pH 2,7 (mit Citronensäure einstellen)

b) 0,9 % niedrig verestertes Pektin (bezogen auf die Gesamtmasse an Apfelsaft und Zucker), pH 3,2 (mit Citronensäure einstellen), 0,05 % Calciumcitrat (bezogen auf die Gesamtmasse an Apfelsaft und Zucker)

VR2 Variation des pH-Wertes: 2,7; 3,5 (oder pH-Wert des verwendeten Apfelsaftes)

a) 171 g Saccharose, 1,15 g (ca.0,4 %) hoch verestertes Pektin

b) 67 g Saccharose; 1,64 g (ca. 0,9 %) niedrig verestertes Pektin, 0,1 g (ca.0,05 %) Calciumcitrat

VR3 Variation der Calcium-Ionen-Konzentration:
0,00 %; 0,025 %; 0,05 %; 0,075 %; 0,10 %; 0,125 %; 0,150 %

a) 171 g Saccharose, 1,15 g (ca.0,4 %) hoch verestertes Pektin; pH 2,7

b) 67 g Saccharose; 1,64 g (ca. 0,9 %) niedrig verestertes Pektin; pH 3,2

Die nach diesen Rezepten hergestellten Lösungen werden jeweils unter Rühren auf einer Heizplatte zum Sieden erhitzt (mit Glasstab). Man lässt sie kurz aufkochen und kühlt sie unter fließendem Wasser auf Raumtemperatur ab. Anschließend vergleicht man die Festigkeit der Produkte innerhalb einer Versuchsreihe qualitativ miteinander.

Aufgaben

a) Ermitteln Sie aus den Angaben zu Ihrer Versuchsreihe jeweils die Mengenangaben der einzelnen Stoffe in Gramm. Stellen Sie die einzelnen Rezepturen übersichtlich in einer Tabelle dar.

b) Führen Sie die Experimente Ihrer Versuchsreihe zusammen mit Ihrer Partnerin / Ihrem Partner zu Hause durch und tragen Sie Ihre Ergebnisse – die von Ihnen ermittelte Abhängigkeit der Festigkeit des Gels von dem untersuchten Parameter – in einer übersichtlichen Form zusammen (ggf. Tabelle aus Aufgabe a) verwenden).

c) Besprechen Sie Ihre Ergebnisse mit den jeweiligen Gruppen Ihrer Versuchsreihe; stellen Sie die von Ihnen ermittelte Abhängigkeit der Festigkeit des Gels von dem untersuchten Parameter unter Verwendung eines selbst gewählten Mediums übersichtlich für eine Präsentation dar.

6.3 S Das Geheimnis der Konfitürenherstellung *M5*

Pectin Gels

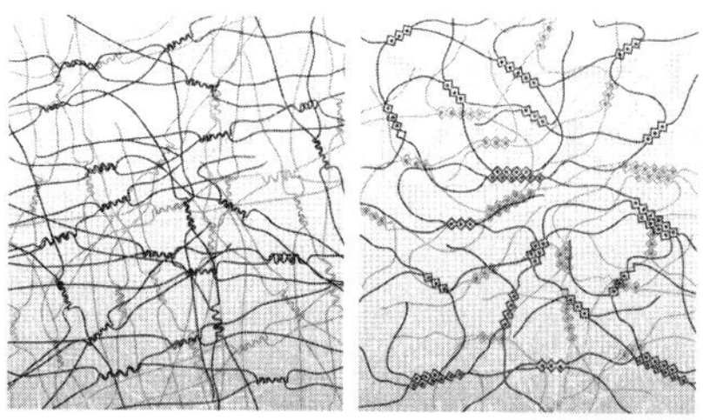

On food and cooking. The science and lore of the kitchen. By Harold McGee © Scribner 2004, p. 297

Two kinds of pectin gels. Left: *In ordinary fruit preserves, the cook causes pectin molecules to bond directly to each other and form a continuous meshwork by carefully adjusting acidity and sugar content.* Right: *A modified form of pectin (low methoxy) can be bonded into a continuous meshwork by means of added calcium ions (the black dots), no matter what the sugar content. This is how low-sugar preserves are made.*

Preserves get their smooth, semisolid consistency not from sugar, but from pectin, which can be extracted from the cell wall cement in plants by boiling. The long, stringlike pectin molecules bind a liquid into a solid by bonding to each other and forming a meshwork that traps the liquid in its interstices. Some fruits, including grapes and most berries, are rich enough in pectin to produce excellent gels on their own, while others, including apricots, peaches, and strawberries, need a supplemental source. Preserve makers can buy powdered pectin that has been extracted from apple cores and parings or from the intermediate white layer, or *albedo,* of citrus fruits. Or they can make their own extract by simmering lemon slices that have been lightly pared.

It turns out that a pectin mixture will gel only under certain conditions. The long pectin molecules ordinarily have a negative electrical charge in water, and so repel each other. Acid conditions reduce the electrical charge and so remove this barrier to bonding. Even in acid, however, pectin does not readily gel because its molecules are more likely to encounter and bond with water molecules than with each other. But if sugar is added, its highly water-attracting molecules take enough water out of circulation to allow the pectin molecules to reach each other. To thicken a preserve with pectin, then, we need acid and sugar: the two substances that fruits specialize in storing. Sounds like a cinch.

But as anyone who has tried knows, it's anything but a cinch. Making preserves is a tricky business because the necessary balance between pectin, acid, and sugar is a very delicate one. Food scientists have found that a pH between 2.8 and 3.4, a pectin concentration of 0.5 to 1.0 %, and a sugar concentration of, 60 to 65 % are generally optimal, but you would have to be cooking in a well-equipped laboratory to measure the first two conditions (sugar content is easily measured by boiling point). And given the fact that the composition and, quality of pectin vary with the fruit, and are difficult to determine and control even in commercial extracts, it seems much less surprising that some jams and jellies never gel at all, while other seize up into something resembling a gum eraser. Experience or a reliable guide remain indispensable in this branch of cooking.

The basic procedure for making preserves is as follows. The fruit, whole or cut up, is simmered for 10 to 20 minutes in a small amount of water to extract pectin. If the fruit is deficient in either pectin or acid (apples, pears, peaches), then lemon slices (minus the flavorful yellow portion of the rind) may be included in this initial step. Longer cooking is avoided to prevent extensive breakdown of the pectin molecules. An appropriate amount of sugar is then added, and the mixture kept at a rolling boil (sugar protects the pectin to some degree from damage) until the desired concentration is reached. If the mixture fails to gel when a sample is cooled in a spoon, more lemon juice or pectin extract can be added to adjust the balance of ingredients.

There is a special kind of pectin that will gel with very little sugar and less than the usual acidity. Calcium ions, which lack two electrons, will readily form bridges between negatively charged points on different molecules of this pectin, and thereby build up the desired meshwork. This kind of pectin is frequently used in low-calorie jellies and jams.

On food and cooking. The science and lore of the kitchen. By Harold McGee © Scribner's Sons New York 1984, p. 171 – 172

6.3 S Das Geheimnis der Konfitürenherstellung

M6

Vorlage: Vernetzung von Pektinketten

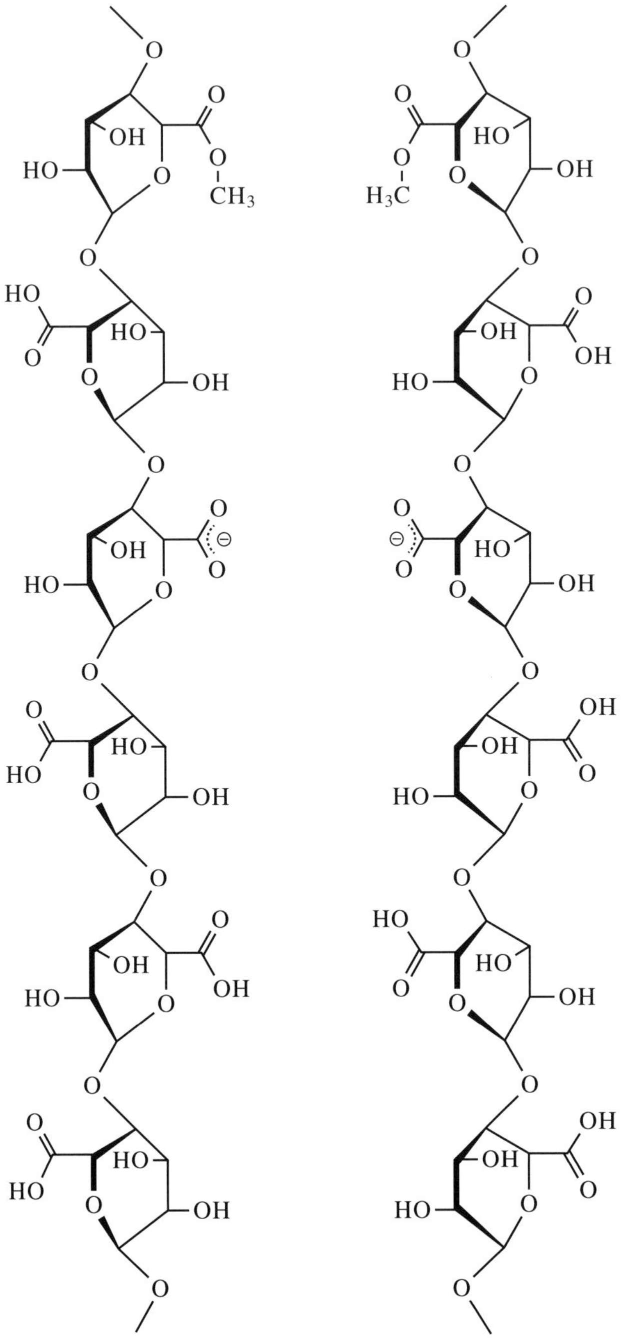

6.3 L Das Geheimnis der Konfitürenherstellung *Erwartungshorizont*

Kontext

zu a) Pektine bestehen aus α-D-Galacturonsäure-Molekülen (Pektinsäure), deren Carboxyl-Gruppen teilweise mit Methanol verestert sind. Galacturonsäure leitet sich von der α-D-Galactose ab.

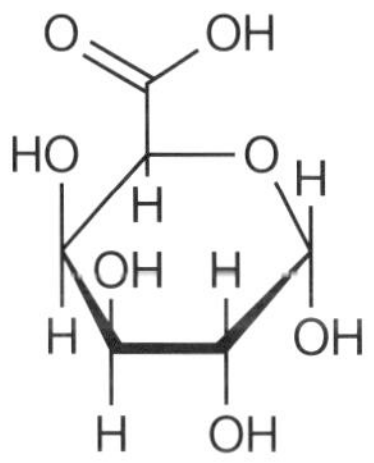

α-D-Galacturonsäure

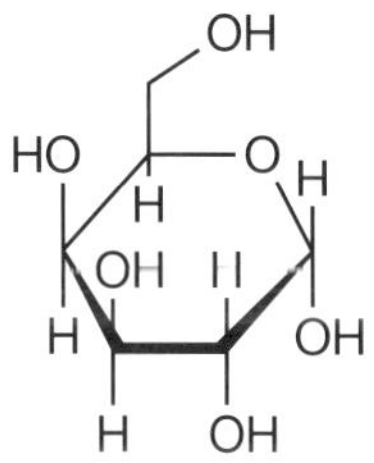

α-D-Galactose

In den Pektinketten sind die α-D-Galacturonsäure-Einheiten über die Kohlenstoff-Atome 1 und 4 glykosidisch miteinander verknüpft. Am Ende der Kette gibt es eine freie glykosidische Hydroxy-Gruppe, die wegen der Kettenlänge für die Eigenschaften des Pektins allerdings keine Bedeutung hat.

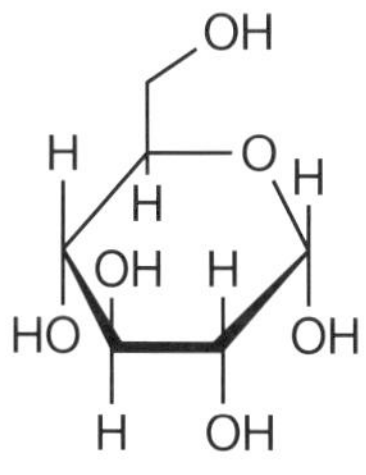

α-D-Glucose

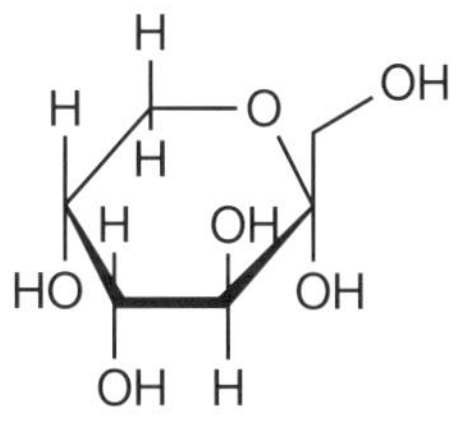

α-D-Fructose Pyranose-Form

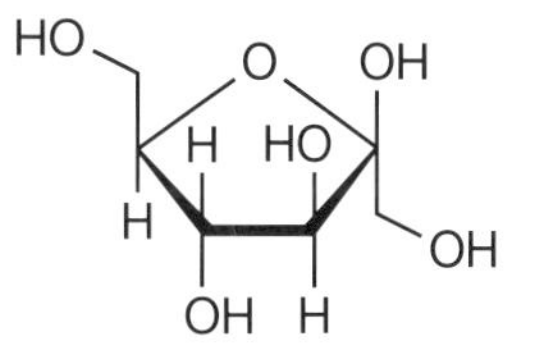

β-D-Fructose Furanose-Form

Saccharose besteht aus jeweils einem Glucose- und einem Fructose-Molekül.
In der Saccharose sind Glucose und Fructose über die Kohlenstoff-Atome C1 der Glucose und C2 der Fructose glykosidisch miteinander verknüpft. Dadurch gibt es keine freie glykosidische Hydroxy-Gruppe, sodass Saccharose ein nicht reduzierender Zucker ist.

zu b) Saccharose ist eine Polyhydroxy-Verbindung, sodass sich grundsätzlich zwischen einzelnen Saccharose-Molekülen Wasserstoffbrückenbindungen bilden können. In wässriger Lösung bilden sich zwischen den polaren Wasser-Molekülen und den Hydroxy-Gruppen der Saccharose Wasserstoffbrückenbindungen aus, sodass größere Wassermengen durch Saccharose gebunden werden können.
Die Hydroxy- und die Carboxyl-Gruppen in den Pektin-Molekülen können mit den Wasser-Molekülen viele stabile Wasserstoffbrückenbindungen bilden. Dies führt dazu, dass die Ketten zu größeren Klumpen heranwachsen, die sich nicht mehr im Wasser lösen. Eine Annäherung von Pektinketten und Wechselwirkungen zwischen ihnen sind damit nicht mehr möglich.

6.3 L Das Geheimnis der Konfitürenherstellung *Erwartungshorizont*

Kontext (Fortsetzung)

zu b) Grundsätzlich können zwischen zwei Pektinketten folgende Wechselwirkungen auftreten:
- hydrophobe Wechselwirkungen zwischen den Methyl-Gruppen in den veresterten Teilen der Kette;
- Wasserstoffbrückenbindungen, an denen die Carboxyl-Gruppen und die Hydroxy-Gruppen beteiligt sind;
- abstoßende elektrostatische Kräfte zwischen protolysierten Carboxyl-Gruppen.
- bei Anwesenheit von Calcium-Ionen bilden sich mit den protolysierten Carboxyl-Gruppen Chelatkomplexe zwischen zwei Ketten.

In saurer Lösung werden eine Protolyse von Carboxyl-Gruppen und damit eine elektrostatische Abstoßung zwischen den Ketten zurückgedrängt, sodass sich dann Wasserstoffbrückenbindungen zwischen den Ketten ausbilden können. In neutraler Lösung wird die Bildung dieser Wasserstoffbrückenbindungen durch die stärkere Protolyse von Carboxyl-Gruppen und damit auch einer stärkeren elektrostatischen Abstoßung zwischen Ketten zurück gedrängt.

Arbeitsblatt M 2

zu a)

(Quelle: „Konfitüren und andere Fruchtaufstriche“, Herbstreith & Fox KG)
Für die Konfitürenherstellung werden vorwiegend hoch veresterte Pektine verwendet. Damit sich ein Gel bilden kann, muss der pH-Wert kleiner als 3,5 sein und die Zuckerkonzentration muss etwa bei 60 % liegen. Die Säure sorgt dafür, dass die Protolyse der freien Carboxyl-Gruppen in den Pektin-Molekülen zurückgedrängt wird und sich somit die elektrostatische Abstoßung zwischen diesen Molekülen verringert.
Pektin-Moleküle binden gerne Wasser, wodurch eine Bindung zwischen den Molekülen verhindert wird. Der zugegebene Zucker, meist Saccharose, bindet das Wasser und ermöglicht so die Annäherung der Pektin-Moleküle und deren Vernetzung.
Hoch veresterte Pektine im Gel werden durch die Kombination von hydrophoben Wechselwirkungen und Wasserstoffbrückenbindungen stabilisiert.
Die Methylester-Gruppen sind die hydrophoben Teile des Pektin-Moleküls. Hydrophobe Kräfte zwingen sie, sich zu Aggregaten zusammenzulagern, wobei sie bestrebt sind, die Kontaktfläche zu Wasser so gering wie möglich zu halten. Das Pektinnetzwerk wird durch Wasserstoffbrücken stabilisiert. Sie werden, z. B. zwischen den nicht veresterten Carboxyl-Gruppen, dann ausgebildet, wenn der pH-Wert im Gel niedrig genug und die Protolyse der Carboxyl-Gruppen weitgehend zurückgedrängt ist.
Je höher der Veresterungsgrad, desto höher ist der Anteil der hydrophoben Kräfte an der Gelierung, und der Anteil an Wasserstoffbrücken über die freien, nicht veresterten Carboxyl-Gruppen nimmt ab. Bei einem sehr hohen Veresterungsgrad ist das Zurückdrängen der Protolyse der Carboxyl-Gruppe nicht mehr so wesentlich, sodass die Gelierung schon bei einem höheren pH-Wert eintritt als bei einem niedrigeren Veresterungsgrad. Total veresterte Pektine (100 % Veresterungsgrad) benötigen keine Säure mehr zur Gelierung.

6.3 L Das Geheimnis der Konfitürenherstellung *Erwartungshorizont*

Arbeitsblatt M 2 (Fortsetzung)

zu a)
Mit Pektinen können sich Gele auch mit einer geringeren Menge von Zucker oder sogar ohne Zucker bilden. Hierzu benötigt man niedrig veresterte Pektine mit einer großen Zahl von Säuregruppen.
Niedrig veresterte Pektine gelieren ebenfalls nach dem für hoch veresterte Pektine beschriebenen Mechanismus. Sie können jedoch zusätzlich relativ unabhängig von Trockensubstanz und pH-Wert ein Gel ausbilden, wenn mehrwertige Kationen, z. B. Calcium-Ionen, anwesend sind.
Bei der Gelierung lagern sich Pektinketten so zusammen, dass zwei Carboxylat-Gruppen verschiedener Ketten mit Calcium-Ionen ionische Bindungen eingehen können. Außerdem lagern sich die Pektinketten so zusammen, dass Hohlräume zwischen ihnen entstehen, dic mit Carboxyl- und Hydroxy-Gruppen besetzt sind und in denen sich Chelatkomplexe mit Calcium-Ionen bilden können, wodurch die Assoziation der Pektinketten begünstigt wird.

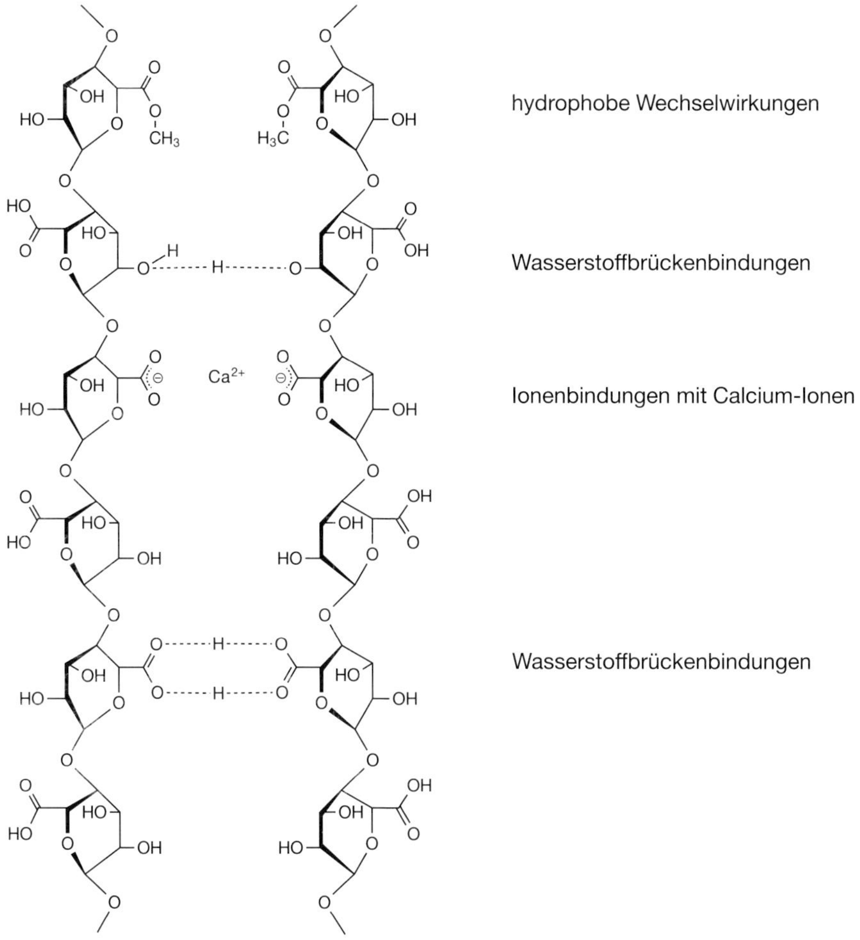

6.3 L Das Geheimnis der Konfitürenherstellung *Erwartungshorizont*

Arbeitsblatt M 2 (Fortsetzung)

zu a)

Ergänzende Information (nicht Bestandteil des Erwartungshorizontes)

Die Pektinkette enthält in größeren Abständen L-Rhamnose-Bausteine. Dabei ist das Kohlenstoff-Atom 1 der α-D-Galacturonsäure mit dem Kohlenstoff-Atom 2 der L-Rhamnose verknüpft. Mit dem darauf folgenden α-D-Galacturonsäure-Baustein bildet die L-Rhamnose dann eine 1-4-Verknüpfung. Durch diese Anordnung bilden sich Knicke in der Pektinkette, die für die Fähigkeit der Pektine, Gele zu bilden, von großer Bedeutung sind.

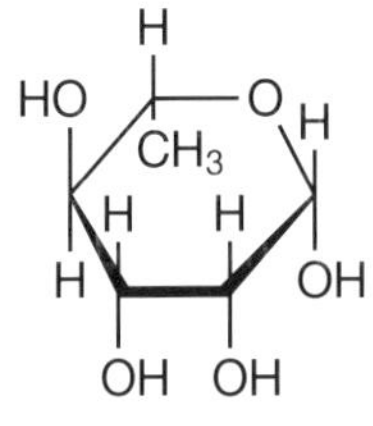

L-Rhamnose

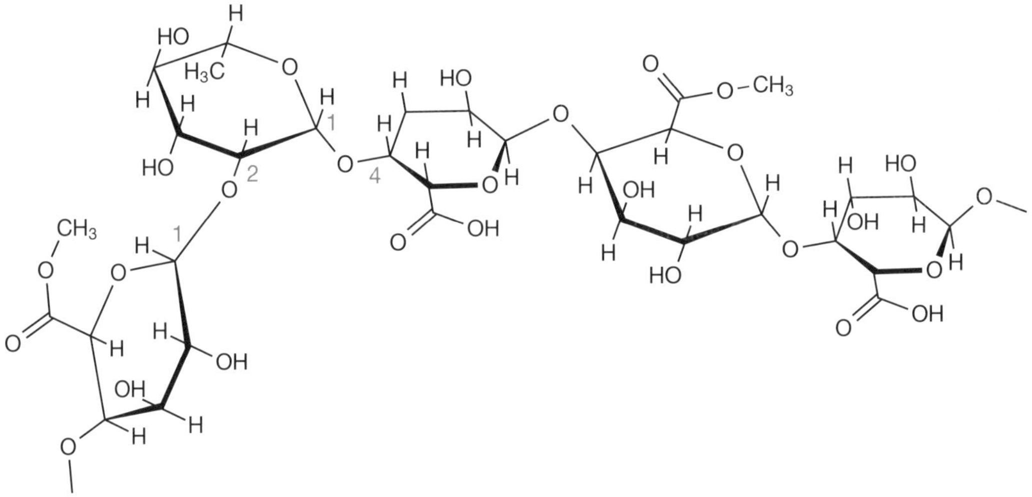

Galacturonsäureester (1 → 2) Rhamnose (1 → 4) Galacturonsäure

Arbeitsblatt M 3

zu a) **Versuch 1:** Beim Versuch, reines Pektin mit Wasser (Becherglas1) zu vermischen, bilden sich sofort größere Klumpen, die sich auch beim weiteren Rühren nicht auflösen. Wird das Pektin vorher mit einer ausreichenden Menge an Zucker gemischt (Gemisch 3), dann erhält man eine etwas trübe Lösung ohne Klumpenbildung. Im Becherglas 2 kann man noch die Bildung von Klumpen beobachten.

zu b) Wenn Pektin-Teilchen mit Wasser in Berührung kommen, absorbieren sie wie ein Schwamm sehr schnell Wasser und schwellen auf das Vielfache ihrer ursprünglichen Größe an. Sind diese Teilchen vor dem Kontakt mit Wasser sehr nahe beieinander, so entsteht ein großer Klumpen, der sich nicht in Wasser auflöst und damit seine Wirkung nicht mehr entfalten kann.

zu c) Trennt man die Pektin-Teilchen vor dem Kontakt mit Wasser, dann sind die beim Kontakt mit Wasser entstehenden größeren Teilchen noch voneinander getrennt. Diese Trennung lässt sich u.a. dadurch erreichen, dass Zucker und Pektin im trockenen Zustand miteinander vermischt werden, wobei auf einen Teil Pektin mindestens fünf Teile Zucker kommen müssen.

6.3 L Das Geheimnis der Konfitürenherstellung *Erwartungshorizont*

Arbeitsblatt M 4

zu a) **Versuchsreihen 1**

Für die Versuchsreihen 1a und 1b ergeben sich für 100 mL Apfelsaft folgende Mengen der entsprechenden Zutaten:

Saccharosemenge in % der Trockensubstanz	25	35	45	55	65
Versuchsreihe 1a					
Saccharosemenge in g	33	54	82	122	186
Pektinmenge in g (0,4 %)	0,53	0,62	0,73	0,89	1,14
Versuchsreihe 1b					
Saccharosemenge in g	33	54	82	122	186
Pektinmenge in g (0,9 %)	1,20	1,39	1,64	2,00	2,57
Menge an Calciumcitrat in g	0,07	0,08	0,09	0,11	0,14

Versuchsreihen 2

Um den Einfluss des pH-Wertes auf die Gelbildung zu demonstrieren, reicht es aus, die Versuche bei zwei verschiedenen pH-Werten durchzuführen. Soll der Einfluss genauer untersucht werden, dann können die Experimente z. B. bei den pH-Werten 2,7; 2,9; 3,1; 3,3 und 3,5 durchgeführt werden.

Die Zutaten werden entsprechend den Angaben im Arbeitsblatt M 3 miteinander vermischt. Der pH-Wert wird mit Citronensäure eingestellt.

Versuchsreihen 3

Für die Versuchsreihen 3a und 3b ergeben sich für 100 mL Apfelsaft folgende Mengen an Calciumcitrat:

Menge an Calciumcitrat in % bezogen auf die Gesamtmasse	0,00	0,025	0,05	0,0725	0,10	0,125
Versuchsreihe 3a						
Menge an Calciumcitrat in g	0	0,0715	0,143	0,207	0,286	0,358
Versuchsreihe 3b						
Menge an Calciumcitrat in g	0	0,046	0,091	0,132	0,182	0,228

6.3 L Das Geheimnis der Konfitürenherstellung *Erwartungshorizont*

Arbeitsblatt M 4 (Fortsetzung)

zu b) **Versuchsreihen 1:** Mit zunehmender Zuckermenge ist eine deutliche Zunahme der Gelbildung festzustellen. Bei kleinen Zuckermengen (25 %) ist das Produkt noch flüssig, während bei Zuckermengen ab 55 % die Gelbildung deutlich zu erkennen ist. Bei der Verwendung von niedrig veresterten Pektinen setzt die Gelbildung schon bei kleineren Zuckermengen (etwa 45 %) ein.

Versuchsreihen 2: Bei der Verwendung eines hoch veresterten Pektins entsteht bei einem niedrigeren pH-Wert ein etwas festeres Gel als beim höheren pH-Wert. Der Unterschied ist qualitativ allerdings nur schwer festzustellen.
Bei der Gelbildung mit einem niedrig veresterten Pektin lässt sich unter den angegebenen Bedingungen keine Abhängigkeit vom pH-Wert feststellen; in beiden untersuchten Fällen (pH-Wert 2,6 und 3,5) entsteht jeweils ein festes, nicht mehr rührbares Gel.

Versuchsreihen 3: Bei der Verwendung eines hoch veresterten Pektins hat die Calcium-Ionen-Konzentration unter den gegebenen Reaktionsbedingungen keinen sichtbaren Einfluss auf die Gelbildung. Die Beweglichkeit des Gels ist in allen Fällen etwa gleich groß.
Wird ein niedrig verestertes Pektin für die Gelbildung verwendet, dann wird das Gel mit zunehmender Calcium-Ionen-Konzentration fester.

Optimale Rezepturen Arbeitsblatt M 1, Auftrag 5

zu 5a) Um ein schwer bewegliches, aber nicht allzu festes Gel zu erhalten, sollten etwa 65 % Saccharose und 0,4 % hoch verestertes Pektin verwendet werden. Der pH-Wert sollte möglichst niedrig sein (ca. 2,7 – 3).
Ein festes Gel erhält man bei der Verwendung von 65 % Saccharose und 0,9 % niedrig verestertem Pektin. Der pH-Wert sollte möglichst niedrig sein (ca. 2,7 – 3).
Rezepte für eine herkömmliche Früchtekonfitüre findet man beispielsweise unter *www.oetker.de* .

zu 5b) Ein kalorienreduziertes Gelee, das schwer beweglich, aber nicht fest ist, kann man mit etwa 50 % Saccharose, 0,9 % niedrig verestertem Pektin und 0,05 % Calciumcitrat erhalten. Der pH-Wert hat praktisch keinen Einfluss auf die Gelbildung.
Rezepte für eine kalorienreduzierte Früchtekonfitüre findet man beispielsweise unter *www.oetker.de* .

7.1 L Ascorbinsäure – chemisches Multitalent und sensibler Naturstoff

Thematik
Unterrrichtsmethode

Grundlagen: *Themenübergreifend:* Organische Chemie und Synthesen, Donator-Akzeptor-Reaktionen, Farbstoffe
Vielzahl funktioneller Gruppen (– OH, – C = O, – C = C –, – C – O – C –, $-\overset{O}{C-C}-$, – C – O – C = O) mit Nachbarschafts- und intramolekularen Reaktionen, Synthesewege für Kohlenstoff-Verbindungen, Ringbildungen, Hydrolyse; Säure-Base- (pK_S, Puffergleichung) und Redoxreaktionen; Hydroxy-Säuren, Lactone, Glucose; Wasserstoffbrückenbindung, Tautomerie, Mesomerie, chromophore Systeme und Absorption (Farbstoffe), Vitamine, Enzyme

Methodischer Vorschlag: Einzel- oder Partnerarbeit mit Impuls-Antwort-Karten und Strukturierungspuzzle

Durchführung: Kontext, M 1 (Aufgaben), M 2, M 3

Die Aufgaben sind anspruchsvoll, weil hier verzweigte Fachinhalte vernetzt werden – entlang der chemischen Substanz Ascorbinsäure. Anschließend wird dieses Wissen zur Klärung von Anwendungen im Alltag um den Naturstoff Vitamin C eingesetzt.

Jeder Schüler, jede Schülerin kann zu Hause in Eigenverantwortung einzelne oder alle Aufgaben in M 1 bearbeiten – bei ausreichender Zeitvorgabe. Dies wird gelingen – auch wenn Wissenslücken vorhanden sind – durch Unterstützung mit Impuls-Antwort-Karten (M 2). Pro Aufgabe gibt es dafür mehrere Impulskarten, die gezielt Informationen zur Fortsetzung anbieten. Wenn die Wissensverarbeitung aber damit noch nicht gelingt, kann man die weiterführende Antwort bzw. Ergebnisse auf der Rückseite erfahren.

Die Aufgaben sind besonders geeignet, um eine Selbsteinschätzung über das Ausmaß der Nutzung der angebotenen Lernhilfen bei einer Prüfungsvorbereitung (z. B. Klausur, Abitur) objektiv zu erstellen. Alternativ können die Aufgaben in Partnerarbeit in der Schule bearbeitet werden. Im Kursverband kann sich eine Fragestunde anschließen. Dann wird in Partnerarbeit (Kommunikation) ein Plakat erstellt, hier aufgebaut als Info-Puzzle aus 5 Teilen (Vorlage M 3). Im Rahmen einer Präsentation der Teilthemen wird als kleiner Wettbewerb das jeweils „aussagekräftigste" Puzzleteil für das Kursplakat ausgewählt und kann gegebenenfalls sogar prämiert werden.
Der sonst übliche Erwartungshorizont steckt in den Antwortkarten. Daher fällt er nur kurz aus und enthält das ausgefüllte Strukturierungspuzzle.

Literaturangaben
Ascorbinsäure & Co, PdN-ChiS Heft 7/57 – Oktober 2008
Vitamin C, mit Tillmanns Reagenz geprüft (Exp), Nr. 5.5 in Materialien-Handbuch Kursunterricht Chemie Bd. 10/I, Aulis Verlag, Köln 2005
Vitamin C – Ein Multitalent, auch zur individuellen Diagnose und Förderung mit Unterstützung durch Info-Karten, *H. Wambach und J. Wambach-Laicher,* PdN-ChiS Heft 8/58 – Dezember 2009

Zur Erweiterung
Materialien-Handbuch Kursunterricht Chemie (Aulis) Bd. 7: 1.29 (Fruchtsaft),
Bd. 10/II: 1.12 (Obst-Bräunung), 4.16 (Retard-Kapseln)

7.1 L Ascorbinsäure – chemisches Multitalent und sensibler Naturstoff

Thematik
Unterrrichtsmethode

(Fortsetzung)

Teilaufträge	**a, b, c**	**d**	**e**	**f**	**Puzzle-Plakat**
Konzepte	Wasserstoffbrückenbindung, funktionelle Gruppen, Donator-Akzeptor-Reaktion (Säure-Base), Tautomerie	Struktur – Eigenschaft, C–C-Bindungen, funkt. Gruppen, Redoxreaktion, mesomere Systeme, Farbstoffsysteme	Struktur – Eigenschaft, Redoxreaktionen	Struktur – Eigenschaft, C–C-Bindungen, funktionelle Gruppen, Synthesewege für C-Verbindungen, Tautomerie	siehe a – e
Kompetenzbereiche	Fachwissen: Sch'/Sch – erkennen Strukturen anhand von Formeln, – erkennen Zusammenhänge zwischen Strukturen und Reaktionen. Erkenntnisgewinnung: Sch'/Sch – trainieren analytisches Denken und Schlussfolgern, – können Hypothesen bilden und Voraussagen formulieren.	Fachwissen: Sch'/Sch – erkennen und formulieren Zusammenhänge zwischen Strukturen, Eigenschaften und Verwendung, – erkennen Möglichkeiten der vertikalen Vernetzung in der Chemie. Erkenntnisgewinnung: Sch'/Sch – interpretieren chemische Reaktionen auf der Teilchenebene.	Erkenntnisgewinnung: Sch'/Sch – finden und recherchieren Daten, Strukturen und Beziehungen, – erklären sie und ziehen geeignete Schlussfolgerungen, – üben kreatives und synthetisches Denken. Bewertung: Sch'/Sch – nutzen fachtypische und vernetzte Kenntnisse, um lebenspraktische, bedeutsame Fragen zu bearbeiten.		Kommunikation: Sch'/Sch – tauschen Informationen sach- und fachbezogen aus, – stellen Zusammenhänge zwischen Sachverhalten und Alltagserscheinungen her, – protokollieren Ergebnisse von Untersuchungen und Diskussionen.
Anforderungsbereiche	I, II, III	II, III	I, II	II, III	II

7.1 S Ascorbinsäure – chemisches Multitalent und sensibler Naturstoff

Kontext

Ascorbinsäure – Vitamin C – ist ein wichtiges Produkt für die menschliche Gesundheit und schon daher sehr bekannt. Eine Stärkung des Bekanntheitsgrades bewirkten auch die Aktivitäten des Nobelpreisträgers *Linus Pauling* (1901 – 1994). Er propagierte eine tägliche Einnahme größerer Portionen von Vitamin C als Antioxidans und lebte es mit 18 g täglich vor, um so möglichst lange gesund zu bleiben.
Medizinisch ist es ein Faktum, dass jeder Mensch eine tägliche Zufuhr von ca. 100 mg Vitamin C benötigt. Im Körper ist es für zahlreiche biochemische Prozesse erforderlich, kann aber beim Menschen nicht selbst produziert werden. Dies unterscheidet ihn von fast allen anderen Lebewesen, bei denen Vitamin C im Körper aus Glucose synthetisiert wird.
Historisch trat „Ascorbinsäure“ unbekannterweise als Mangelerscheinung schon im Altertum (bei *Hippokrates*) auf. In vielen Reiseberichten über lange Seefahrten wird immer wieder von einer unheilvollen Krankheit, Skorbut, berichtet, die viele Schmerzen und Todesfälle unter den Matrosen forderte, während dagegen Ratten an Bord immer noch munter herumsprangen – weil Vitamin C in ihrem Körper synthetisiert wird. Ein großes Problem war Skorbut auf Entdeckerreisen. Man war oft monatelang auf hoher See unterwegs und frische Lebensmittel wie Obst und Gemüse konnten nicht lange gelagert werden. Dies gilt ebenso für Kriegszeiten mit lang andauernden Belagerungen und Hungersnöten. Skorbut durch Mangel an Ascorbinsäure beginnt mit körperlicher Schwäche, nach ca. einem Monat treten Zahnfleisch- und Hirnbluten auf, dazu kommen Geschwüre und Ausschläge, nach mehreren Monaten tritt meist der Tod ein. In der Geschichte der Seefahrt wird schon im Altertum von den Symptomen der Krankheit berichtet, doch erst sehr viel später von ersten wirksamen Mitteln dagegen, z. B. im 16. Jahrhundert von Blättern des Lebensbaumes oder von Limonensäften. Im 18. Jahrhundert wurde *James Cook* dafür ausgezeichnet, dass er seinen Matrosen Sauerkraut verabreichte und sie so wirksam vor Skorbut schützen konnte. Erst zu dieser Zeit wurde in systematischen Ernährungsversuchen an skorbutkranken Matrosen die Wirksamkeit von Zitrusfrüchten nachgewiesen. Dann dauerte es noch einmal bis ins 20. Jahrhundert, bis man die entscheidenden Forschungen zur Isolierung von „Ascorbinsäure“ (wegen der antiskorbutischen Wirkung) und zur künstlichen Synthese im Labor geschaffen hat.
1920 tauchte zum ersten Mal die Bezeichnung Vitamin C für diesen „antiskorbutischen Nahrungsfaktor“ auf. 1933 gelang es zwei unabhängig forschenden Arbeitsgruppen, die Konstitutionsformel aufzuklären. Sie entdeckten, dass es sich um die Enolform des 3-Oxo-Gulofuranolacton handelt. Der Säurecharakter lässt sich leicht in wässriger Lösung mit üblichen Indikatoren nachweisen. Experimentell können sogar zwei pK_S-Werte bestimmt werden: $pK_{S1} = 4{,}17$, $pK_{S2} = 11{,}6$.
Wir nehmen heutzutage mit unserer Nahrung zwar genügend Vitamin C auf, um nicht an Skorbut zu erkranken, aber es gibt Jahreszeiten, in denen die Aufnahme bei üblichen Mahlzeiten nur vermindert möglich ist. Dies wird vor allem durch eine höhere Anfälligkeit für Infektionskrankheiten, wie Schnupfen und Erkältungen, oder Frühjahrsmüdigkeit bemerkbar. Auf der Suche nach Nahrungsmitteln, in denen Vitamin C vorkommt, benötigt man ein qualitatives und möglichst quantitatives Nachweisverfahren. Die Lagerfähigkeit und mögliche Lagerdauer von Vitamin C muss man ebenfalls kennen. Zur analytischen Bestimmung hat sich das Titrationsverfahren mit *Tillmanns* Reagenz (2,6-Dichorphenol-Indophenol, DCPIP) bewährt; man kann leicht eine schnelle Vorprobe mit sehr verdünnter Lösung von Kaliumpermanganat ($KMnO_4$ (aq)) durchführen: Sie wird beim Auflösen von Vitamin C entfärbt. *Tillmanns* Reagenz liegt als Anion in blauer Lösung vor; eine saure Lösung ist nach Protonenaufnahme rosarot gefärbt, bei Zugabe von Ascorbinsäure wird sie in die farblose Leukoform umgewandelt, in Kurzschreibweise: Aus DCPIP und $AscH_2$ entstehen $DCPIPH_2$ und Dehydro-Asc.
Mit Kenntnis analytischer Verfahren kann man die wichtige Frage des Gehalts an Vitamin C in frischem Obst und Säften in Abhängigkeit von der Lagerungsdauer verfolgen. Günstig ist heute der Einsatz von Kühlschränken und Kühlhäusern. In Experimenten mit frischem Zitronensaft und Gemüse hat man die Lagerung unter verschiedenen Rahmenbedingungen untersucht. Einerseits helfen diese Ergebnisse bei der Vitamin-C-schonenden Lagerung von Obst und Gemüse. Andererseits wird Vitamin C selbst in der lebensmittelverarbeitenden Industrie genutzt und Konserven zugesetzt, um Obst oder Gemüse vor der eingeschlossenen Luftblase zu schützen (antioxidative Wirkung).

7.1 S Ascorbinsäure – chemisches Multitalent und sensibler Naturstoff

M1

Aufgaben

a) Verdeutlichen Sie den Titel des Beitrags mit Informationen aus dem Kontext. Analysieren Sie die Strukturformel der Ascorbinsäure im Hinblick auf verschiedene funktionelle Gruppen und reaktive „Nachbarschaftsverhältnisse“.
b) Entwickeln Sie verschiedene Reaktionsmöglichkeiten zwischen benachbarten funktionellen Gruppen.
c) Auch ohne Carboxy-Gruppen im Molekül verfügt Ascorbinsäure über Säureeigenschaften. Erläutern Sie diese an Strukturformeln. Als Säure ist Ascorbinsäure durch ihre Konstanten pK_{S1} und pK_{S2} charakterisiert. Erklären Sie einen möglichen Verfahrensweg zur Bestimmung von pK_{S1}.
d) Erläutern Sie die chemischen Reaktionen für die beiden analytischen Nachweisverfahren und erklären Sie die unterschiedlichen Farbeindrücke der drei angegebenen Formen von DCPIP.
e) Interpretieren Sie die experimentellen Ergebnisse, die man bei der Untersuchung von Zitronensaft und Gemüse auf Vitamin C unter verschiedenen Lagerbedingungen erhalten hat [Abb. 1, 2]. Welche Empfehlungen können Sie für einen Vitamin-C-schonenden Umgang mit Früchten und Lebensmitteln geben? Erklären Sie die Schutzfunktion von Vitamin C.
f) Beurteilen Sie eine Gewinnung von Vitamin C durch Extraktion aus Pflanzen. Für die Synthese von Vitamin C aus Glucose geben die Pflanzen ein gutes Beispiel. Entwickeln Sie mögliche charakteristische Schritte einer Synthese aus Glucose – nicht notwendigerweise so, wie die Natur es schafft.

Strukturformeln

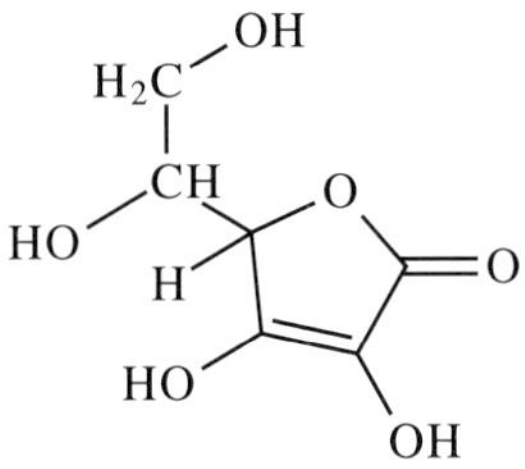

Ascorbinsäure ($AscH_2$)

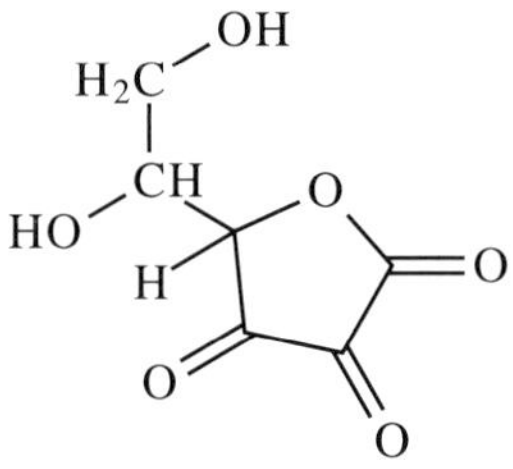

Dehydro-Ascorbinsäure (Asc)

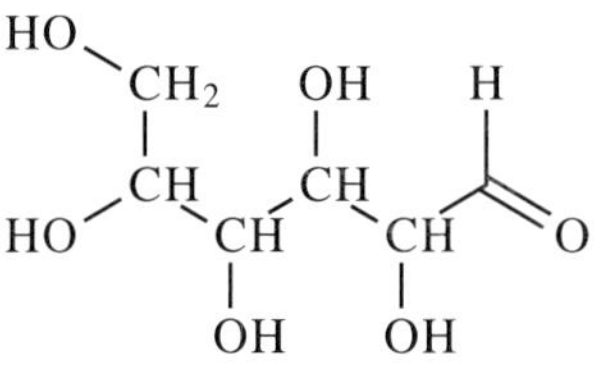

Glucose ($C_6H_{12}O_6$)

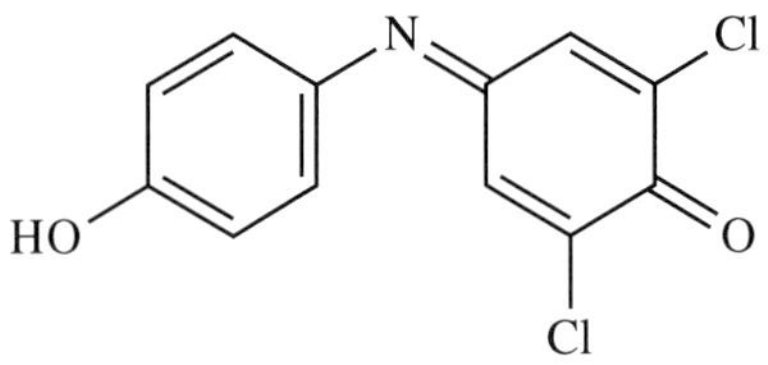

2,6-Dichlorphenol-Indophenol, DCPIP (rot)

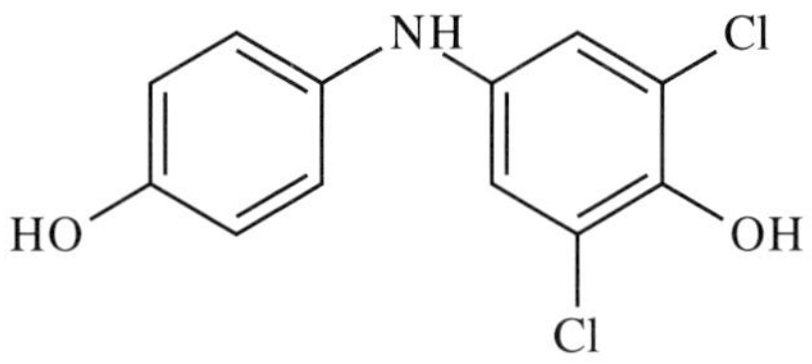

Leukoform (farblos)

7.1 S Ascorbinsäure – chemisches Multitalent und sensibler Naturstoff

M1

(Fortsetzung)

Abb. 1: Entwicklung des Vitamin-C-Gehaltes in Zitronensaft (Lagerung)

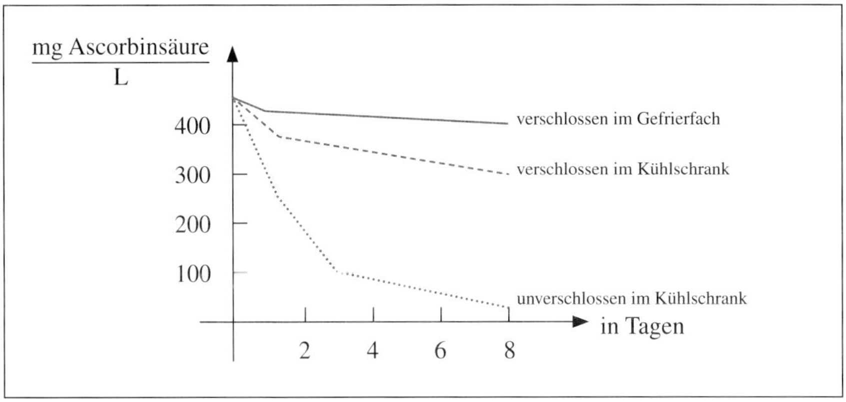

Abb. 2: Prozentuale Entwicklung des Vitamin-C-Gehaltes von Gemüse im Gefrierschrank

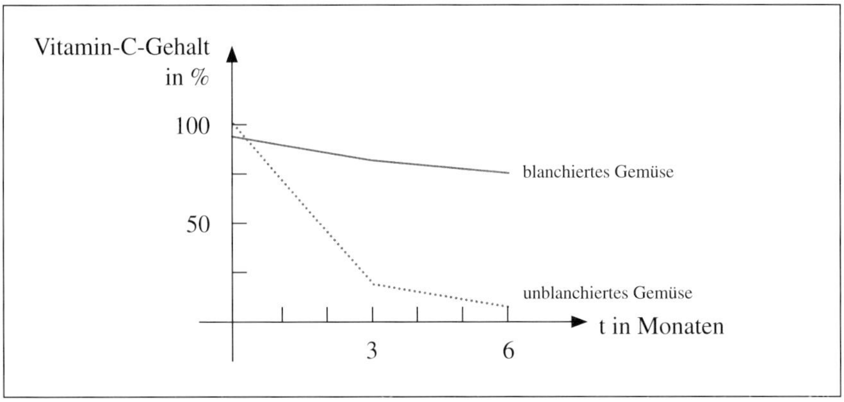

7.1 S Ascorbinsäure – chemisches Multitalent und sensibler Naturstoff

M2

Impuls-Karten mit Antworten*

zu a) Impuls 1

Ascorbinsäure schützt vor Skorbut-Epidemien und vor Infektionskrankheiten.

---

antiskorbutisch – Ascorbinsäure verbessert die Mobilisierung von Abwehrkräften im Körper; als Vitamin C steuert sie biochemische Prozesse.
saure Eigenschaften – Ascorbinsäure kommt in Zitrusfrüchten vor, ist wasserlöslich, reagiert sauer.
antioxidativ – Ascorbinsäure hat hohe Affinität zu Sauerstoff, wirkt stark reduzierend, hilft zur Qualitätsverbesserung bei Lebensmitteln.
sensibler Naturstoff – reichlich in frischem Obst und Gemüse enthalten, Gehalt nimmt bei Lagerung ab, teils sogar rapide, luftempfindlich, Lageroptimierung nur über analytische Nachweise, im Mittelalter Ausfall auf langen Seereisen.

zu a) Impuls 2

Im Molekül sind sechs funktionelle Gruppen vorhanden.

C–OH	Hydroxy-Gruppe
C=O	Oxo-Gruppe (Carbonyl-Gruppe)
C–O–C	Alkoxy-Gruppe
C–O–C=O	Ester-Gruppe innerhalb eines 5-Rings, (intramolekular)
C=C	C-C-Doppelbindung
C(OH)=C(OH)	C-C-Doppelbindung mit zwei Hydroxy-Gruppen, sog. Endiol-Gruppe

zu a) Impuls 3

Eigentlich ist das Molekül stabil. Doch bei drei verschiedenen „Nachbarschaftsverhältnissen" können leicht Reaktionen angeregt werden. Man findet also drei reaktive Gruppen.

Dazu gehören
1. die benachbarten Hydroxy-Gruppen (Diole) (siehe b) Impuls 1),
2. die intramolekulare Ester-Gruppe (Lacton) (siehe b) Impuls 2),
3. die Endiol-Gruppe (siehe b) Impuls 3).

*Von der CD können die Impuls-Karten zu a) – f) jeweils gleich groß wie die Antwort-Karten ausgedruckt werden.

7.1 S Ascorbinsäure – chemisches Multitalent und sensibler Naturstoff

M2

Impuls-Karten mit Antworten (Fortsetzung)

zu b) Impuls 1

Bei benachbarten Hydroxy-Gruppen (Diole) können im sauren Bereich Protonen angelagert und Wasser-Moleküle abgespalten werden.

In einer Kondensationsreaktion werden jeweils ein Wasser-Molekül abgespalten und ein Epoxid gebildet. Hierbei handelt es sich um eine Gleichgewichtsreaktion. Die Gleichgewichte liegen auf der Seite der Diol-Gruppe, da im Epoxid-Ring eine große Spannung innerhalb des Drei-Rings besteht.

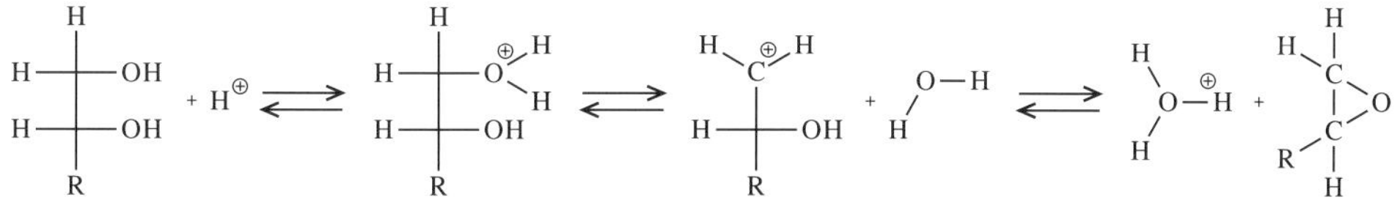

zu b) Impuls 2

Die intramolekulare Ester-Gruppe kann hydrolysiert werden, also mit Wasser-Molekülen reagieren.

Hierbei stehen die γ-Lactone (5-Ring) im Gleichgewicht mit der γ-Hydroxy-Säure. Zusammen mit der anhängenden Ethyl-Seitenkette entsteht ein lineares Molekül aus 6 Kohlenstoff-Atomen, ein Hexose-Derivat.

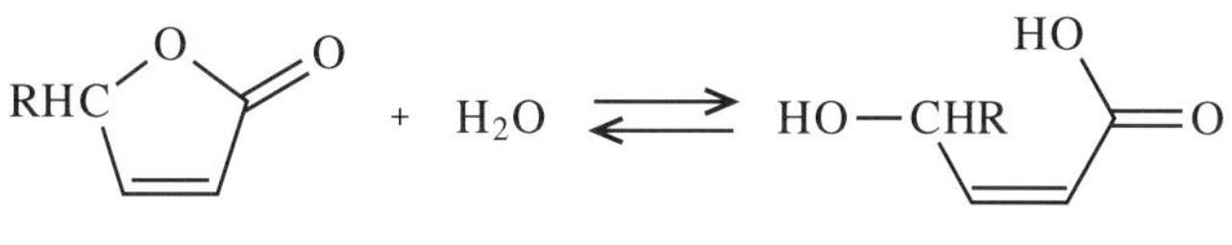

7.1 S Ascorbinsäure – chemisches Multitalent und sensibler Naturstoff

M2

Impuls-Karten mit Antworten (Fortsetzung)

zu b) Impuls 3

Die Endiol-Gruppe ist gekennzeichnet durch eine erhöhte Elektronendichte mit partiell polarisierten Hydroxy-Gruppen. Positiv polarisierte Wasserstoff-Atome können mit freien Elektronenpaaren im Umfeld Wasserstoffbrückenbindungen bilden, vor allem, wenn intramolekular noch „günstige" Strukturen möglich sind: Unter Einbezug der C-C-Doppelbindung können so intramolekulare Protonenübertragungen stattfinden.

Eine intramolekulare Wasserstoffbrückenbindung zwischen den Hydroxy-Gruppen wird strukturell durch die Ausbildung eines 5-Rings begünstigt. Unter Einbezug der Carboxy-Gruppe besteht eine weitere Möglichkeit zur Bildung eines 5-Rings durch Wasserstoffbrückenbindung.

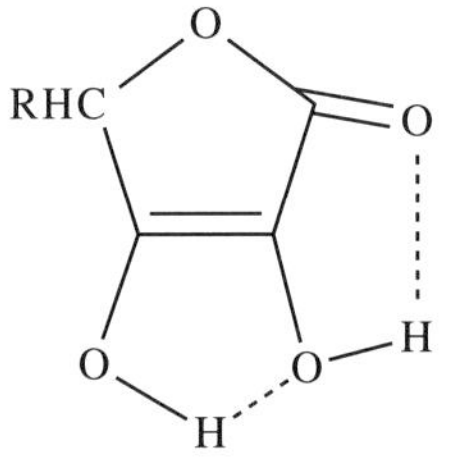

Bezieht man dann noch die C-C-Doppelbindung für mögliche intramolekulare Protonenübertragungen ein, erhält man ein Gleichgewicht zwischen der Endiol- und einer Hydroxy-Keto-Gruppe:

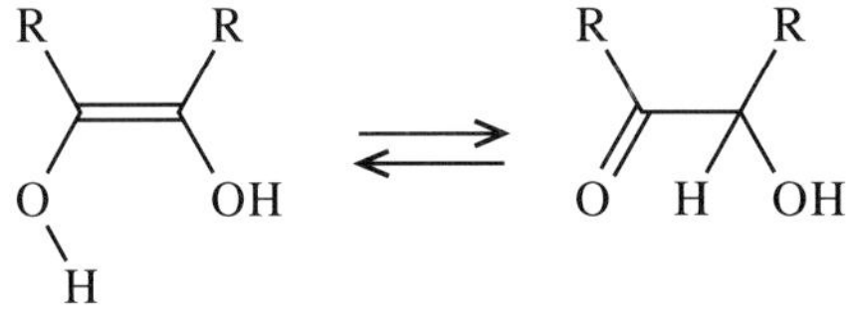

7.1 S Ascorbinsäure – chemisches Multitalent und sensibler Naturstoff

M2

Impuls-Karten mit Antworten (Fortsetzung)

zu c) Impuls 1

Mit pK_{S1} = 4,17 ist Ascorbinsäure fast schon eine mittelstarke Säure. Verständlich wird das mit einer Stabilisierung des Anions durch mesomere Grenzstrukturen und der Möglichkeit zur Ausbildung einer Wasserstoffbrückenbindung.

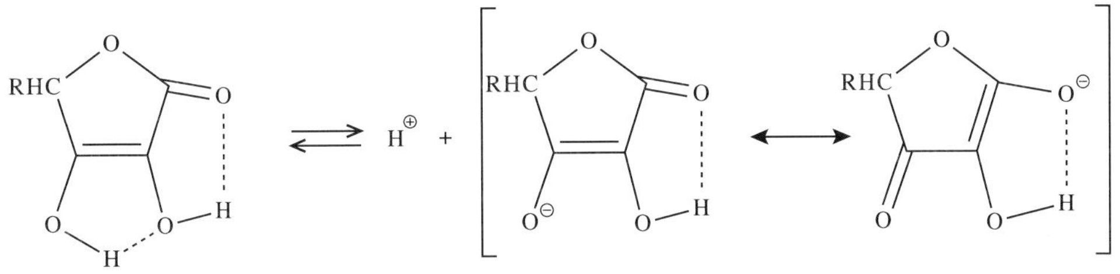

Die Struktur nach der Abspaltung des zweiten Protons ist bereits erkennbar:

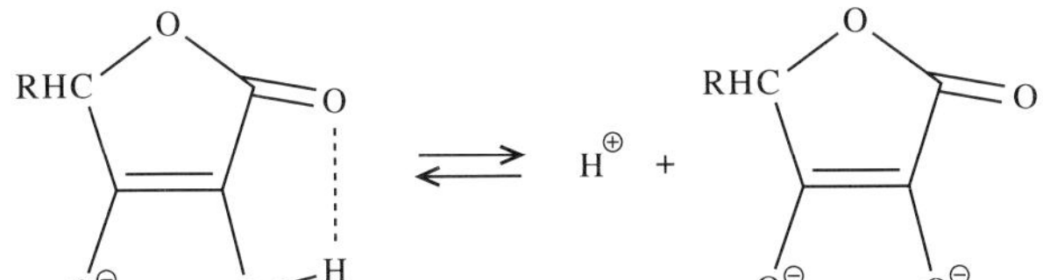

7.1 S Ascorbinsäure – chemisches Multitalent und sensibler Naturstoff

M2

Impuls-Karten mit Antworten (Fortsetzung)

zu c) Impuls 2

Mit $pK_{S1} = 4{,}17$ kann man zur rechnerischen Vereinfachung von einer schwachen Säure ausgehen. Zur Bestimmung des pK_{S1}-Wertes erstellt man eine Säure-Base-Titrationskurve.

Bei der Untersuchung einer schwachen Säure, z. B. Essigsäure, mit einer starken Base, z. B. Natronlauge, erhält man eine Titrationskurve, in der sich der pH-Wert in Abhängigkeit vom Volumen der zugegebenen Natronlauge zunächst nur wenig ändert. Im Bereich des großen pH-Sprungs erhält man den Äquivalenzpunkt (ÄP) als Wendepunkt der Kurve. Halbiert man den ermittelten pH-Wert, erhält man den Halbäquivalenzpunkt (HÄP). Für schwache Säuren gilt an dieser Stelle $c(HA) = c(A^-)$. Setzt man dies in die Puffergleichung ein, so ergibt sich

$$pH = pK_S + \lg \frac{c(A^-)}{c(HA)} = pK_S + \lg 1 = pK_S$$

7.1 S Ascorbinsäure – chemisches Multitalent und sensibler Naturstoff

M2

Impuls-Karten mit Antworten (Fortsetzung)

zu d) Impuls 1

Eine Möglichkeit zur analytischen Bestimmung von Vitamin C gibt ein Schnelltest mit Kaliumpermanganat-Lösung, die durch Vitamin C entfärbt wird.
Wird eine Permanganat-Lösung entfärbt, reagieren die Permanganat-Ionen (MnO_4^-), da sie für die Violettfärbung verantwortlich sind. Permanganat-Ionen sind gute Oxidationsmittel.

Wenn die Permanganat-Ionen reduziert werden, werden die Vitamin-C-Moleküle oxidiert.
Mithilfe der Strukturformel von Dehydro-Ascorbinsäure erhält man

für die Oxidation: $C_6H_8O_6 \rightarrow 2\ H^+ + 2\ e^- + C_6H_6O_6$

für die Reduktion: $MnO_4^- + 8\ H^+ + 5\ e^- \rightarrow Mn^{2+} + 4\ H_2O$

und als Gesamtgleichung: $5\ C_6H_8O_6 + 2\ MnO_4^- + 6\ H^+ \rightarrow 5\ C_6H_6O_6 + 2\ Mn^{2+} + 8\ H_2O$

zu d) Impuls 2

Die zweite Möglichkeit zur analytischen Bestimmung von Vitamin C ist die Titration mit *Tillmanns* Reagenz, DCPIP.
Da beim Versetzen von Ascorbinsäure $AscH_2$ mit DCPIP nach den Informationen im Text die farblose Leukoform $DCPIPH_2$ und Dehydro-Asc entstehen, handelt es sich auch hier um eine Redoxreaktion.

Mithilfe der Molekülstrukturen erhält man bei den Reaktionsgleichungen

für die Oxidation: $C_6H_8O_6 \rightarrow 2\ H^+ + 2\ e^- + C_6H_6O_6$

für die Reduktion: $DCPIP\ (rot) + 2\ H^+ + 2\ e^- \rightarrow DCPIPH_2\ (farblos)$

und als Gesamtgleichung: $C_6H_8O_6 + DCPIP \rightarrow C_6H_6O_6 + DCPIPH_2$

7.1 S Ascorbinsäure – chemisches Multitalent und sensibler Naturstoff

M2

Impuls-Karten mit Antworten (Fortsetzung)

zu d) Impuls 3

Nach den vorgegebenen Informationen und bisherigen Überlegungen ist folgender Zusammenhang zwischen Struktur, Farbe und Absorption aus dem sichtbaren Spektrum anzunehmen:

(I)

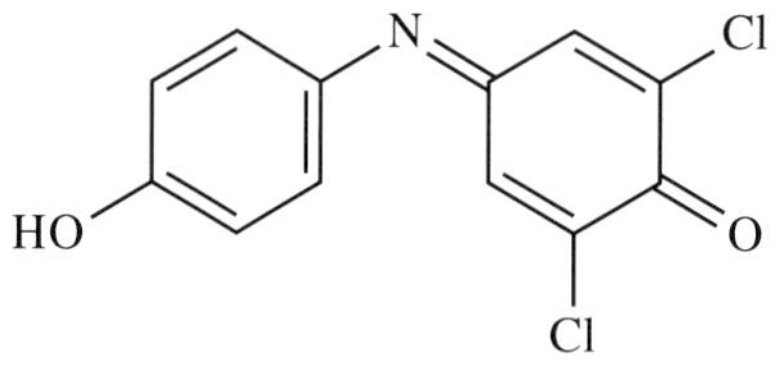

rot, Absorption im kurzwelligen Bereich des sichtbaren Lichtes

(II)

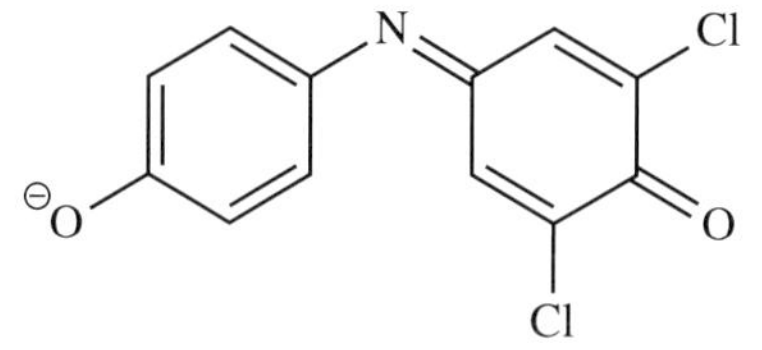

blau, Absorption im energiearmen Bereich des sichtbaren Lichtes

(III)

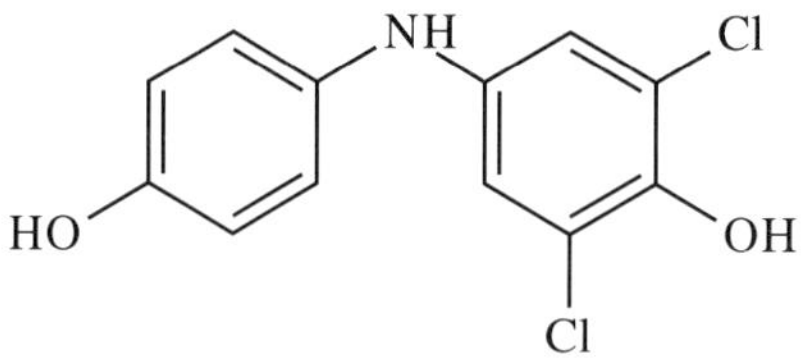

farblos, keine Absorption aus dem sichtbaren Spektrum

In (II) liegt ein System konjugierter Doppelbindungen vor und damit ein π-Elektronensystem über das gesamte Molekül, wie folgende Mesomerie-Strukturen zeigen:

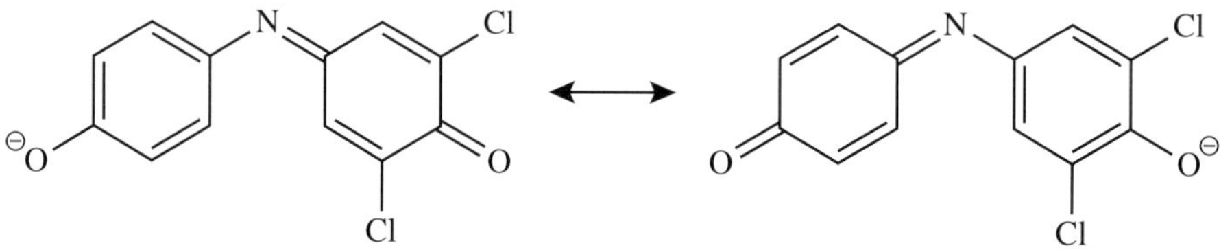

Dieses mesomere System kann schon im energieärmeren sichtbaren Bereich absorbieren, sodass das reflektierte Restlicht in der Komplementärfarbe blau erscheint.

Bei (I) geht die Symmetrie im mesomeren System verloren, es wird so partiell gestört. Eine Hydroxy-Gruppe ist keine so starke Donator-Gruppe wie ein Sauerstoff-Anion. Daher verschiebt sich die Lichtabsorption zu kürzeren Wellenlängen und damit in den energiereicheren Bereich. Das reflektierte Restlicht ergibt einen roten Farbeindruck.

Bei (III) ist das chromophore System aus konjugierten Doppelbindungen über das gesamte Molekül zerstört; es zerfällt in zwei kleinere π-Systeme.

7.1 S Ascorbinsäure – chemisches Multitalent und sensibler Naturstoff

M2

Impuls-Karten mit Antworten (Fortsetzung)

zu e) Impuls 1

Die Abbildungen 1 und 2 zeigen deutliche Verläufe für die Abnahme des Vitamin-C-Gehaltes in Saft und bei Gemüse unter den angegebenen Lagerbedingungen: Vorbehandlung, Temperatur, Zeitdauer.
Blanchiertes Gemüse hat man kurz in siedendes Wasser gehalten. Die erhöhte Temperatur führt zur Denaturierung, die jeder schon bei Eiweiß beobachtet hat, wenn es erhitzt wird. Denaturierung gibt es auch bei Enzymen, sog. biochemischen Katalysatoren, die in der Hitze zerstört werden. Hier handelt es sich um Oxidase-Enzyme, die beim Zerkleinern von Obst und Gemüse aus den Zellen frei gesetzt werden. Sie beschleunigen – wie der Name vermuten lässt – den oxidativen Abbauprozess von Vitamin C.

Jede Kurve in den Abbildungen zeigt an, dass der Abbau von Vitamin C ab Zeitpunkt $t = 0$ beginnt. Nach Abb. 1 fällt der Abbau bei tiefen Temperaturen, wie im Gefrierschrank, und in verschlossenen Proben am geringsten aus. Er wird aber bei Luftzutritt enorm beschleunigt, auch im Kühlschrank. Verantwortlicher Reaktionspartner ist also Luft-Sauerstoff, wobei durch Redox-Reaktion selbst im Kühlschrank bereits 50 % Vitamin C nach einem Tag zerstört sind:

$$2\ C_6H_8O_6 + O_2 \rightarrow 2\ C_6H_6O_6 + 2\ H_2O$$

Abb. 2 zeigt, wie rasch Vitamin C im unblanchierten Gemüse abgebaut wird – im Unterschied zu blanchiertem, bei dem aber bereits zu Beginn ein Verlust von ca. 10 % festgestellt wird. Beim kurzzeitigen Erhitzen in heißem Wasser löst sich zwar etwas Vitamin C im Wasser, aber die Hitze zerstört die Oxidase-Enzyme, die sonst den Redox-Prozess katalytisch beschleunigen.

zu e) Impuls 2

Die Interpretation von Abb. 2 hat gezeigt, dass Redox-Enzyme aus Pflanzenzellen frei gesetzt werden, wenn die Zellen zerschnitten werden, und dass sie dann den Vitamin-C-Abbau enorm beschleunigen. So lange sie aber in unzerstörten Zellen enthalten und so von Luft-Sauerstoff getrennt sind, kann in dafür geeigneten Früchten Vitamin C gebildet und angereichert werden.

Für einen Vitamin-C-schonenden Umgang bei und nach der Ernte ist es erforderlich, die Früchte sehr schonend zu behandeln, also ohne Stoßstellen zu ernten und zu transportieren, damit keine Obstzellen zerstört werden. Dann soll die Aufbewahrung unter Luftabschluss und bei kühleren Temperaturen erfolgen. Werden Säfte und Gemüse verarbeitet, kann man durch kurzfristiges Aufkochen oder Eintauchen in siedendes Wasser (Blanchieren) das aus den Zellen beim Zerkleinern freigewordene Enzymsystem zerstören, das die Oxidation von Vitamin C sonst beschleunigen würde. Allerdings muss man bei diesem Vorgehen mit ca. 10 % Verlust rechnen, da Vitamin C in Wasser leicht löslich ist.

7.1 S Ascorbinsäure – chemisches Multitalent und sensibler Naturstoff

M2

Impuls-Karten mit Antworten (Fortsetzung)

zu e) Impuls 3

Beim Füllen von Konservendosen bleibt aus technischen Gründen stets eine Luftblase erhalten, deren Sauerstoff mit dem Doseninhalt reagieren kann.

Hierbei tritt Sauerstoff als unerwünschter Reaktionspartner mit den Lebensmitteln in der Dose auf. Um diese Redox-Reaktion zu verhindern, wird Ascorbinsäure/Vitamin C zur Reduktion beigegeben:

$$2\ C_6H_8O_6 + O_2 \rightarrow 2\ C_6H_6O_6 + 2\ H_2O.$$

Der Sauerstoff reagiert dann nicht mehr mit den Lebensmitteln.

zu f) Impuls 1

Folgende Probleme treten bei der Gewinnung von Vitamin C durch Extraktion aus Pflanzen auf:
- Früchte reifen nur zu bestimmten Zeiten im Laufe eines Jahres,
- Obst und Gemüse müssen umgehend verarbeitet werden, da Vitamin C schnell abgebaut wird,
- die Verarbeitung muss unter Schutzatmosphäre erfolgen, da Vitamin C mit Sauerstoff reagiert,
- die Pharma-Industrie benötigt große Mengen reiner Ascorbinsäure.

Die Gewinnung von Vitamin C durch Extraktion aus Pflanzen ist daher wirtschaftlich ungünstig und wirft technische Probleme auf:
- Es ist unwirtschaftlich, nicht über das ganze Jahr Vitamin C gewinnen zu können, da es keine gute, billige Lagerung gibt,
- die notwendige schnelle Verarbeitung erhöht die technischen Anforderungen,
- eine Schutzatmosphäre erhöht die Kosten,
- eine Extraktion und Reinigung in mehreren Schritten erhöht den Zeit-, Material- und Personalbedarf und damit enorm die Kosten.

7.1 S Ascorbinsäure – chemisches Multitalent und sensibler Naturstoff

M2

Impuls-Karten mit Antworten (Fortsetzung)

zu f) Impuls 2

In Aufgabe b) ergeben sich aus den Reaktionsmöglichkeiten funktioneller Gruppen, insbesondere der Ester-Gruppe und der Endiol-Gruppe geeignete Ansatzpunkte für eine Synthese.
Die Ester-Gruppe hydrolysiert und die Ringstruktur bricht auf – also kann über eine Veresterung wieder eine Ringstruktur gewonnen werden.
Zur Veresterung wird eine Säure-Gruppe an einem Ende der Kohlenstoff-Kette benötigt.
Bei intramolekularen Ringbildungsreaktionen werden bevorzugt 5- oder 6-Ringe gebildet.

Eine Aldehyd-Gruppe ist im Vergleich zur Hydroxy-Gruppe leichter zu oxidieren.

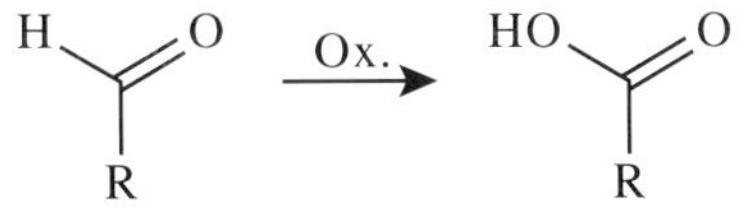

Durch intramolekulare Veresterung kann sich ein heterogener 5-Ring bilden, indem die Säure-Gruppe mit der Hydroxy-Gruppe am 4. Kohlenstoff-Atom der Kohlenstoff-Kette reagiert.

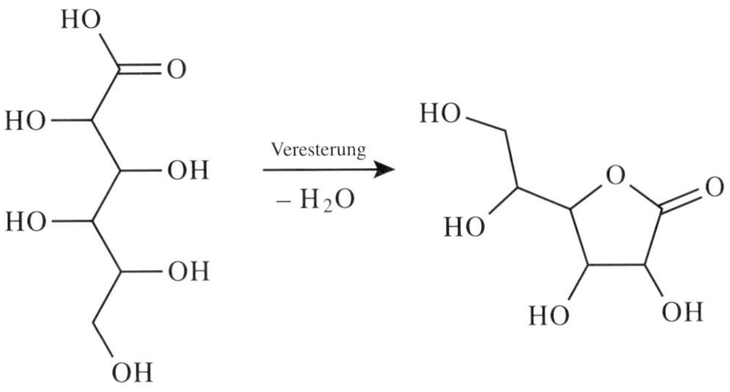

(Wo C-Atome scheinbar zwei- oder dreibindig erscheinen, da muss H für die 3. und 4. Bindung ergänzt werden.)

7.1 S Ascorbinsäure – chemisches Multitalent und sensibler Naturstoff

M2

Impuls-Karten mit Antworten (Fortsetzung)

zu f) Impuls 3

Die Endiol-Gruppe steht im Gleichgewicht mit einer Hydroxy-Keto-Gruppe. Hierüber kann man eine Endiol-Gruppe gewinnen.
Um eine Hydroxy-Keto-Gruppe herzustellen, muss eine Hydroxy-Gruppe zu einer Keto-Gruppe oxidiert werden, wobei freie Hydroxy-Gruppen geeignet geschützt werden müssen.

Die Hydroxy-Gruppe am zweiten Kohlenstoff-Atom wird oxidiert, die restlichen Hydroxy-Gruppen werden geschützt.

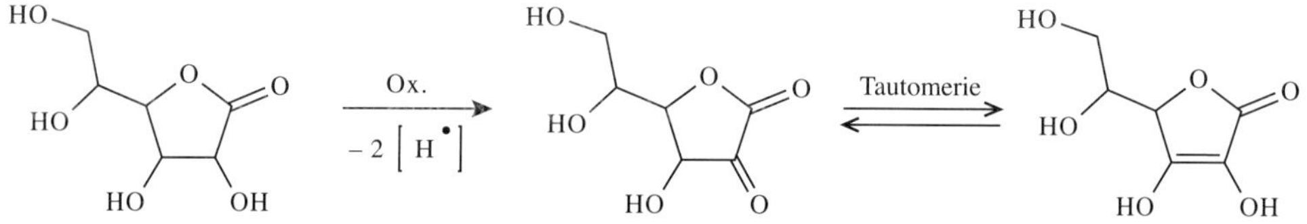

(Wo C-Atome scheinbar zwei- oder dreibindig erscheinen, da muss H für die 3. und 4. Bindung ergänzt werden.)

7.1 S Ascorbinsäure – chemisches Multitalent und sensibler Naturstoff

M3

Plakat-Puzzle für Partnerarbeit

a) Vergrößern Sie die Vorlage auf DIN A3 und schneiden Sie die Puzzle-Teile aus.
b) Bearbeiten Sie die Teilthemen – möglichst aus dem Gedächtnis – und stimmen Sie sich mit Ihrem Partner / Ihrer Partnerin ab.
c) Im Plenum werden die Teilthemen und Puzzle-Teile präsentiert – das jeweils „aussagekräftigste" Teil wird in das Kurs-Plakat übernommen.

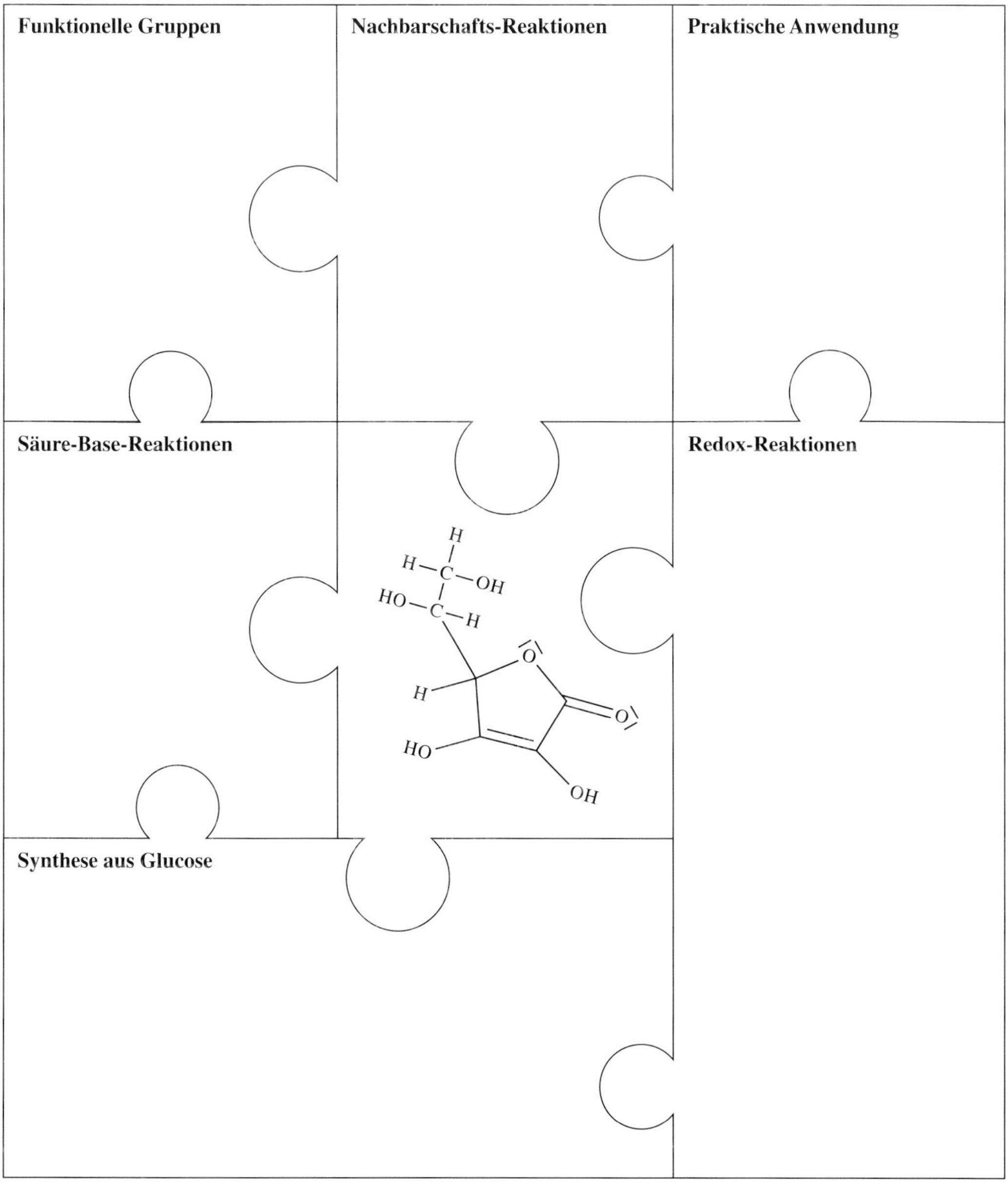

7.1 L Ascorbinsäure – chemisches Multitalent und sensibler Naturstoff

Erwartungshorizont

Plakat-Puzzle

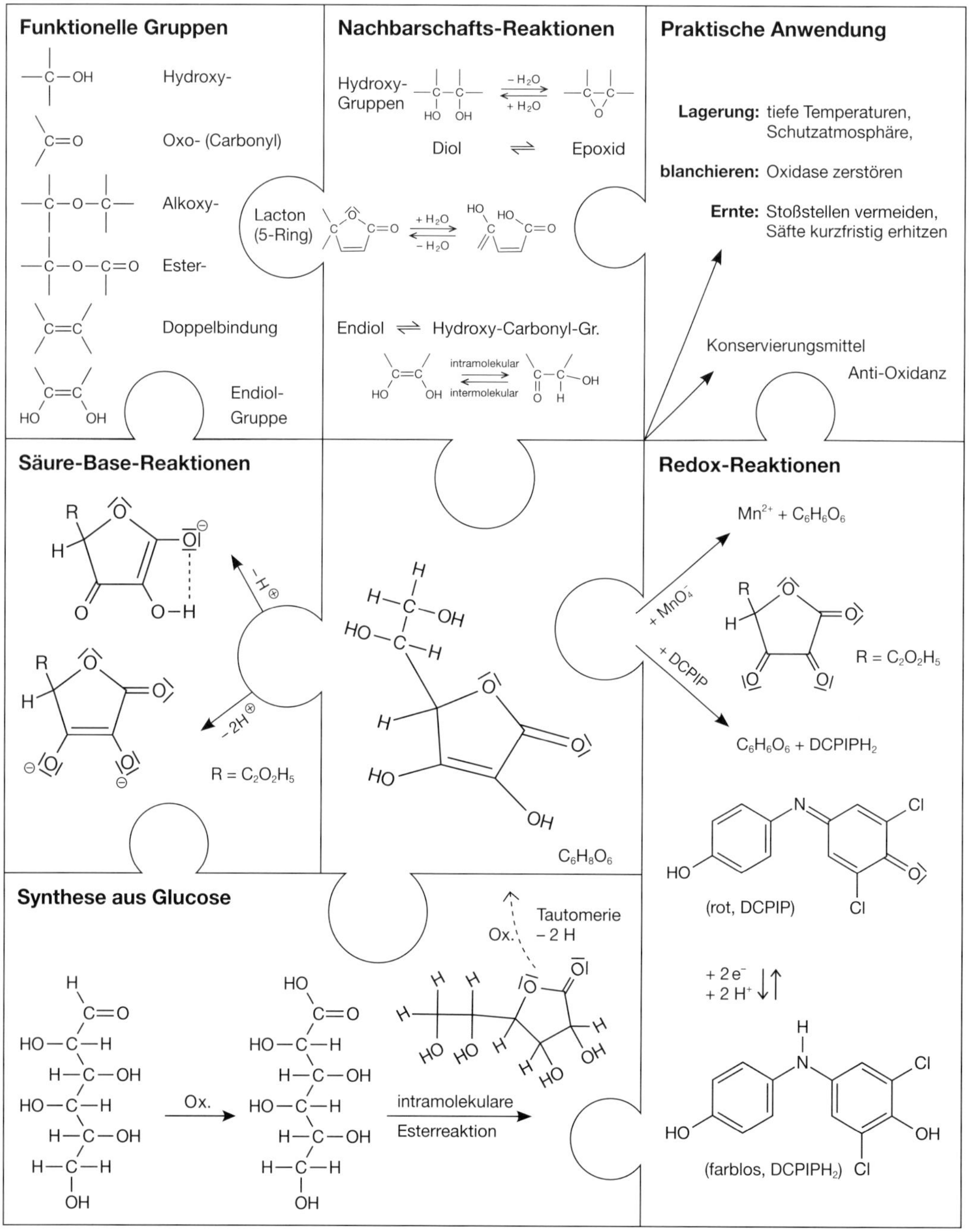

Methodische Maßnahmen

Fachinhalte

Hinweis: Die grauen Ziffern beziehen sich auf Band 1, die schwarzen Ziffern auf Band 2.

Die CD folgt dem Inhaltsverzeichnis des Buches.

Zu jeder Unterrichtssequenz im Buch informiert jeweils die erste L-Seite über einen methodischen Vorschlag, der dann in der Durchführung unter Einsatz der S-Materialien für die Schülerinnen und Schüler: Kontext, M 1, M 2, M 3, … ausgeführt wird. Die empfohlenen S-Materialien kann man von der CD in DIN-A4-Größe ausdrucken, um sie in der erforderlichen Anzahl oder auf Folie zu kopieren.

In neun Unterrichtssequenzen werden Experimente (i. Allg. als Schülerexperimente) vorgeschlagen. Bei diesen Bausteinen liegt auf der CD als erste Seite noch eine L-Seite vor, auf der Geräte und Chemikalien aufgeführt sind – um so die Materialbeschaffung und Übersicht für die Versuchsvorbereitung zu erleichtern.